普通高等教育"十二五"规划教材

电 工 学

下 册

电 子 技 术

主 编 艾永乐

副主编 王素玲

参 编 李 端 王国东 唐恒娟

郭 宇 谢贝贝

机 械 工 业 出 版 社

本书是普通高等教育"十二五"规划教材。全书共分 9 章，主要内容包括常用半导体器件、基本放大电路、集成运算放大器、正弦波振荡电路、直流稳压电源、门电路与组合逻辑电路、时序逻辑电路、A/D 和 D/A 转换电路、存储器和可编程逻辑器件等。附录介绍了 Multisim 电路仿真。

本书内容全面、深入浅出，知识体系结构合理，可作为工科非电类各专业的大、中专学生使用，也可作为相关工程技术人员的参考书。

本书配有免费电子课件，欢迎选用本书作教材的老师登录 www.cmpedu.com 注册下载。

图书在版编目（CIP）数据

电工学. 下册, 电子技术/艾永乐主编. —北京：机械工业出版社，2012.1
普通高等教育"十二五"规划教材
ISBN 978-7-111-36659-1

Ⅰ. ①电…　Ⅱ. ①艾…　Ⅲ. ①电工学—高等学校—教材②电工技术—高等学校—教材　Ⅳ. ①TM②TN01

中国版本图书馆 CIP 数据核字（2011）第 247585 号

机械工业出版社（北京市百万庄大街 22 号　邮政编码 100037）
策划编辑：于苏华　责任编辑：于苏华　谷玉春
版式设计：霍永明　责任校对：陈延翔
封面设计：张　静　责任印制：乔　宇
三河市宏达印刷有限公司印刷
2012 年 4 月第 1 版第 1 次印刷
184mm×260mm · 14.75 印张 · 353 千字
标准书号：ISBN 978-7-111-36659-1
定价：28.00 元

前　言

　　本书是根据高等院校工科非电类专业的本科课程教学大纲，并结合教学实际编写而成的一本专业基础课教材。本书突出工科教育特色，将知识点讲授与能力培养有机结合起来，注重培养学生的工程应用能力和解决现场实际问题的能力。本书在充分阐述概念和基本原理的基础上，适量介绍最新集成电路芯片及其实际应用电路；同时所选例题和习题也反映了电子领域的新技术、新器件信息，并配以 Multisim 仿真例题和仿真练习，加深学生的理解和认识。本书具有体系结构新颖、注重工程应用、启发思考、易于自学、理论紧密联系实际等特点。

　　全书共 9 章，分为两个部分。第 1~5 章为第一部分，主要讲授模拟电子技术；第 6~9 章为第二部分，主要讲授数字电子技术。此外，附录给出了 Multisim 电路仿真。

　　模拟电子技术部分的主要内容包括半导体二极管及其电路分析、晶体管及其电路分析、放大电路基础、负反馈放大电路、放大电路频率响应、集成运算放大器的应用、集成模拟乘法器及其应用、信号发生电路、直流稳压电源等。

　　数字电子技术部分主要介绍数字系统中常用的基本单元电路、基本功能模块及基本分析方法，主要内容包括数字逻辑基础、逻辑门电路、组合逻辑电路、触发器、时序逻辑电路、半导体存储器、脉冲波形的产生与变换、A/D 与 D/A 转换、可编程逻辑器件等。

　　参加本书编写工作的有：李端（第 1、9 章）、王国东（第 2 章）、唐恒娟（第 3 章），郭宇（第 4、5 章），王素玲（第 6 章），谢贝贝（第 7、8 章），艾永乐（附录）。艾永乐负责制定编写提纲，艾永乐、王素玲负责全书的统稿工作。

　　本书在编写过程中，得到了国家级"三电"基础课程教学团队全体成员的大力支持，在此表示感谢。由于编者水平所限，书中难免会有错误和不妥之处，恳切希望广大读者和同行给予批评指正。

编　者

目　录

第1章 常用半导体器件

二极管和晶体管是电子电路中应用非常广泛的电子器件。它们的基本结构、工作原理、特性和参数是学习电子技术和分析电子电路的重要基础，而 PN 结又是构成各种半导体器件的核心部位。因此，本章从讨论半导体的导电特性和 PN 结的基本原理入手，介绍二极管和晶体管的有关知识，为后续学习打下基础。

1.1 半导体的导电特性

所谓半导体，顾名思义，就是它的导电能力介于导体和绝缘体之间，如硅、锗、硒以及大多数金属氧化物和硫化物都是半导体。半导体的导电能力在不同条件下有很大差别。例如，半导体对温度的反应特别灵敏，当环境温度升高时，导电能力显著增加，利用半导体的这种特性可以制作各种热敏元器件。又如，半导体（如硫化镉）对光照强度反应较灵敏，当光照强度加大时，其导电能力显著提高，利用这种特性就可制成各种光电元器件。更重要的是，如果在纯净的半导体中掺入某种微量杂质，其导电能力就可增加几十万倍甚至几百万倍。例如，单晶硅的电阻率为 $2.14 \times 10^5 \Omega \cdot cm$，若掺入百万分之一的硼元素，电阻率就会减小到 $0.4\Omega \cdot cm$。因此，人们可以给半导体掺入微量的某种特定的杂质元素，精确控制它的导电能力，制成各种不同类型的半导体器件，如半导体二极管、晶体管、场效应晶体管及晶闸管等。

1. 本征半导体

本征半导体就是完全纯净的、不含其他杂质且具有晶体结构的半导体。使用最多的本征半导体是硅型半导体和锗型半导体。硅和锗的原子模型结构如图 1-1 所示。它们外层都有 4 个价电子，同属于四价元素。

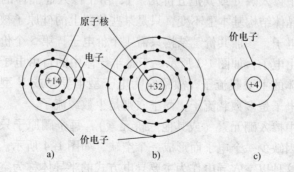

图 1-1　硅和锗的原子模型结构

a）硅　b）锗　c）简化模型

在本征半导体中，每个原子的一个价电子与另外一个原子的一个价电子组成一个电子对，并且为两个原子所共有，因此称为共价键。

在共价键结构中，原子最外层虽然具有 8 个电子而处于较为稳定的状态，但是，当获得一定能量（温度升高或受光照）后，电子即可挣脱原子核的束缚（电子受到激发），成为自由电子。温度越高，晶体中产生的自由电子越多。

在电子受激发挣脱共价键的束缚成为自由电子后，共价键中就留下一个空位，称为"空穴"，如图 1-2 所示。在一般情况下，原子是中性的，当电子挣脱共价键的束缚成为自由电子后，原子的中性便被破坏，而显出带正电。

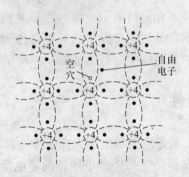

图 1-2　本征半导体中的自由电子与空穴

因此，当半导体两端外加电压时，半导体中将出现两部分电流：一部分是由自由电子作定向运动所形成的电子电流；另一部分是仍被原子核束缚的价电子（注意，不是自由电子）递补空穴所形成的空穴电流。在半导体中，同时存在着电子导电和空穴导电，这是半导体导电方式的最大特点，也是半导体和金属导体在导电原理上的本质差别。

自由电子和空穴都称为载流子。在一定温度下，载流子的产生和复合达到动态平衡，于是半导体中的载流子（自由电子和空穴）便维持一定数目。温度越高，载流子数目越多，导电性能也就越好。所以，温度对半导体器件性能的影响很大。

2. N 型半导体和 P 型半导体

在本征半导体中掺入微量杂质，其导电性能大大增强。根据掺入的杂质不同，杂质半导体可分为两大类，即 N 型半导体和 P 型半导体。

在硅和锗晶体中掺入磷（或其他五价元素），由于掺入硅晶体的磷原子数比硅原子数少得多，因此整个晶体结构基本上不变，只是某些位置上的硅原子被磷原子取代。磷原子的最外层有 5 个价电子，参加共价键结构只需 4 个价电子，第 5 个价电子很容易挣脱磷原子的束缚而成为自由电子，如图 1-3 所示。于是半导体中的自由电子数目大量增加，自由电子成为这种半导体的主要载流子，故称它为电子型半导体或 N 型半导体。因此，在 N 型半导体中，自由电子是多数载流子，而空穴则是少数载流子。

在硅或锗晶体中掺入硼元素（或其他三价元素），每个硼原子只有 3 个价电子，在构成共价键结构时，因缺少一个电子而形成一个空缺，如图 1-4 所示。这样，在半导体中就形成了大量空穴。这种以空穴导电作为主要导电方式的半导体称为空穴半导体或 P 型半导体，其中空穴是多数载流子，自由电子是少数载流子。

应该注意，不论是 N 型半导体还是 P 型半导体，虽然它们都有一种载流子占多数，但是整个晶体仍然是电中性的。

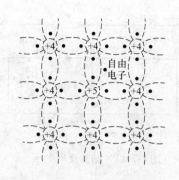 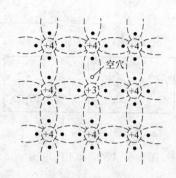

图1-3　N型半导体的晶体结构　　　　图1-4　P型半导体的晶体结构

3. PN结

（1）PN结的形成

将P型半导体与N型半导体通过物理、化学的方法有机地结合为一体，就会在两种半导体的交界处形成空间电荷区，称为PN结。由于交界处两边的电子和空穴的浓度不同（N型区自由电子多，P型区空穴多），因此，N型区内的自由电子要向P型区扩散，而P型区内的空穴也要向N型区扩散，使交界面P型区一侧出现带负电的离子，而N型区一侧出现带正电的离子，因而在交界面两侧形成一个空间电荷区，如图1-5所示。

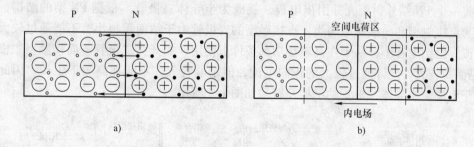

图1-5　PN结的形成

a）多数载流子的扩散　b）空间电荷区

形成空间电荷区之后，半导体内部将出现内电场，其方向从N区指向P区。内电场将阻碍多数载流子向对方扩散，同时又促进少数载流子的漂移。在一定条件下，当多数载流子的扩散运动与少数载流子的漂移运动达到动态平衡时，PN结则处于相对稳定状态，即PN结形成。

（2）PN结的单向导电性

PN结外加正向电压时（P区接电源正极，N区接电源负极，如图1-6所示），外电场削弱了内电场，扩散运动增强，空间电荷区变薄，正向电阻很小，形成较大的扩散电流（又称正向电流）。PN结的这种导通方式称为正向导通。

若给PN结加反向电压（P区接电源负极，N区接电源正极，如图1-7所示），外电场加强内电场，漂移运动大于扩散运动，空间电荷区加厚，其电阻很大，形成的电流 I_s 很小（微安量级），该电流称做反向饱和电流 I_s，可忽略不计，称为反向截止。

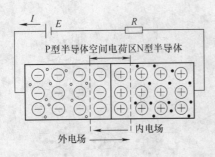
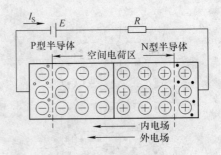

图 1-6　PN 结加正向电压　　　　　　　图 1-7　PN 结加反向电压

所以，PN 结加正向电压时，处于正向偏置，电阻很小，易于导通。PN 结加反向电压时，处于反向偏置，电阻很大，几乎不能导通，仅存在很小的反向饱和电流，即 PN 结具有单向导电性。

PN 结的正向电压为：硅材料为 $0.6 \sim 0.7V$，锗材料为 $0.2 \sim 0.3V$。

1.2　半导体二极管

1.2.1　二极管的结构

将一个 PN 结外封管壳并引出电极，就成为半导体二极管。根据 PN 结的结构，二极管分为点接触型和面接触型两类。点接触型的二极管由于结面积很小，不能通过较大的正向电流，但结电容小，易于在高频小功率条件下使用，如开关二极管。面接触型二极管的 PN 结面积较大，允许通过较大的正向电流，但结电容大，不能在高频下工作，因此一般都用于整流。半导体二极管的结构及符号如图 1-8 所示。

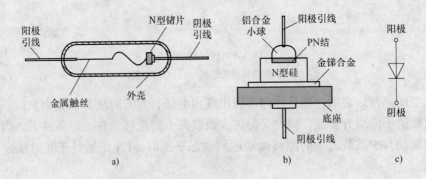

图 1-8　半导体二极管的结构及符号表示
a）点接触型　b）面接触型　c）符号

1.2.2　二极管的伏安特性

二极管的电流与外加电压的关系曲线称为伏安特性。典型的硅型二极管伏安特性曲线如图 1-9 所示，它由正向特性和反向特性组成。由图 1-9 可知，当外加正向电压很小时，外电场还不足以克服内电场对多数载流子扩散运动的阻力，因此正向电流几乎为零。二极管正向电流几乎为零的区域称为死区，对应死区的正向电压称为死区电压，其值与半导体材料和环境温度有关，通常硅型二极管约为 0.5V，锗型二极管约为 0.2V。外加正向电压大于死区电压后，二极管导通，其正向电流与正向电压的关系为指数关系。

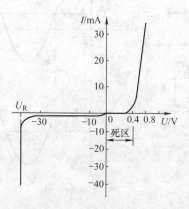

图 1-9　半导体二极管的伏安特性曲线

当二极管加反向电压时，在环境温度不变的条件下，少数载流子的数目近似为常数，因此当反向电压不超过某一范围时，反向电流的值很小，并且恒定，通常称它为反向饱和电流。当反向电压超过二极管的反向击穿电压 U_R 时，电场力将共价键中的电子拉出，使少数载流子的数量增多，并在强电场下加速，又将晶格中的价电子碰撞出来，这种连锁反应导致载流子的数目越来越多，最后使二极管反向击穿。二极管一旦被击穿，一般都不能恢复单向导电性能。

1. 2. 3　二极管的主要参数

二极管的参数是正确选择和使用二极管的依据。二极管的主要参数有以下几种。

（1）最大整流电流 I_F

最大整流电流是指二极管长时间使用时，允许流过二极管的最大正向平均电流。点接触型二极管的最大整流电流在几十毫安以下；面接触型二极管的最大整流电流较大，如 2CP1 硅型二极管的最大整流电流为 400mA。当电流超过允许值时，将由于 PN 结过热而使二极管损坏。

（2）最大反向工作电压 U_{RM}

为了保证二极管在反向电压下工作而不被击穿，制造厂家通常将反向击穿电压 U_R 的 1/2 或 2/3 定为最大反向工作电压。例如，2CP1 硅型二极管的反向击穿电压为 50V，而它的最大反向工作电压为 25V。

（3）最大反向电流 I_{RM}

I_R 是在最大反向工作电压下二极管的反向电流值，一般在几微安以下。反向电流越小，单向导电性能越好。通常，锗型二极管的反向电流比硅型二极管大得多。

二极管的应用范围很广，主要都是利用它的单向导电性。它可用于整流、检波、元器件保护以及在脉冲与数字电路中作为开关器件。

【例 1-1】　已知图 1-10a 所示正向限幅器，输入波形 $u_i = U_{im}\sin\omega t$（单位：V），$U_{im} >$

U_S，试分析其工作原理，并画出输出电压 u_o 的波形（假设二极管 VD 为理想二极管）。

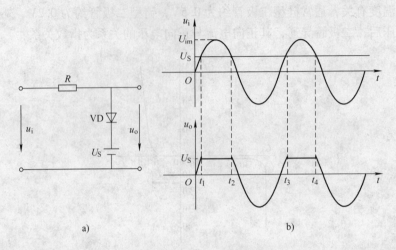

图 1-10 例 1-1 的电路图
a）二极管限幅电路 b）输出 u_o 的波形

解：（1）当 $u_i > U_S$ 时，二极管导通，VD 为理想二极管，导通后，二极管压降为零，此时 $u_o = U_S$。

（2）当 $u_i \leqslant U_S$ 时，二极管 VD 截止。该支路为开路，R 中无电流，二极管压降为零，所以 $u_o = u_i$。

根据以上分析，可作出 u_o 的波形图，如图 1-10b 所示。由图可知，输出波形的正向幅度被限制在 U_S 值。

1.3 特殊二极管

1. 硅稳压二极管

硅稳压二极管是一种特殊的面接触型半导体硅型二极管，由于它在电路中与适当阻值的电阻配合后能起稳压作用，故又称为稳压管。

稳压管的伏安特性曲线与普通二极管类似，其差异是稳压管的反向特性曲线比普通二极管更陡。稳压管的图形符号和伏安特性曲线如图 1-11 所示。

稳压管工作于反向击穿区，从反向特性曲线上可以看出，反向电压在一定范围内变化时，反向电流很小。当反向电压增高到击穿电压时，反向电流突然剧增，稳压管反向击穿，如图 1-11 所示。此后，电流虽然在很大范围内变化，但稳压管两端的电压变化很小。利用这一特性，稳压管在电路中能起到稳压作用。稳压管与一般二极管不一样，它的反向击穿是可逆的。当去掉反向电压之后，稳压管又恢复正常。但是，如果反向电流超过允许范围，稳压管将会发生热击穿而损坏。

为了保证稳压管在反向击穿情况下电流不超过额定值，要在电路中串联限流电阻，然后从稳压管两端输出稳定的电压接在负载电阻 R_L 上。图 1-12 是由稳压管构成的并联式稳压电路，当电源电压 U_i 升高时，稳压管所承受的反向电压也随之升高，由反向击穿特性可知，稳压管反向击穿电流 I_Z 增加，于是限流电阻 R 上的压降增大，将 U_Z 的增量限制在限

流电阻 R 上，使输出电压基本上保持不变。如果负载电阻 R_L 变化，电路同样可以起到稳压作用。

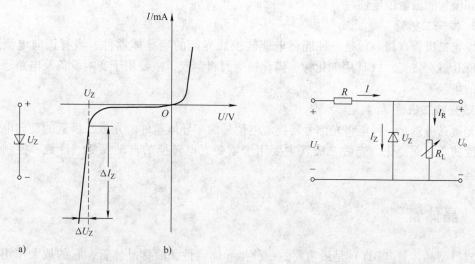

图 1-11 稳压管   图 1-12 并联式稳压电路
a）图形符号 b）伏安特性曲线

稳压管的主要参数如下：

（1）稳定电压 U_Z

稳定电压就是稳压管在反向击穿时能够正常工作的电压值，由于工艺和其他方面的原因，同一型号的稳压管其稳定电压值也略有差异。例如，2DW7C 型稳压管的稳定电压值在 $6.1 \sim 6.5V$ 范围之间。

（2）稳定电流值 I_Z

稳定电流是指稳压管进入反向击穿工作区所必需的电流参考值，通常该电流为 5mA 。一般来说，稳压管的实际电流大于稳定电流值时，稳压性能较好。

（3）最大允许耗散功率 P_{ZM}

最大允许耗散功率是指稳压管不致因发热而击穿的最大功率损耗，其值为 $P_{ZM} = U_Z I_{Zmax}$ 。根据最大允许耗散功率和稳压值可计算出稳压管的最大稳定电流，即

$$I_{Zmax} = \frac{P_{ZM}}{U_Z} \tag{1-1}$$

使用稳压管时，应使 $I_Z \leqslant I_{Zmax}$ 。

（4）动态内阻 r_Z

动态内阻是指稳压管电压的变化量 ΔU_Z 与电流变化量 ΔI_Z 的比值，即

$$r_Z = \frac{\Delta U_Z}{\Delta I_Z} \tag{1-2}$$

显然，反向击穿特性曲线越陡，动态内阻越小，稳压性能也越好。

（5）电压温度系数 α_U

电压温度系数是指当稳压管的电流为常数时，环境温度每变化 1℃ 引起稳压值变化的百分数。例如，2CW18 型稳压管在 20℃ 时的稳压值为 11V，其电压温度系数为 0.095%。

一般情况下，高于 7V 的稳压管具有正的电压温度系数，低于 4V 的稳压管具有负的电压温度系数，而 4～7V 之间的稳压管其电压温度系数最小。因此选用 4～7V 的稳压管，可得到满意的温度稳定性。

2. 发光二极管

发光二极管（LED）是一种能将电能转换成光能的半导体器件。当有正向电流通过时，LED 就会发光。LED 用砷化镓、磷化镓等材料制成，主要用于音响设备及电路通、断状态的指示等。

3. 光敏二极管

光敏二极管是一种能将光信号转换成电信号的半导体器件。光敏二极管的反向电流随光照度的变化而变化。光敏二极管主要用于需要光电转换的自动探测、计数、控制等装置中。

1.4　晶体管

双极型晶体管（BJT）是最重要的一种半导体器件，简称晶体管，它的放大作用和开关作用促使电子技术飞跃发展。为了更好地理解和熟悉晶体管的外部特性，首先要简单介绍晶体管的内部结构和载流子运动规律。

1.4.1　基本结构

目前最常见的晶体管结构有平面型和合金型两类。硅型晶体管主要是平面型，锗型晶体管都是合金型。

不论平面型还是合金型，都分成 N、P、N 或 P、N、P 三层，因此又把晶体管分为 NPN 型和 PNP 型两类，其结构示意图和图形符号如图 1-13 所示。当前国内生产的硅型晶体管多为 NPN 型（3D 系列），锗型晶体管多为 PNP 型（3A 系列）。每一只晶体管内都分成基区、发射区和集电区，分别引出基极 B、发射极 E 和集电极 C。每一类都有两个 PN 结，基区和发射区之间的 PN 结称为发射结，基区和集电区之间的 PN 结称为集电结。

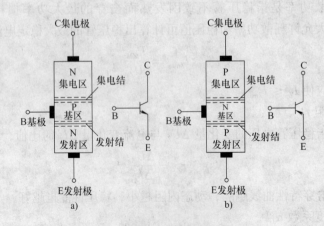

图 1-13　晶体管的结构和图形符号

a）NPN 型晶体管　b）PNP 型晶体管

NPN 型和 PNP 型晶体管的工作原理类似，仅在使用时电源极性连接不同而已。

1.4.2 电流分配和放大原理

为了了解晶体管的放大原理和电流的分配，我们先做一个实验，实验电路如图 1-14 所示，把晶体管接成两个电路：基极电路和集电极电路。发射极是公共端，因此这种接法称为晶体管的共射极接法。如果用的是 NPN 型晶体管，电源 E_B 的极性必须照图 1-14 中那种接法，使发射结上加正向电压（正向偏置），由于 E_C 大于 E_B，集电结加的是反向电压（反向偏置），晶体管才能起到放大作用。

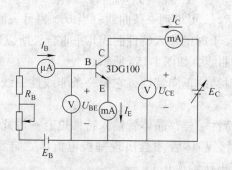

图 1-14 晶体管电流放大的实验电路

改变可变电阻 R_B，则基极电流 I_B、集电极电流 I_C 和发射极电流 I_E 都发生变化。测量结果见表 1-1。

表 1-1 晶体管电流测量数据

I_B/mA	0	0.01	0.02	0.03	0.04	0.05
I_C/mA	0.001	0.50	1.00	1.70	2.50	3.30
I_E/mA	0.001	0.51	1.02	1.73	2.54	3.35

由实验测量的数据可得出如下结论：

1）三个电极的电流符合基尔霍夫定律，即

$$I_E = I_B + I_C \tag{1-3}$$

2）I_C、I_E 比 I_B 大得多。I_C 与 I_B 的比值称为晶体管的直流电流放大系数 $\bar{\beta}$。

3）当 $I_B = 0$ 时（基极开路），I_C 很小，用 I_{CEO} 表示，称为穿透电流。

4）要使晶体管起放大作用，外界条件必须保证发射结正向偏置，集电结反向偏置。

上述实验得出的晶体管电流分配关系和电流放大作用，是由晶体管内部结构和外界条件决定的。内部结构指的是基区做得很薄且掺杂很少（多数载流子浓度低）；外界条件指的是外加电源一定要使发射结处于正向偏置，集电结处于反向偏置。对于 NPN 型晶体管，三个电极的电位是 $U_C > U_B > U_E$；对于 PNP 型晶体管，电源极性反接，三个电极的电位是 $U_C < U_B < U_E$。

1.4.3 特性曲线

晶体管的特性曲线是用来表示该晶体管各极电压和电流之间的相互关系的，它反映晶体管的性能，是分析放大电路的重要依据。晶体管的特性曲线有输入特性曲线和输出特性曲线两种，最常用的是共发射极接法时的输入特性曲线和输出特性曲线。它们可用晶体管特性图示仪直观地显示出来，也可以通过实验进行测绘。下面以 NPN 型晶体管共发射极接法电路（如图 1-14 所示）为例，分析它的特性曲线。

1. 输入特性曲线

输入特性曲线是指在一定的 U_{CE} 下，加在晶体管的基极和发射极之间的电压 U_{BE} 与基极电流 I_B 之间的关系曲线，即

$$I_B = f(U_{BE})|_{U_{CE} = 常数} \tag{1-4}$$

当 $U_{CE} = 0$ 时，改变 R_B，可得到一条曲线；当 U_{CE} 为另一值时，调节 R_B 又可测得另一条曲线。但是，当 $U_{CE} \geqslant 1$ 时的输入特性曲线几乎重合，所以通常用 $U_{CE} \geqslant 1V$ 的一条曲线代表晶体管的输入特性曲线，如图 1-15a 所示。

1）输入特性就是发射结的正向特性，它是一条非线性曲线，与二极管的正向伏安特性曲线相似。

2）同二极管的伏安特性一样，晶体管输入特性也有一段死区电压。只有当加在发射结的电压大于死区电压时，晶体管才会出现基极电流 I_B。硅型晶体管的死区电压约为 0.5V，锗型晶体管的死区电压约为 0.1V。

3）正常工作时，NPN 型晶体管的发射结电压 U_{BE} 为 0.6 ~ 0.7V，PNP 型晶体管的发射结电压 U_{BE} 为 −0.2 ~ −0.3V。这是估算静态值和检查晶体管工作是否正常的依据之一。

4）当 $U_{CE} \geqslant 1V$ 时，输入特性曲线相近，与 U_{CE} 关系不大。这是因为对硅型晶体管来说，当 $U_{CE} \geqslant 1V$ 时，只要 U_{BE} 保持不变，则从发射区发射到基区的电子数一定，而集电结所加的反向电压大于 1V 以后已能把这些电子中的绝大部分拉到集电区。因此这时再增大 U_{CE}，I_B 也基本保持不变。

2. 输出特性曲线

输出特性曲线是指当基极电流 I_B 为常数时，输出电路中集电极电流 I_C 与集-射极电压 U_{CE} 之间的关系曲线，即

$$I_C = f(U_{CE})|_{I_B = 常数} \tag{1-5}$$

在 I_B 的值不同时，可以得到不同的曲线，所以输出特性曲线是一族曲线，如图 1-15b 所示。由输出特性曲线可见，当集电极与发射极间电压 U_{CE} 超过一定数值后，U_{CE} 再增加，电流 I_C 几乎不再增大，表现出恒流特性。其原因是，在基极电流一定时，发射区向基区扩散的电子数是一定的，所以 U_{CE} 的值高于一定数值（约 1V）之后，发射区扩散到基区内的电子大部分已被集电区收集形成集电极电流 I_C，故电压 U_{CE} 再增加时，I_C 也不再明显增加，出现 I_C 与 U_{CE} 几乎无关的现象。

通常把晶体管的输出特性曲线分为三个工作区域，即截止区、饱和区和放大区，如图 1-15c 所示。

（1）截止区

曲线 $I_B = 0$ 以下的区域称为截止区。对于 NPN 型晶体管，当 $U_{BE} < 0.5V$ 时，已处于截止状态。当 $U_{BE} < 0V$ 时，晶体管可靠截止，此时发射结处于零偏置或反向偏置状态。处在截止区下的晶体管的基极电流 $I_B = 0$，但集电极仍然存在一个很小的电流，即 $I_C =$

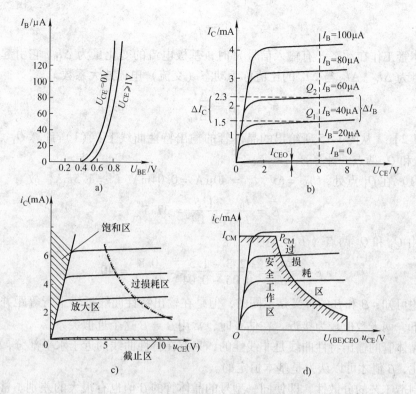

图 1-15　NPN 型晶体管的输入特性曲线和输出特性曲线

a）输入特性曲线　b）输出特性曲线　c）三个工作区域　d）安全工作区

I_{CEO}。一般情况下，I_{CEO} 很小，可忽略不计，认为晶体管的集-射极间没有电流，因此集-射极间相当于开关断开。

（2）放大区

输出特性曲线的近似水平部分称为放大区。如前所述，晶体管工作于放大区时，发射结正向偏置，晶体管处于放大状态。在放大区 I_C 受 I_B 的控制，即 $I_C = \bar{\beta} I_B$，放大区也称为线性区。

（3）饱和区

晶体管的饱和区是靠近纵轴的一个区域。在饱和区工作时的状态称为饱和状态，其集电结和发射结均处于正向偏置状态，即 $U_{CE} < U_{BE}$。在饱和区，基极电流失去了对集电极电流的控制能力，饱和状态下的晶体管 U_{CE} 很小，当忽略其大小时，晶体管集-射极间相当于开关闭合。

1.4.4　晶体管的主要参数

晶体管的特性除用特性曲线表示外，还可用一些数据来说明，这些数据就是晶体管的参数。晶体管的参数也是设计电路、选用晶体管的依据。晶体管的主要参数有以下几个：

1. 电流放大系数 $\bar{\beta}$、β

在共发射极电路中，在静态（无输入信号）时集电极电流 I_C（输出电流）与基极电流 I_B（输入电流）的比值称为共发射极静态电流（直流）放大系数

$$\overline{\beta} = \frac{I_C}{I_B} \tag{1-6}$$

当晶体管工作在动态（有输入信号）时，基极电流的变化量为 ΔI_B，它引起集电极电流的变化量为 ΔI_C。ΔI_C 与 ΔI_B 的比值称为动态（交流）电流放大系数

$$\beta = \frac{\Delta I_C}{\Delta I_B} \tag{1-7}$$

【例 1-2】 从图 1-15 所给出的晶体管的输出特性曲线上：（1）计算 Q_1 点处的 $\overline{\beta}$；（2）由 Q_1 和 Q_2 两点，计算 β。

解：（1）在 Q_1 点处，$U_{CE} = 6V$，$I_B = 40\mu A = 0.04mA$，$I_C = 1.5mA$，故

$$\overline{\beta} = \frac{I_C}{I_B} = \frac{1.5}{0.04} = 37.5$$

（2）由 Q_1 和 Q_2 两点（$U_{CE} = 6V$）得

$$\beta = \frac{\Delta I_C}{\Delta I_B} = \frac{2.3 - 1.5}{0.06 - 0.04} = \frac{0.8}{0.02} = 40$$

由上述可知，$\overline{\beta}$ 和 β 的含义是不同的，但是在输出特性曲线近于平行等距并且 I_{CEO} 较小的情况下，两者数值较为接近。在估算时，常用 $\overline{\beta} \approx \beta$ 这个近似关系。

由于晶体管的输出特性曲线是非线性的，只有在特性曲线的近于水平部分，I_C 随 I_B 成正比的变化，β 值才可以认为是基本恒定的。

由于制造工艺的分散性，即使同一型号的晶体管的 β 值也有很大的差别。常用的晶体管的 β 值在 20～100 之间。

2. 集-基极反向饱和电流 I_{CBO}

I_{CBO} 是发射极开路时由于集电结处于反向偏置，集电区和基区中的少数载流子的漂移运动所形成的电流。I_{CBO} 受温度的影响较大，在室温下，小功率锗型晶体管的 I_{CBO} 约为几微安到几十微安，小功率硅型晶体管的 I_{CBO} 在 $1\mu A$ 以下。因为 I_{CBO} 越小越好，所以硅型晶体管在温度稳定性方面胜于锗型晶体管。

3. 集-射极穿透电流 I_{CEO}

I_{CEO} 也在前面讲过，它是当 $I_B = 0$（将基极开路），集电结处于反向偏置和发射结处于正向偏置时的集电极电流。又因为它是从集电极直接穿透 PN 型而到达发射极的，所以又称为穿透电流。

当集电结反向偏置时，集电区的空穴漂移到基区而形成电流 I_{CBO}，而发射结正向偏置，发射区的电子扩散到基区，其中绝大部分被拉入集电区，只有极少部分在基区与空穴复合。由于基极开路，$I_B = 0$，因此，在基区参与复合的电子与集电区漂移过来的空穴数目应该相等。如上所述，从集电区漂移过来的空穴形成电流 I_{CBO}，所以参与复合的电子流应该也等于 I_{CBO}，这样才能满足 $I_B = 0$ 的条件。从发射区扩散的电子，不断地从电源的负极得到补充，形成电流 I_{CEO}。根据晶体管电流分配原则，从发射区扩散到集电区的电子数，应为在基区与空穴复合的电子数的 $\overline{\beta}$ 倍，故

$$I_{CEO} = \overline{\beta} I_{CBO} + I_{CBO} = (1 + \overline{\beta}) I_{CBO} \tag{1-8}$$

而集电极电流 I_C 则为

$$I_C = \overline{\beta} I_B + I_{CEO} \tag{1-9}$$

由于 I_{CBO} 受温度的影响很大，当温度上升时，I_{CBO} 增加很快，而 I_{CEO} 增加的也快，I_C 也就相应增加，所以晶体管的温度稳定性差是它的一个主要缺点。I_{CBO} 越大，$\bar{\beta}$ 越高的晶体管，稳定性越差。因此，在选择晶体管的时候，要求 I_{CBO} 尽可能小些，而 $\bar{\beta}$ 以不超过 100 为宜。

4. 集电极最大允许电流 I_{CM}

集电极电流 I_C 超过一定值时，晶体管的 β 值要下降。当 β 值下降到正常数值的 2/3 时的集电极电流，称为集电极最大允许电流 I_{CM}。因此，在使用晶体管时，I_C 超过 I_{CM} 并不一定会使晶体管损坏，但 β 值会降低。

5. 集-射极反向击穿电压 $U_{(BR)CEO}$

基极开路时，加在集电极和发射极之间的最大允许电压，称为集-射极反向击穿电压 $U_{(BR)CEO}$。当晶体管的集-射极电压 U_{CE} 大于 $U_{(BR)CEO}$ 时，I_{CEO} 突然大幅度上升，说明晶体管已经被击穿。手册中给出的 $U_{(BR)CEO}$ 一般是常温 25°C 时的值，晶体管在高温下，其 $U_{(BR)CEO}$ 值将会降低，使用时应该特别注意。

6. 集电极最大允许耗散功率 P_{CM}

由于集电极电流在流经集电结的时候将产生热量，使结温升高，从而会引起晶体管参数变化。当晶体管因受热而产生参数变化不超过允许值的时候，集电极所消耗的最大功率，称为集电极最大允许耗散功率 P_{CM}。

P_{CM} 主要受结温 T_j 的限制，一般来说，锗型晶体管允许结温为 70 ~ 90℃，硅型晶体管约为 150℃。

根据晶体管的 P_{CM} 值，由

$$P_{CM} = I_C U_{CE} \tag{1-10}$$

可在晶体管的输出特性曲线上作出 P_{CM} 曲线，它是一条双曲线。

由 I_{CM}、$U_{(BR)CEO}$、P_{CM} 三者共同确定晶体管的安全工作区，如图 1-15d 所示。

以上所讨论的几个参数，其中 β 和 I_{CBO}（I_{CEO}）是表明晶体管优劣的主要指标；I_{CM}、$U_{(BR)CEO}$、P_{CM} 都是极限参数，用来说明晶体管的使用限制。

1.5 场效应晶体管

场效应晶体管（FET）是一种新型电压控制型半导体器件，简称场效应管。场效应晶体管具有输入电阻较高（一般为 $10^9 \sim 10^{14}\,\Omega$）、噪声低、热稳定性好、辐射能力强、耗电少等优点，目前在电子电路中应用广泛。

场效应晶体管按其结构的不同可以分为结型场效应晶体管和绝缘栅型场效应晶体管两大类。由于绝缘栅型场效应晶体管制作工艺简单，无论是在分立元器件电路还是在集成电路中应用都相当广泛，本节只简单介绍绝缘栅型场效应晶体管。

绝缘栅型场效应晶体管通常由金属、氧化物和半导体制成，所以称为金属-氧化物-半导体场效应晶体管，或简称为 MOS 场效应晶体管（MOSFET）。由于这种场效应晶体管的栅极被绝缘层（如 SiO_2）隔离，因而输入电阻 R_{GS} 很高，可达 $10^9\Omega$。从导电沟道来区分，绝缘栅场效应晶体管有 N 沟道和 P 沟道两种类型。此外，无论是 N 沟道还是 P 沟道，又都可分为增强型和耗尽型两种。

1.5.1　N 沟道增强型绝缘栅场效应晶体管

1. 结构

N 沟道增强型绝缘栅场效应晶体管的结构示意图和图形符号如图 1-16 所示。把一块掺杂浓度较低的 P 型半导体作为衬底，然后在其表面上覆盖一层 SiO_2 的绝缘层，再在 SiO_2 层上刻出两个窗口，通过扩散工艺形成两个高掺杂的 N 型区（用 N^+ 表示），并在 N^+ 区和 SiO_2 的表面各自喷上一层金属铝，分别引出源极、漏极和栅极。衬底上也接出一根引线，通常情况下将它和源极在内部相连。

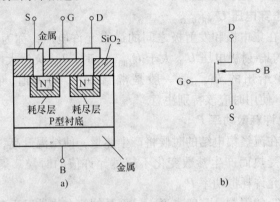

图 1-16　N 沟道增强型绝缘栅场效应晶体管
a）结构示意图　b）图形符号

2. 工作原理

结型场效应晶体管是通过改变栅源极间电压 U_{GS} 来控制 PN 结的阻挡层的宽窄，从而改变导电沟道的宽度，达到控制漏极电流 I_D 的目的。而绝缘栅场效应晶体管则是利用 U_{GS} 来控制"感应电荷"的多少，以改变由这些"感应电荷"形成的导电沟道的状况，然后达到控制漏极电流 I_D 的目的。

对 N 沟道增强型的绝缘栅场效应晶体管，当 $U_{GS}=0$ 时，在漏极和源极的两个 N^+ 区之间是 P 型衬底，因此漏、源极之间相当于两个背靠背的 PN 结。所以，无论漏、源极之间加上何种极性的电压，总是不导通的，即 $I_D=0$。

当 $U_{GS}>0$ 时（为方便，假定漏、源极间电压 $U_{DS}=0$），则在 SiO_2 的绝缘层中产生一个垂直于半导体表面、由栅极指向 P 型衬底的电场。这个电场排斥空穴，吸引电子，当 $U_{GS} \geq U_T$（U_T 称为开启电压）时，在栅极的 P 型区中形成了一层以电子为主的 N 型层。由于源极和漏极均为 N^+ 型，故此 N 型层在漏、源极间形成电子导电的沟道，称为 N 型沟道。此时在漏、源极间加 U_{DS}，则形成电流 I_D。显然，此时改变 U_{GS} 则可改变沟道的宽窄，即改变沟道电阻大小，从而控制了漏极电流 I_D 的大小。由于这类场效应晶体管在 $U_{GS}=0$ 时，$I_D=0$，只有在 $U_{GS}>U_T$ 后才出现沟道形成电流，故称为增强型。上述过程如图 1-17 所示。

3. 特性曲线

N 沟道增强型场效应晶体管可用输出特性和转移特性表示 I_D、U_{GS}、U_{DS} 之间的关系，图 1-18 是 N 沟道增强型场效应晶体管的特性曲线。

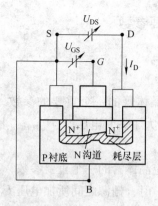

图 1-17　N 沟道增强型绝缘栅场效应晶体管工作原理示意图

　　从图 1-18a 中 $U_{DS1}=6V$，可做出图 1-18b 的转移特性曲线。由图 1-18b 所示的转移特性曲线可知，当 $U_{GS}<U_T$（在图中，$U_T=2V$，即 $U_{GS}<2V$ 时，由于尚未形成导电沟道，因此 I_D 基本为零。当 $U_{GS}\geqslant U_T$ 时，形成导电沟道，才形成电流，而且当 U_{GS} 增大时，沟道变宽，沟道电阻变小，I_D 也增大。通常将 I_D 开始出现某一小数值（如 $10\mu A$）时的 U_{GS} 定义为开启电压 U_T。

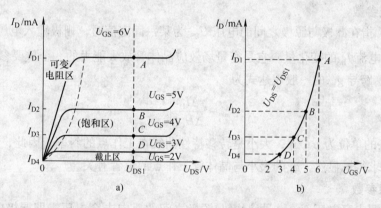

图 1-18　N 沟道增强型绝缘栅场效应晶体管的特性曲线

a）输出特性曲线　b）转移特性曲线

　　MOS 场效应晶体管的输出特性同样可以划分为三个区：可变电阻区、恒流区（饱和区）、截止区，如图 1-18a 所示。

1.5.2　N 沟道耗尽型绝缘栅场效应晶体管

　　N 沟道耗尽型绝缘栅场效应晶体管的 SiO_2 绝缘薄层掺入了大量的正电荷，当 $U_{GS}=0$ 时，即不加栅源电压时，这些正电荷产生的内电场也能在衬底表面形成反型层导电沟道。当 $U_{GS}>0$ 时，外电场与内电场方向一致，使导电沟道加厚。当 $U_{GS}<0$ 时，外电场与内电场方向相反，使导电沟道变薄。当 U_{GS} 的负值达到某一数值 U_P 时，导电沟道消失，这一临界电压 $U_{GS(off)}$ 称为夹断电压。可见，这种绝缘栅场效应晶体管只要在 $U_{GS}>U_{GD(off)}$、$U_{DS}>0$ 时，都会产生 I_D。改变 U_{GS} 便可改变导电沟道的厚薄和形状，实现对漏极电流 I_D 的控制。这种 MOS 场效应晶体管，通常称为耗尽型绝缘栅场效应晶体管。

1.5.3　场效应晶体管的主要参数

1. 直流参数

（1）饱和漏极电流 I_{DSS}

这是耗尽型绝缘栅场效应晶体管的一个重要的参数，它的定义是当栅源之间的电压 $U_{GS}=0$，而漏源之间的电压 U_{DS} 大于夹断电压 $|\,U_{GS(off)}\,|$ 时对应的漏极电流。

（2）夹断电压 $U_{GS(off)}$

它也是耗尽型绝缘栅场效应晶体管的一个重要参数，其定义为 U_{DS} 一定时使 I_D 减小到某一微小电流（通常为 $50\mu A$）时，栅源之间所加电压 U_{GS} 的值。

（3）栅源直流输入电阻 R_{GS}

栅源直流输入电阻即栅源之间所加电压与产生的栅极电流之比。由于绝缘栅场效应晶体管栅极电流几乎为零，故其输入电阻大于 $10^9\Omega$。这一参数有时以栅极电流 I_G 表示。

（4）开启电压 $U_{GS(th)}$

这是增强型绝缘栅场效应晶体管的重要参数，它的定义是当 U_{DS} 一定时，使漏极电流 I_D 达到某一数值（如 $10\mu A$）时所加的 U_{GS} 值。

2. 交流参数

跨导 g_m 指在漏极与源极之间的电压 U_{DS} 为某一固定值时，栅极输入电压每变化 1V 所引起的漏极电流 I_D 的变化量。它是衡量场效应晶体管放大能力的一个重要参数（相当于晶体管的 β）。跨导 g_m 的一般表达式为

$$g_m = \frac{\Delta I_D}{\Delta U_{GS}}\bigg|_{U_{DS}=常数} \tag{1-11}$$

跨导 g_m 的单位为 $\mu A/V$，大小是转移特性曲线在工作点的斜率，因此，也可以从转移特性曲线上求得，显然，g_m 的大小与晶体管工作点的位置有关。

3. 极限参数

最大漏源击穿电压 $U_{DS(BR)}$ 指漏极与源极之间的反向击穿电压，即漏极电流 I_D 开始急剧上升时的 U_{DS} 值。

在使用场效应晶体管时，除了注意不要超过它的额定漏源电压 U_{DS}、栅源电压 U_{GS}、最大耗散功率 P_{DSM} 和最大漏源电流 I_{DSS} 之外，对于绝缘栅场效应晶体管还应注意栅极感应电压过高而造成的击穿问题。

绝缘栅场效应晶体管的输入电阻 R_{GS} 很高，所以在栅极感应出来的电荷很难通过这个电阻泄漏掉。电荷的积累造成了电压的升高，特别是在极间电容较小的情况下，栅极上感应出少量的电荷就会使它出现很高的电压，将造成栅极氧化层击穿而损坏管子。为此，在测量和使用时，必须始终保持栅-源极之间有一定的直流通路，并特别注意将源极接地（同时与外壳接通）。如用整流电源供电，应注意接好地线并接通外壳。在焊接时，最好先将三个电极用导线捆绕（短路），并按照源、漏、栅的顺序焊入电路，然后去掉短路线。电烙铁或测试仪表与场效应晶体管接触时，外壳均应事先接地。当绝缘栅场效应晶体管搁置不用时，应把三个电极短路起来保存，以免损坏。

本　章　小　结

1. PN 结是半导体二极管和其他半导体器件的基础结构。它具有单向导电性：当正向偏置（P 区电位高于 N 区）时，呈低阻导通状态；当反向偏置时，呈高阻截止状态。

二极管内部只有一个 PN 结，单向导电是其基本特征，可用伏安特性曲线来全面描述。

2. 稳压二极管和普通二极管不同，它可以长期工作在反向击穿状态下。只要反向电流不超过二极管的最大稳定电流，它就不会损坏。将稳压管和限流电阻配合起来，就可以构成稳压管稳压电路。

3. 利用 PN 结在正向导通时发出可见光的特性，制成发光二极管；利用 PN 结的光敏特性制成光敏二极管。

4. 双极型晶体管是由两个 PN 结组成的三端有源器件，分 NPN 型和 PNP 型两种类型，它的三个端子称为发射极 E、基极 B、集电极 C。表征晶体管性能的有输入特性和输出特性，从输出特性上可以看出，用改变基极电流的方法可以控制集电极电流，因而该晶体管是一种电流控制器件。

5. 晶体管的电流放大系数 β 是它的主要参数，为保证器件的安全运行，还有几项极限参数，如集电极最大允许电流 I_{CM}、集电极最大允许功率损耗 P_{CM}、集-射极反向击穿电压 $U_{(BR)CEO}$ 等，使用时应予以注意。

6. 与双极型晶体管有两种载流子参与导电不同，场效应晶体管是电压控制电流器件，只依靠一种载流子导电，属于单极型器件。

思考题与习题

1-1　选择合适答案填入空格内。

1. 在本征半导体中加入_____元素可形成 N 型半导体，加入_____元素可形成 P 型半导体。

A. 五价　　　　　　　　B. 四价　　　　　　　　C. 三价

2. 当温度升高时，二极管的反向饱和电流将_____。

A. 增大　　　　　　　　B. 不变　　　　　　　　C. 减小

3. 工作在放大区的某晶体管，如果当 I_B 从 $12\mu A$ 增大到 $22\mu A$ 时，I_C 从 $1mA$ 变为 $2mA$，那么它的 β 值约为_____。

A. 83　　　　　　　　　B. 91　　　　　　　　　C. 100

4. 当场效应晶体管的漏极直流电流 I_D 从 $2mA$ 变为 $4mA$ 时，它的低频跨导 g_m 将_____。

A. 增大　　　　　　　　B. 不变　　　　　　　　C. 减小

1-2　选择正确答案填入空格内。

1. PN 结加正向电压时，空间电荷区将_____。

A. 变窄　　　　　　　　B. 基本不变　　　　　　C. 变宽

2. 稳压管的稳压区是其工作在_____区。

A. 正向导通　　　　　　B. 反向截止　　　　　　C. 反向击穿

3. 当晶体管工作在放大区时，发射结电压和集电结电压应为_____。

A. 前者反向偏置、后者也反向偏置

B. 前者正向偏置、后者反向偏置

C. 前者正向偏置、后者也正向偏置

4. 当 $U_{GS} = 0V$ 时，能够工作在恒流区的场效应晶体管有_____。

A. 增强型 MOS 场效应晶体管　　　　　　　　B. 耗尽型 MOS 场效应晶体管

1-3　能否将 1.5V 的干电池以正向接法接到二极管两端？为什么？

1-4　电路如图 1-19 所示，已知 $u_i = 10\sin\omega t$，试画出 u_i 与 u_o 的波形。设二极管正向导通电压可忽略不计。

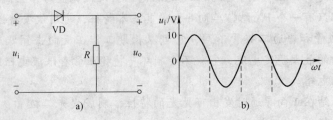

图 1-19　题 1-4 图

1-5　二极管电路如图 1-20 所示，判断图中的二极管是导通还是截止，并确定各电路的输出电压 u_o。（设二极管是理想二极管）。

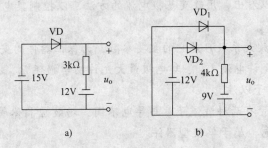

图 1-20　题 1-5 图

1-6　已知稳压管的稳定电压 $U_Z = 6V$，稳定电流的最小值 $I_{Zmin} = 5mA$，最大耗散功耗 $P_{ZM} = 150mW$。试求图 1-21 所示电路中电阻 R 的取值范围。

1-7　已知图 1-22 所示电路中稳压管的稳定电压 $U_Z = 6V$，最小稳定电流 $I_{Zmin} = 5mA$，最大稳定电流 $I_{Zmax} = 25mA$。试问：

（1）当 U_i 分别取 10V、15V 时，输出电压 U_o 为多大？

（2）当 U_i 取 35V 时，电路状态如何？

1-8　有两只晶体管，一只晶体管的 $\beta = 200$，$I_{CEO} = 200\mu A$；另一只晶体管的 $\beta = 100$，$I_{CEO} = 10\mu A$，其他参数相同。你认为应选用哪只晶体管？为什么？

1-9　在图 1-23 所示电路中，发光二极管导通电压 $U = 1.5V$，正向电流在 5～15mA 时才能正常工作。试问：

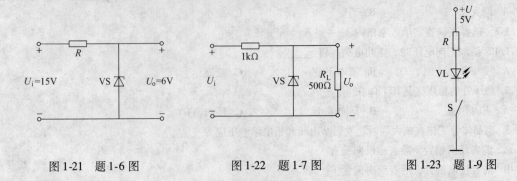

图 1-21　题 1-6 图　　　　　　　图 1-22　题 1-7 图　　　　　　　图 1-23　题 1-9 图

（1）开关 S 在什么位置时发光二极管才能发光？

（2）R 的取值范围是多少？

1-10　如何用万用表判断出一个二极管的正极和负极？如何判断出二极管的好坏？

1-11　测得小信号放大电路中硅型晶体管的各电极对地电压值如下，试判别晶体管工作在什么区域？

（1）$U_C = 6V$，$U_B = 2V$，$U_E = 1.3V$；

（2）$U_C = 6V$，$U_B = 6V$，$U_E = 5.4V$；

（3）$U_C = 6V$，$U_B = 4V$，$U_E = 3.6V$。

1-12　已知两只晶体管的电流放大系数 β 分别为 50 和 100，现测得正常放大的电路中这两只晶体管两个电极的电流如图 1-24 所示。分别求另一电极的电流，标出其实际方向，并在圆圈中画出晶体管。

1-13　场效应晶体管的工作原理和双极型晶体管（BJT）有什么不同？为什么场效应晶体管具有很高的输入电阻？

1-14　在使用绝缘栅场效应晶体管时，应注意哪些问题？

1-15　已知场效应晶体管的输出特性曲线如图 1-25 所示。画出它在恒流区的转移特性曲线。

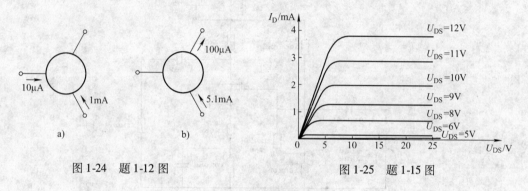

图 1-24　题 1-12 图　　　　　　　　图 1-25　题 1-15 图

Multisim 例题及习题

1. Multisim 例题

【**Mult 1-1**】　利用 Multisim 研究图 1-26 并联式稳压电路的稳压原理。其中，电源电压 $U = 10\ V$，$R = 200\Omega$，$R_L = 1k\Omega$，稳压管的稳定电压 $U_Z = 6V$，分别测出：

（1）稳压管中的电流 I_Z 及负载 R_L 两端的电压 U_Z；

（2）当电源电压为 12V 时，稳压管中的电流 I_Z 及负载 R_L 两端的电压 U_Z；

（3）当电源电压为 10V，负载 $R_L = 2k\Omega$ 时的 I_Z 及 U_Z。

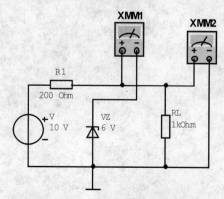

图 1-26　Multisim 例题仿真电路图

解：

（1）在 Multisim 中构建电路如图 1-26 所示，仿真运行后，通过虚拟仪表测得 $I_Z = 14.042\text{mA}$，$U_Z = 5.993\text{V}$。

（2）修改电源电压的参数，可测得 $I_Z = 23.978\text{mA}$，$U_Z = 6.004\text{V}$。

（3）在电路中设置 $U = 10\text{V}$，$R_L = 2\text{k}\Omega$，可测得 $I_Z = 17.018\text{mA}$，$U_Z = 5.997\text{V}$。

2. Multisim 习题

【Mult 1-1】　场效应晶体管共源电路如图 1-27 所示，其中 $U_{DD} = 20\text{V}$，$R_{g1} = 300\text{k}\Omega$，$R_{g2} = 100\text{k}\Omega$，$R_{g3} = 2\text{M}\Omega$，$C_1 = 0.02\mu\text{F}$，$C_2 = 4.7\mu\text{F}$，$R_1 = 2\text{k}\Omega$，$R_2 = 10\text{k}\Omega$，$R_L = 12\text{k}\Omega$，$C = 47\mu\text{F}$，场效应晶体管（FET）工作点上的跨导 $g_m = 1\text{mS}$。试用 Multisim 进行如下分析：

（1）求电路的静态工作点；

（2）输入频率为 1kHz，幅值为 10mV 的正弦波，观察输入 u_i 与输出 u_o 的波形并计算放大倍数 $\dot{A}_u$。

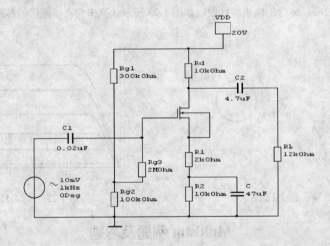

图 1-27　共源电路

第 2 章　基本放大电路

本章首先讲述放大电路的基本概念、性能指标、组成原则；然后阐述基本放大电路的工作原理及分析方法；最后介绍放大电路中的反馈、多级放大电路、功率放大电路等。本章所涉及的基本概念、基本电路及分析方法是电子技术的基础知识，是学习的重点。

2.1　基本放大电路概述

基本放大电路是指仅由一只晶体管构成的简单放大电路，它是构成多级放大电路的基础。本章首先分析基本放大电路的相关问题。

放大电路，又称放大器，其功能是把微弱的电信号不失真地放大到所需要的数值。所谓放大，从表面上看是增大输入信号的幅值，但实质上是实现能量的控制。由于输入信号很小，不能直接推动负载工作，因此需要另外提供能源，即直流电源，由能量较小的输入信号控制这个能源，使之转换成大的能量输出，以便推动负载工作。例如，会场上使用的扬声器就是一种放大器，它能将报告人的声音不失真地放大，再送入听众的耳中。

晶体管就是一种具有能量控制作用的半导体器件，是构成放大电路的基本器件。由晶体管组成的放大电路共有三种形式，也称三种组态，分别是共发射极放大电路、共基极放大电路和共集电极放大电路。本章以应用最广泛的共发射极放大电路为例，说明放大电路的组成及工作原理。

2.1.1　基本放大电路的框图

放大电路中的放大器件可以是双极型晶体管、场效应晶体管等，它们统称为有源器件，具有能量控制作用。此外还有电阻、电容等元件与之共同组成放大电路。不论电路的组成形式如何，均可用一个框图代替，如图 2-1 所示。放大电路的输入端 A、B 接信号源（信号发生器），即放大对象。输出端 C、D 接负载 R_L。为了保证晶体管处于正常的放大状态，必须提供直流电源。当信号源提供一个微弱的动态信号（如正弦信号）时，经放大后，在负载上得到一个不失真的幅值增大的信号。

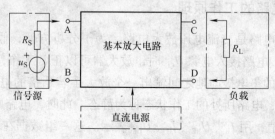

图 2-1　基本放大电路框图

2.1.2　基本放大电路的组成

若要不失真地放大输入信号，放大电路的构成就必须遵循下列原则：一是电源极性必须使放大电路中的晶体管工作在放大状态，即发射结正向偏置，集电结反向偏置；二是信号的变化能引起晶体管输入电流的变化，晶体管输出电流的变化能方便地转换成输出电压，即为输入/输出信号提供通路。

以 NPN 型晶体管为核心组成的放大电路如图 2-2a 所示。输入端接交流信号源，输入电压为 u_i；由晶体管 VT 的基-射极构成的回路称为输入回路；由晶体管的集-射极构成的回路称为输出回路，输出电压为 u_o。

VT 在放大电路中起着电流放大的作用，是整个放大电路的核心。基极电源 E_B 和基极电阻 R_B 使发射结处于正向偏置，并提供大小适当的基极电流。集电极电源 U_{CC} 除了为输出信号提供能量外，还保证集电结处于反向偏置，以使 VT 起到放大作用。集电极负载电阻将集电极电流的变化转化为电压的变化，以实现电压放大。耦合电容 C_1 和 C_2 一方面起隔直流作用，即 C_1 用来隔断放大电路与信号源之间的直流通路，而 C_2 则用来隔断放大电路与负载之间的直流通路，使三者之间无直流联系，互不影响；另一方面又起到交流耦合作用，保证交流信号畅通无阻地通过放大电路，保证沟通信号源、放大电路和负载三者之间的交流通路。C_1 和 C_2 的电容值一般为几微法到几十微法，通常采用电解电容器（连接时要注意其极性）。

通常情况下，实用的基本放大电路只使用一个电源，如图 2-2b 所示。此时，发射结仍处于正向偏置状态，仍可以产生合适的 I_B，但 R_B 的数值应作调整。

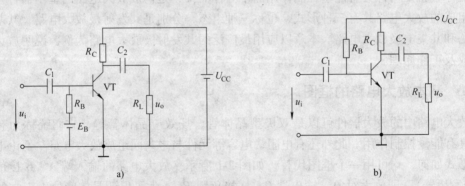

图 2-2　基本放大电路

2.1.3　基本放大电路的工作原理

图 2-2b 所示放大电路是交流电压放大电路。为了分析方便，假设放大电路的负载为断路，如图 2-3 所示。电路接入电源 U_{CC} 时，放大器可以正常工作，即从信号源输入一个较小的 u_i，从晶体管的集电极与地之间输出一个放大了若干倍的电压 u_o。当放大电路中的输入信号 $u_i = 0$ 时，电路所处的工作状态称为静态。此时，电路中各处的电压、电流都是直流量，称为静态值，用 I_B、U_{BE}、I_C、U_{CE} 表示。这一组数据在晶体管的输入/输出特性曲线上代表着一个点，称为静态工作点，用 Q 表示，如图 2-4 所示。

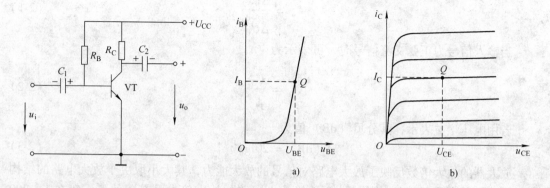

图2-3　负载开路的基本放大电路　　　　　　图2-4　放大电路的静态工作点

　　放大电路中 $u_i \neq 0$ 时的工作状态称为动态。此时，晶体管的极间电压和电流都是直流分量和交流分量的叠加。u_i 通过耦合电容 C_1 传送到晶体管的发射结上，从而使一个随 u_i 正弦变化的 i_B 叠加到静态 I_B 上。由于晶体管的电流放大作用，在集电极也相应地引起一个放大了 β 倍的正弦交变的集电极电流 i_C，叠加在静态电流 I_C 上。当 i_C 流过集电极电阻 R_C 时，产生电压 $i_C R_C$，从而使 $u_{CE} = U_{CC} - i_C R_C$，其中 u_{CE} 中的交流分量是与 u_i 反相的。电路中各电压、电流波形如图2-5所示。负载上的电压 u_o 是从 C_2 耦合过来的 u_{CE} 中的交流分量。

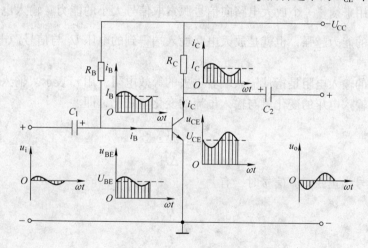

图2-5　信号的放大过程

2.1.4　放大电路的性能指标

　　为了评价一个放大电路质量的优劣，通常需要规定若干项性能指标。放大电路的主要技术指标有以下几项：

1. 电压放大倍数 A_u

　　电压放大倍数（又称"增益"）是衡量放大电路对输入信号放大能力的指标。电压放大倍数越大，则放大电路的放大能力越强。它定义为输出电压变化量与输入电压变化量之比，用 A_u 表示，即

$$\dot{A}_u = \frac{\Delta \dot{U}_o}{\Delta \dot{U}_i} \tag{2-1}$$

当输入信号为正弦交流信号时，可表示为

$$\dot{A}_u = \frac{\dot{U}_o}{\dot{U}_i} \tag{2-2}$$

若用电压增益表示，其分贝（dB）值为

$$A_u(dB) = 20\lg|A_u| \tag{2-3}$$

放大器的放大倍数反映了放大电路对信号的放大能力，其大小取决于放大电路的结构和组成电路各个元器件的参数。一个单级放大电路的放大倍数是有限的，一般在 1～200 之间，而在所有的情况下，放大器的输入信号都很微弱，通常为毫伏或微伏数量级，因此单级放大器的放大倍数往往不能满足要求。为了推动负载工作，需要提高放大倍数。提高放大倍数的方法通常是将若干个放大单元电路级联组成多级放大电路。在多级放大电路中，总的放大倍数是各单级放大倍数的乘积。

放大电路除了常用的电压放大倍数外，还有电流放大倍数（输出电流与输入电流之比）和功率放大倍数（输出功率和输入功率之比）。

2. 输入电阻 r_i

输入电阻用来衡量一个放大电路向信号源索取信号大小的能力。输入电阻越大，放大电路索取信号的能力越强，也就是放大电路输入端得到的电压 $\dot{U}_i$ 与信号源电压 $\dot{U}_s$ 的数值越接近。

放大电路的输入电阻是指从输入端看进去的等效电阻，用 r_i 表示。输入电阻在数值上等于放大器的输入电压的变化量与输入电流的变化量之比，即

$$r_i = \frac{\Delta \dot{U}_i}{\Delta \dot{I}_i} \tag{2-4}$$

当输入信号为正弦交流信号时，有

$$r_i = \frac{\dot{U}_i}{\dot{I}_i} \tag{2-5}$$

设信号源电压为 $\dot{U}_s$，内阻为 R_s，则放大电路的输入端所获得的信号电压为

$$\dot{U}_i = \frac{r_i}{r_i + R_s} \dot{U}_s \tag{2-6}$$

放大电路从信号源获取的输入电流为

$$\dot{I}_i = \frac{\dot{U}_i}{r_i} \tag{2-7}$$

由式（2-6）和式（2-7）可知，在 $\dot{U}_s$ 和 R_s 一定时，输入电阻越大，放大电路从信号源得到的输入电压 $\dot{U}_i$ 越大，放大电路的输出电压也越大，且 r_i 越大，从信号源获取的电

流 $\dot{I}_i$ 越小，可减轻信号源的负担。因此，一般都希望输入电阻尽量大一些，最好能远远大于信号源内阻 R_S。

3. 输出电阻 r_o

放大电路的输出信号要送给负载，因而对负载来说，放大电路相当于负载的信号源，如图 2-6 所示。其作用可以用一个等效电压源来代替，这个等效电压源的内阻就是放大电路的输出电阻。它等于负载开路时，从放大器的输出端看进去的等效电阻。

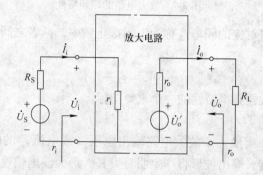

图 2-6 放大电路的输入电阻与输出电阻

如果放大电路的输出电阻 r_o 较大（相当于信号源的内阻较大），当负载变化时，输出电压的变化较大，也就是放大电路带负载的能力较差。因此，通常希望放大电路的输出电阻越小越好。

放大电路的输出电阻是从放大电路输出端看进去的交流等效电阻（注意不包括负载电阻 R_L）。因此放大电路的输出电阻 r_o 可在信号源短路（$U_i = 0$）和输出端开路的条件下求得。放大电路的输出电阻 r_o 定义为

$$r_o = \frac{\dot{U}_o}{\dot{I}_o} \tag{2-8}$$

计算 r_o 时应将信号源短路（$\dot{U}_i = 0$，但要保留信号源内阻 R_S），将负载 R_L 移去，在输出端加一交流电压 $\dot{U}_o$，以产生一个电流 $\dot{I}_o$，它们的比值即为放大电路的输出电阻 r_o。

4. 通频带

通常放大电路的输入信号不是单一频率的正弦波，而是包括各种不同频率的正弦分量，输入信号所包含的正弦分量的频率范围称为输入信号的频带。由于放大电路中有电容存在，晶体管 PN 结也存在结电容，电容的容抗随频率变化而变化，因此放大电路的输出电压也随频率的变化而变化。对于低频段信号，串联电容的分压作用不可忽视；对于高频段信号，并联的结电容的分流作用不可忽视。所以，同一放大电路对不同频率输入信号的电压放大倍数不同，电压放大倍数与频率的关系称为放大器的幅频特性。放大电路的幅频特性如图 2-7 所示。

从图 2-7 中可以看出，中频段的电压放大倍数最大，且几乎与频率无关，用 $|A_{um}|$ 表示。当频率很低或很高时，$|A_u|$ 都将下降。通常将 $|A_u|$ 下降到 $\frac{|A_{um}|}{\sqrt{2}}$ 时所对应的频率 f_l

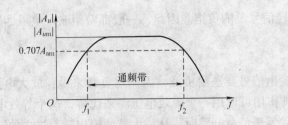

图 2-7　放大电路的幅频特性

称为下限截止频率，将对应的频率 f_2 称为上限截止频率，两者之间的频率范围 $f_2 - f_1$ 称为通频带 BW，即

$$BW = f_2 - f_1 \tag{2-9}$$

通频带是表示放大器频率特性的一个重要指标。

5. 最大输出幅度

　　最大输出幅度用来衡量一个放大电路输出电压（或电流）的幅值能够达到的最大限度，如果超出这个限度，输出波形将产生明显失真。最大输出幅度一般用电压的有效值表示，符号为 U_{omax}，也可以用电压的峰-峰值表示，电压的峰-峰值是有效值的 $2\sqrt{2}$ 倍。

　　以上介绍了放大电路的几项主要技术指标，此外，针对不同的使用场合，还可能涉及其他一些指标，如电源的容量、抗干扰能力、信噪比、允许工作温度范围等。

2.2　基本放大电路的特性分析

　　分析放大电路，就是在理解放大电路工作原理的基础上求解静态工作点和各项动态性能指标。本节以共射极放大电路为例，对放大电路的特性进行分析。

2.2.1　放大电路的直流通路与交流通路

　　通常，在放大电路中，直流电源和交流信号总是共存的，即静态电流、电压和动态电流、电压总是共存的。但是，由于电容、电感等元件的存在，直流量所流经的通路与交流量所流经的通路不完全相同。因此为了便于研究问题，常把直流电源对电路的作用和输入信号对电路的作用区分开来，分成直流通路和交流通路。

　　直流通路是在直流电源作用下电流流经的通路，用于研究静态工作点。对于直流通路电容可视为开路。

　　交流通路是输入信号作用下交流信号流经的通路，用于研究动态性能指标。对于交流通路，电容视为短路，无内阻的直流电压源视为短路。

　　根据上述原则，图 2-2b 所示基本共射放大电路的直流通路如图 2-8a 所示。图中将所有电容做开路处理。将直流电源 U_{CC} 对地短路，将耦合电容做短路处理，就得到了如图 2-8b 所示的交流通路。

　　在分析放大电路时，应遵循"动静分开，先静后动"的原则，估算放大电路的静态工作点应利用直流通路，进行动态分析应利用交流通路，两种通路切不可混淆。

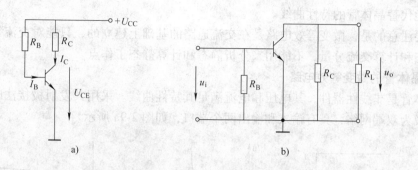

图 2-8　基本放大电路的直流通路与交流通路

a）直流通路　b）交流通路

2.2.2　基本放大电路的静态分析

对放大电路进行静态分析就是要确定放大电路的静态工作点 I_B、I_C、U_{CE}。静态工作点的合适与否直接影响到放大电路的工作状态和性能指标。利用直流通路，采用近似计算法可以确定静态工作点。

在图 2-8 所示的直流通路中，可得出静态时的基极电流为

$$I_B = \frac{U_{CC} - U_{BE}}{R_B} \approx \frac{U_{CC}}{R_B} \tag{2-10}$$

由于 U_{BE}（硅型晶体管约为 0.6 V）比 U_{CC} 小得多，故可忽略不计。

根据晶体管的电流分配关系，可求得静态时的集电极电流为

$$I_C = \bar{\beta} I_B \approx \beta I_B \tag{2-11}$$

静态时的集-射极电压为

$$U_{CE} = U_{CC} - I_C R_C \tag{2-12}$$

【例 2-1】　用近似计算法求图 2-2 所示放大电路的静态值。已知 $U_{CC} = 20V$，$R_C = 2k\Omega$，$R_B = 200k\Omega$，$\bar{\beta} = 50$。

解：根据图 2-8 所示的直流通路可得出

$$I_B = \frac{U_{CC} - U_{BE}}{R_B} = \frac{20 - 0.6}{200}mA \approx 0.1mA = 100\mu A$$

$$I_C = \bar{\beta} I_B = 50 \times 0.1mA = 5mA$$

$$U_{CE} = U_{CC} - I_C R_C = (20 - 5 \times 2)V = 10V$$

2.2.3　基本放大电路的动态分析

放大电路的动态分析就是在静态工作点确定后，求出晶体管各级电流和电压交流分量的幅值。分析放大电路的性能指标，即求解电压放大倍数、输入电阻和输出电阻。

微变等效电路法是进行动态分析的基本方法。所谓放大电路的微变等效电路，是把非线性器件（晶体管）所组成的放大电路等效为一个线性电路，也就是把晶体管线性化，等效为一个线性元件。这样，就可以用线性电路理论，分析计算晶体管放大电路。线性化的条件是晶体管在小信号（微变量）情况下工作，这时在静态工作点附近的小范围内用直线

段近似地代替晶体管的特性曲线。

需要注意的是，微变等效电路是在交流通路的基础上建立的，只能对交流等效，用于分析动态和计算交流分量，不能用来分析静态和计算静态工作点。

1. 晶体管的微变等效电路

晶体管是非线性器件，其电压和电流满足其特性曲线。采用共发射极接法时，晶体管可以看成为双端网络，具有输入和输出两个端口，如图 2-9a 所示。

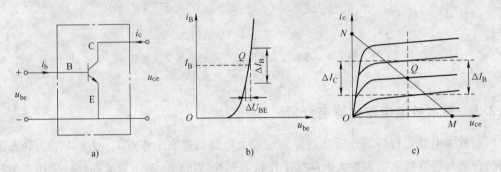

图 2-9　晶体管微变等效电路的分析

a）电路图　b）输入特性　c）输出特性

首先分析输入端口，也就是晶体管的输入特性。晶体管的基极与发射极之间是发射结，发射结对输入信号电压呈现一定的动态电阻 r_{be}，如图 2-9b 所示。由于晶体管的输入特性曲线是非线性的，各个点上的切线斜率不同，所以 r_{be} 的大小也不同，也就是说 r_{be} 与静态工作点 Q 有关。但在输入信号很小的情况下，静态工作点 Q 附近的工作段可视为直线。当 U_{CE} 为常数时，ΔU_{BE} 与 ΔI_B 之比为

$$r_{be} = \frac{\Delta U_{BE}}{\Delta I_B}\Big|_{U_{CE}=常数} = \frac{u_{be}}{i_b}\Big|_{U_{CE}=常数} \tag{2-13}$$

式中，r_{be} 称为晶体管的输入电阻，它表示小信号情况下 u_{be} 和 i_b 之间的关系。低频小功率晶体管的输入电阻常用下式估算

$$r_{be} = 200\Omega + (1+\beta)\frac{26}{I_E} \tag{2-14}$$

式中，I_E 是发射极电流的静态值。

输出端的电压与电流的关系可由晶体管的输出特性来确定，如图 2-9c 所示。当晶体管工作在放大区时，ΔI_C 与 ΔI_B 之比为

$$\beta = \frac{\Delta I_C}{\Delta I_B} = \frac{i_c}{i_b} \tag{2-15}$$

式中，ΔI_C 只受 ΔI_B 的控制，与 ΔU_{CE} 几乎无关；β 为晶体管的电流放大系数，由它确定 i_c 受 i_b 控制的关系，所以晶体管的电流放大作用可用一等效恒流源 $i_c = \beta i_b$ 代替，它是一个受控电流源。

基于上述分析，我们可以得到晶体管的微变等效电路模型如图 2-10 所示。

2. 微变等效电路法进行放大电路的动态分析

将放大电路交流通路中的晶体管用它的微变等效电路代替，就得到了放大电路的微变等效电路。该电路是一个线性电路，全部由线性元件构成，从而可以用已学过的线性电路

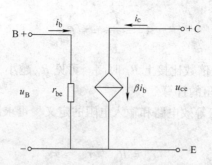

图 2-10　晶体管的微变等效电路

的分析方法对放大电路进行动态分析，求解各项性能指标。

　　根据上述原则得到的基本放大电路的交流通路和微变等效电路如图 2-11b 和图 2-11c 所示。

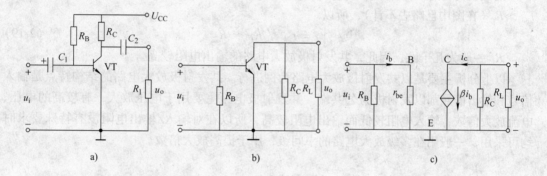

图 2-11　基本交流放大电路的动态分析

a）基本共射极放大电路　b）放大电路的交流通路　c）放大电路的微变等效电路

（1）电压放大倍数的计算

　　利用图 2-11c 所示的微变等效电路计算电压放大倍数。设输入正弦信号，电流和电压都可用相量表示。

$$\dot{U}_i = \dot{I}_B r_{BE}$$

$$\dot{U}_o = -\dot{I}_C R'_L = -\beta \dot{I}_B R'_L$$

$$R'_L = R_C /\!/ R_L$$

故放大电路的电压放大倍数为

$$A_u = \frac{\dot{U}_o}{\dot{U}_i} = -\beta \frac{R'_L}{r_{BE}} \tag{2-16}$$

式（2-16）中的负号表示输出电压 $\dot{U}_o$ 与输入电压 $\dot{U}_i$ 的相位相反。

　　当放大电路输出端开路（未接 R_L）时，$R'_L = R_C$，则

$$A_u = \frac{\dot{U}_o}{\dot{U}_i} = -\beta \frac{R_C}{r_{be}} \tag{2-17}$$

未接 R_L 时的电压放大倍数比接上 R_L 时高。可见 R_L 越小，电压放大倍数越低。

（2）放大电路输入电阻的计算

从图 2-11c 所示的微变等效电路和输入电阻的定义，可求出图 2-11 所示放大电路的输入电阻为

$$r_i = R_B \,//\, r_{be} \approx r_{be} \tag{2-18}$$

实际上 R_B 的阻值比 r_{be} 大得多，因此，这一类放大电路的输入电阻基本上等于晶体管的输入电阻。注意：r_i 与 r_{be} 的意义不同，不能混淆。

（3）放大电路输出电阻的计算

放大电路的输出电阻 r_o 可在信号源短路（$U_i = 0$）和输出端开路的条件下求得。由图 2-11 的微变等效电路，当 $U_i = 0$、$I_B = 0$ 时，βI_B 或 I_C 也为零。因为晶体管的输出电阻 $r_{be} \gg R_C$（在图中已略去不计），所以

$$r_o = r_{ce} \,//\, R_C \approx R_C \tag{2-19}$$

R_C 一般为几千欧，因此，共发射极放大电路的输出电阻较高。

以上分析主要是以共发射极放大电路为例进行。共发射极放大电路的结构特点是输入信号和输出信号都以发射极为公共端。共发射极电路主要用于电压放大，有较高的电压、电流放大倍数，输入电阻较低而输出电阻较高，所以在对输入/输出电阻没有特殊要求时均可采用，一般用在多级放大电路的中间级，用于提高放大倍数。

2.3　放大电路静态工作点的稳定

放大电路的多项重要技术指标均与静态工作点的位置直接相关，Q 点过高或过低都可能使输出信号产生失真。但是晶体管放大电路的静态工作点常常因外界条件的变化而发生变动，因此仅仅是恰当地设置工作点还不够，还必须采取措施保证工作点的稳定。

2.3.1　温度对静态工作点的影响

晶体管是一种对温度非常敏感的器件。当环境温度变化时，晶体管的反向饱和电流 I_{CBO}、电流放大倍数 β 以及基极和发射极间的电压 U_{BE} 都将随着变化。当温度升高时，晶体管的 $I_{CBO}(I_{CEO})$ 和 $\bar{\beta}$ 等参数增大，从而导致集电极电流的静态值 I_C（$I_C = \bar{\beta} I_B + I_{CEO}$）增大，因而晶体管的整个输出特性曲线向上平移，容易使晶体管进入饱和区工作而产生非线性失真，使放大电路不能正常工作。同理，当温度降低时，I_C 减小，容易使晶体管进入截止区工作而产生非线性失真。所以，在实际工作中，必须采取措施稳定静态工作点。

2.3.2　静态工作点稳定电路

图 2-12a 所示的分压式偏置电路是实际中常用的静态工作点稳定电路，它与固定偏置电路的不同之处是基极电位由 R_{B1} 和 R_{B2} 分压决定，而且发射极接入了一个电阻 R_E。图 2-12b 和图 2-12c 分别是它的直流通路和交流微变等效电路。

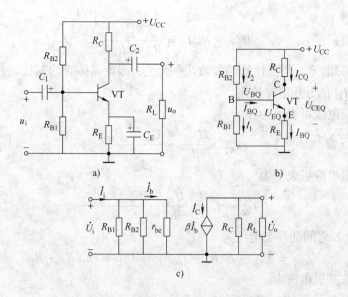

图 2-12　分压式静态工作点稳定电路

a) 电路图　b) 直流通路　c) 微变等效电路

由于晶体管的基极电位 U_{BQ} 是由 U_{CC} 分压后得到，故可以认为它不受温度变化的影响，基本是恒定的。当集电极电流 I_{CQ} 随温度的升高而增大时，发射极电流 I_{EQ} 也将相应增大，此电流流过 R_E，使发射极电位 U_{EQ} 升高，则晶体管的发射极电压 $U_{BEQ} = U_{BQ} - U_{EQ}$ 将降低，从而使静态基极电流 I_{BQ} 减小，于是 I_{CQ} 也随之减小，结果使静态工作点稳定。上面过程可以简述如下：

$$温度T\uparrow \rightarrow \begin{array}{c} \overline{\beta}\uparrow \\ I_{CBO}\uparrow \\ U_{BE}\downarrow \end{array} \rightarrow I_{CQ}\uparrow \rightarrow U_{EQ}\uparrow \rightarrow U_{BEQ}\downarrow \rightarrow I_{BQ}\downarrow$$
$$I_{CQ}\downarrow \longleftarrow$$

同理可分析出，当温度降低时，各物理量与上述过程变化相反。

上述过程是通过发射极电流的负反馈作用牵制集电极电流变化的，使静态工作点 Q 稳定。所以此电路也称为电流反馈式工作点稳定电路。

另外，接入 R_E 后，电压放大倍数大大下降，为此，在 R_E 两端并联一个大电容 C_E，此时电阻 R_E 和电容 C_E 的接入对电压放大倍数基本没有影响。C_E 称为旁路电容。

2.3.3　静态分析与动态分析

1. 静态分析

根据基尔霍夫电流定律（KCL），由图 2-12b 所示直流通路，可进行分压式电路的静态分析。由于电路设计使 I_{BQ} 很小，可以忽略，所以

$$I_1 \approx I_2 = \frac{U_{CC}}{R_{B1} + R_{B2}} \tag{2-20}$$

基极电位

$$U_{BQ} = R_{B2}I_2 \approx \frac{R_{B2}}{R_{B1} + R_{B2}}U_{CC} \qquad (2\text{-}21)$$

由式（2-21）可知，U_{BQ} 与晶体管的参数几乎无关，因此晶体管的基极电位不受温度影响，而仅由 R_{B1} 和 R_{B2} 的分压电路决定。

静态发射极电流可表示为

$$I_{EQ} = \frac{U_{EQ}}{R_E} = \frac{U_{BQ} - U_{BEQ}}{R_E} \qquad (2\text{-}22)$$

静态集电极电流可表示为

$$I_{CQ} \approx I_{EQ} = \frac{U_{EQ}}{R_E} = \frac{U_{BQ} - U_{BEQ}}{R_E} \qquad (2\text{-}23)$$

晶体管 C、E 之间的静态电压为

$$U_{CEQ} = U_{CC} - I_{CQ}R_C - I_{EQ}R_E \approx U_{CC} - I_{CQ}(R_C + R_E) \qquad (2\text{-}24)$$

晶体管静态基极电流为

$$I_{BQ} \approx \frac{I_{CQ}}{\beta} \qquad (2\text{-}25)$$

2. 动态分析

由于旁路电容 C_E 足够大，使发射极对地交流短路，分压式工作点稳定电路实际上也是一个共射放大电路，通过利用图 2-12c 所示微变等效电路法分析，可知电压放大倍数与图 2-11 所示共射极放大电路电压放大倍数相同，即

$$A_u = \frac{\dot{U}_o}{\dot{U}_i} = -\beta \frac{R_L'}{r_{be}} \qquad (2\text{-}26)$$

输入电阻可表示为

$$R_i = r_{be} /\!/ R_{B1} /\!/ R_{B2} \qquad (2\text{-}27)$$

输出电阻可表示为

$$R_o = R_C \qquad (2\text{-}28)$$

【例 2-2】　在图 2-12 的分压式偏置放大电路中，已知 $U_{CC} = 15V$，$R_C = 5k\Omega$，$R_E = 2.5k\Omega$，$R_{B1} = 100k\Omega$，$R_{B2} = 33k\Omega$，晶体管的 $\bar{\beta} = 60$。试应用估算方法求电路的静态值。

解：根据直流通路图 2-12b，可得

$$U_B \approx \frac{R_{B2}}{R_{B1} + R_{B2}}U_{CC} = \frac{33}{100 + 33} \times 15V = 3.7V$$

$$I_E = \frac{U_B - U_{BE}}{R_E} = \frac{3.7 - 0.7}{2.5}mA = 1.2mA$$

$$I_C \approx I_E = 1.2mA$$

$$I_B = \frac{I_C}{\beta} = \frac{1.2}{60} = 0.02mA = 20\mu A$$

$$U_{CE} = U_{CC} - I_C R_C - I_E R_E \approx U_{CC} - I_C(R_C + R_E)$$
$$= [15 - 1.2(5 + 2.5)]V = 6V$$

【例 2-3】　在图 2-12 中，已知 $U_{CC} = 15V$，$\overline{\beta} = 60$。若要求静态值 $U_{CE} = 6V$，$I_C = 1.2mA$。试估算 R_E、R_{B1}、R_{B2} 及 R_C 的阻值。

解：选取 $U_B = 4V$，则

$$R_E = \frac{U_B - U_{BE}}{I_E} \approx \frac{4 - 0.7}{1.2}k\Omega = 2.75k\Omega$$

取标称值 $R_E = 2.7k\Omega$，则

$$I_B = \frac{I_C}{\beta} = \frac{1.2}{60}mA = 0.02mA$$

设流经 R_{B2} 的电流 $I_2 = 10 I_B$，即

$$I_2 = 10 \times 0.02mA = 0.2mA$$

故

$$R_{B2} = \frac{U_B}{I_2} = \frac{4}{0.2}k\Omega = 20k\Omega$$

$$R_{B1} = \frac{U_{CC} - U_B}{I_1} = \frac{U_{CC} - U_B}{I_2 + I_B} = \frac{15 - 4}{0.2 + 0.02}k\Omega = 50k\Omega$$

取标称值 $R_{B1} = 51k\Omega$，$R_{B2} = 20k\Omega$。

由 $U_{CE} \approx U_{CC} - I_C(R_C + R_E)$，可得 $R_C = 4.75k\Omega$，取标称值 $R_C = 4.75k\Omega$。

2.4　射极输出器

晶体管的三个电极均可作为输入回路和输出回路的公共端。前面介绍的共射极电路是以发射极为公共端；如果以基极或集电极为公共端，则成为共基极电路和共集电极电路。以上晶体管的连接方式称作晶体管放大电路的三种组态，其简单示意图如图 2-13 所示。判断放大电路属于哪种组态，主要是看在交流通路中，哪个电极是公共端。

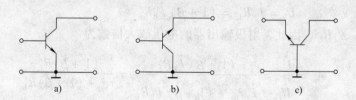

图 2-13　晶体管放大电路的三种组态
a）共发射极电路　b）共集电极电路　c）共基极电路

本节将介绍较为常用的共集电极放大电路，其基本结构如图 2-14 所示。它是以集电极为公共端，从基极输入信号，从发射极输出信号到负载，因此又称它为射极输出器。

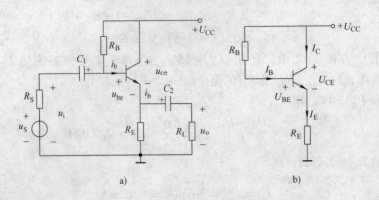

图 2-14　射极输出器及其直流通路

a）射极输出器　b）直流通路

2.4.1　电路的基本分析

1. 静态分析

由图 2-14 所示射极输出器的直流通路可列出

$$U_{CC} = I_B R_B + U_{BE} + I_E R_E = I_B R_B + U_{BE} + (1 + \bar{\beta}) I_B R_E$$

所以

$$I_B = \frac{U_{CC} - U_{BE}}{R_B + (1 + \bar{\beta}) R_E} \tag{2-29}$$

根据 $I_E = (1 + \bar{\beta}) I_B$ 和 $U_{CE} = U_{CC} - I_E R_E$ 即可确定静态工作点。

2. 动态分析

（1）电压放大倍数

由图 2-15 所示的射极输出器的微变等效电路可得

$$\dot{U}_i = \dot{I}_B r_{be} + \dot{I}_E R'_L = \dot{I}_B r_{be} + (1 + \beta) \dot{I}_B R'_L$$

$$\dot{U}_o = \dot{I}_E R'_L = (1 + \beta) \dot{I}_B R'_L$$

式中，$R'_L = R_E /\!/ R_L$，因此，射极输出器的电压放大倍数为

$$A_u = \frac{\dot{U}_o}{\dot{U}_i} = \frac{(1 + \beta) \dot{I}_B R'_L}{\dot{I}_B r_{be} + (1 + \beta) \dot{I}_B R'_L} = \frac{(1 + \beta) R'_L}{r_{be} + (1 + \beta) R'_L} \tag{2-30}$$

由式（2-30）可知：

1）电压放大倍数接近于 1，但恒小于 1。这是因为 $r_{be} \ll (1 + \beta) R'_L$ 的缘故。因此，$\dot{U}_o \approx \dot{U}_i$，但 U_o 略小于 U_i。虽然没有电压放大作用，但因 $\dot{I}_E = (1 + \beta) \dot{I}_B$，故射极输出器具有一定的电流放大和功率放大作用。

2）输出电压 U_o 与输入电压 U_i 同相位，具有跟随作用。因 $\dot{U}_o \approx \dot{U}_i$，可知两者同相位，且大小基本相同，因而输出电压跟随输入电压变化，这正是射极输出器与共射极放大电路的不同之处，故又把射极输出器称为电压跟随器。

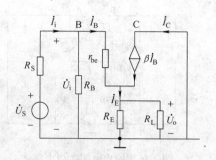

图 2-15　射极输出器的微变等效电路

（2）输入电阻

由图 2-15 可得

$$r_{\mathrm{i}} = R_{\mathrm{B}} \mathbin{/\mkern-5mu/} \left[r_{\mathrm{be}} + (1 + \beta) R_{\mathrm{L}}' \right] \tag{2-31}$$

式中，$(1 + \beta) R_{\mathrm{L}}'$ 可理解为归算到基极电路的发射极电阻。因 $\dot{I}_{\mathrm{E}} = (1 + \beta) \dot{I}_{\mathrm{B}}$，如果 I_{B} 流过发射极，则发射极电阻的归算值应为原阻值的 $1 + \beta$ 倍。

可见，射极输出器的输入电阻是由偏置电阻 R_{B} 和电阻 $\left[r_{\mathrm{be}} + (1 + \beta) R_{\mathrm{L}}' \right]$ 并联而得的。通常 R_{B} 的阻值很大，一般为几十千欧至几百千欧，同时 $r_{\mathrm{be}} + (1 + \beta) R_{\mathrm{L}}'$ 也比前述的共发射极放大电路的输入电阻（$r_{\mathrm{i}} \approx r_{\mathrm{be}}$）大得多。因此，射极输出器的输入电阻很高，可达几十千欧至几百千欧。

（3）输出电阻

射极输出器的输出电阻 r_{o} 可由图 2-16 所示的电路求得。将信号源短路，保留其内阻 R_{S}，R_{S} 与 R_{B} 并联后的等效电阻为 R_{S}'。在输出端将 R_{L} 去掉，加一交流电压 $\dot{U}_{\mathrm{o}}$，产生电流 $\dot{I}_{\mathrm{o}}$，则

$$\dot{I}_{\mathrm{o}} = \dot{I}_{\mathrm{B}} + \dot{I}_{\mathrm{E}} = \frac{\dot{U}_{\mathrm{o}}}{r_{\mathrm{be}} + R_{\mathrm{S}}'} + \beta \frac{\dot{U}_{\mathrm{o}}}{r_{\mathrm{be}} + R_{\mathrm{S}}'} + \frac{\dot{U}_{\mathrm{o}}}{R_{\mathrm{E}}}$$

$$r_{\mathrm{o}} = \frac{\dot{U}_{\mathrm{o}}}{\dot{I}_{\mathrm{o}}} = \frac{1}{\dfrac{1 + \beta}{r_{\mathrm{be}} + R_{\mathrm{S}}'} + \dfrac{1}{R_{\mathrm{E}}}} = R_{\mathrm{E}} \mathbin{/\mkern-5mu/} \frac{r_{\mathrm{be}} + R_{\mathrm{S}}'}{1 + \beta} \tag{2-32}$$

通常 $R_{\mathrm{E}} \gg \dfrac{r_{\mathrm{be}} + R_{\mathrm{S}}'}{1 + \beta}$、$\beta \gg 1$，故

$$r_{\mathrm{o}} \approx \frac{r_{\mathrm{be}} + R_{\mathrm{S}}'}{\beta} \tag{2-33}$$

可见射极输出器的输出电阻是很低的。

综上所述，射极输出器的主要特点是：电压放大倍数接近于 1，但恒小于 1；输出电压与输入电压同相，具有跟随作用；输入电阻高，输出电阻低。

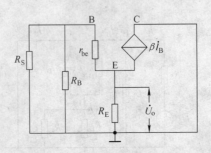

图 2-16　输出电阻等效电路

2.4.2　射极输出器的特点和应用

由于射极输出器具有输入电阻高、输出电阻低的特点，所以它的应用极为广泛。当信号源的内阻较大时，常采用射极输出器作为多级放大电路的输入级。这是因为射极输出器的输入电阻很高，所以信号源内阻上的压降就比较小，大部分信号电压传送到放大电路的输入端。另外，在许多电子测量仪器中，为了提高测量精度，往往要求有足够高的输入电阻，以减小仪器从信号源吸取的电流，即减小仪器接入时对被测电路产生的影响，因而常用射极输出器作为输入级。

由于射极输出器的输出电阻很低，所以当它的输出电流变动较大时，其输出电压下降较少，即带负载的能力强。所以对于变动的负载或负载电阻较小时，常用射极输出器作为多级放大电路的输出级。有时还将射极输出器接在两级共发射极放大电路之间，则对前级放大电路而言，它的高输入电阻对前级的影响甚小；而对后级放大电路而言，由于它的输出电阻低，正好与输入电阻低的共发射极放大电路配合。这就是射极输出器的阻抗变换作用。

【例2-4】　在图 2-14 所示的射极输出器中，$U_{CC} = 12V$，$\beta = 60$，$R_B = 200k\Omega$，$R_E = R_L = 2k\Omega$，信号源内阻 $R_S = 100k\Omega$。试求：（1）静态值；（2）$\dot{A}_u$、r_i 和 r_o。

解：（1）计算静态值

$$I_B = \frac{U_{CC} - U_{BE}}{R_B + (1+\beta)R_E} = \frac{12 - 0.6}{200 + (1+60) \times 2}mA = 0.035mA = 35\mu A$$

$$I_E = (1+\beta)I_B = (1+60) \times 0.035mA / = 2.14mA$$

$$U_{CE} = U_{CC} - I_E R_E = (12 - 2.14 \times 2)V = 7.72V$$

（2）计算动态值

$$r_{be} = 200\Omega + (1+\beta)\frac{26}{I_E} = 200\Omega + (1+60)\frac{26}{2.14}\Omega = 1.04k\Omega$$

$$A_u = \frac{(1+\beta)R_L'}{r_{be} + (1+\beta)R_L'} = \frac{(1+60) \times 1}{1.04 + (1+60) \times 1} = \frac{61}{62.04} = 0.98$$

式中，$R_L' = R_E // R_L = (2 // 2)k\Omega = 1k\Omega$

2.4.3　基本放大电路三种组态的性能比较

共射极、共集电极和共基极三种组态的基本放大电路的性能比较见表2-1。从表中可知，共射极电路既放大电流又放大电压；共集电极电路只放大电流，不放大电压；共基极电路只放大电压，不放大电流。三种电路中输入电阻最大的是共集电极电路，最小的是共基极电路；输出电阻最小的是共集电极电路；通频带最宽的是共基极电路。使用时，应根据需求选择合适的接法。

表 2-1　共射极、共集电极和共基极三种组态的基本放大电路的性能比较

接　　法	共射极电路	共集电极电路	共基极电路
A_u	大（几十至一百）	小（小于 1）	大（几十至一百）
A_i	大（β）	大（$1+\beta$）	小（小于 1）
R_i	中（几百欧至几千欧）	大（几十千欧至一百千欧）	小（几十欧）
R_o	大（几千欧至十几千欧）	小（几十欧至几百欧）	大（几千欧至十几千欧）
通频带	窄	较宽	宽

2.5　多级放大电路

由一个晶体管组成的单级放大电路，电压放大倍数只有几十至几百倍，往往不能满足实际电子设备的要求。这就需要把若干单级放大电路组合起来，构成多级放大电路。多级放大电路的框图如图 2-17 所示。图中每一个矩形框代表一个单级放大电路，框与框之间带箭头的连线表示信号传递方向。前一级的输出总是后一级的输入，这样使信号逐级放大，以得到所需要的输出信号。不仅是电压放大倍数，对于放大电路的其他性能指标，如输入电阻、输出电阻等，通过采用多级放大电路，也能达到所需要求。

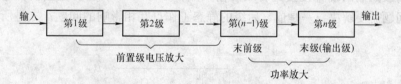

图 2-17　多级放大电路的框图

2.5.1　多级放大电路的耦合方式

在多级放大电路中，每两个单级放大电路之间的连接方式称为耦合。常用的级间耦合有阻容耦合、直接耦合和变压器耦合三种方式，其任务是将前级信号传递到后级。对级间耦合电路的基本要求是：

1）级与级之间连接起来后，要保证各级都能在合适的静态工作点工作。

2）尽量减小信号在传递过程中的损耗和失真。

由于变压器耦合在放大电路中的应用已经逐渐减少，所以本节只讨论另外两种耦合方式。

1. 阻容耦合

图 2-18 所示为两级阻容耦合放大电路，每一级都是前面讨论过的分压式共射极放大电路，两级之间通过耦合电容 C_2 与下级连接，故称为阻容耦合。由于电容有隔直流作用，

所以各自的直流电路互不相通，每级的静态工作点互相独立、互不影响，可以各级单独计算。另外，只要耦合电容选得足够大，前一级的输出信号几乎不衰减地加到后一级的输入端。信号频率越低，电容值应越大。耦合电容值常取几微法至几十微法。在图 2-18 中，C_1 为信号源与第一级放大电路之间的耦合电容，C_3 是第二级放大电路与负载（或下一级放大电路）之间的耦合电容。信号源或前级放大电路的输出信号，作为后级放大电路的输入信号。

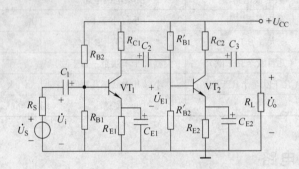

图 2-18　两级阻容耦合放大电路

基于上述特点，阻容耦合在一般多级分立元件交流通路中得到广泛的应用。但在集成电路中由于难以制造容量较大的电容，因而阻容耦合方式受到一定限制。在集成电路中广泛采用直接耦合方式。

2. 直接耦合

为了放大缓慢变化的信号或直流信号，不能采用阻容耦合，而只能采用直接耦合的方式，即把前级的输出端直接接到后级的输入端，如图 2-19 所示。直接耦合电路简单，但存在两个问题需要解决：一是前、后级的静态工作点互相影响的问题；二是所谓的零点漂移的问题。

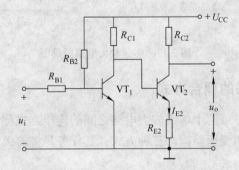

图 2-19　两级直接耦合放大电路

（1）前级与后级静态工作点的相互影响

由图 2-19 可知，前级的集电极电位恒等于后级的基极电位，而且前级的集电极电阻 R_{C1} 同时又是后级的偏流电阻，因而前、后级的静态工作点互相影响，互相牵制。

（2）零点漂移

一个理想的直接耦合放大电路，当输入信号为零时，其输出电压应保持不变（不一定是零）。但实际上，把一个多级直接耦合放大电路的输入端短接（$u_i = 0$），测其输出端电压时，却并不保持恒值，而在缓慢地、无规则地变化着，这种现象就称为零点漂移。

引起零点漂移的原因很多，如晶体管参数（I_{CBO}、U_{BE}、β）随温度的变化而变化、电源电压的波动、电路元器件参数的变化等，其中温度的影响是最严重的。在多级放大电路各级的零点漂移当中，又以第一级的零点漂移影响最为严重。因为直接耦合时，第一级的零点漂移被逐级放大，以致影响到整个放大电路的工作。所以抑制零点漂移要着重于第一级。

2.5.2　多级放大电路的分析

我们以阻容耦合多级放大电路为例，进行多级放大电路的静态和动态分析。

【例 2-5】　在图 2-18 所示的两级阻容耦合放大电路中，已知 $R_{B1} = 100\text{k}\Omega$，$R_{B2} = 24\text{k}\Omega$，$R_{C1} = 15\text{k}\Omega$，$R_{E1} = 5.1\text{k}\Omega$，$R'_{B1} = 33\text{k}\Omega$，$R'_{B2} = 6.8\text{k}\Omega$，$R_{C2} = 7.5\text{k}\Omega$，$R_{E2} = 2\text{k}\Omega$，$R_L = 5\text{k}\Omega$，$C_1 = C_2 = C_3 = 50\mu\text{F}$，$C_{E1} = C_{E2} = C_{E3} = 100\mu\text{F}$，晶体管的 $\beta_1 = 60$、$\beta_2 = 100$，集电极电源电压 $U_{CC} = 20\text{V}$。

试求：（1）各级放大电路的静态值；

（2）分别求出每级的电压放大倍数和两级放大电路的总电压放大倍数；

（3）两级放大电路的输入电阻和输出电阻。

解：（1）由于电容的隔直作用，各级静态工作点互相独立，所以分别按单级计算。

第一级为

$$U_{B1} \approx \frac{R_{B2}}{R_{B1} + R_{B2}} U_{CC} = \frac{24}{100 + 24} \times 20\text{V} = 3.87\text{V}$$

$$I_{E1} = \frac{U_{B1} - U_{BE1}}{R_{E1}} = \frac{3.87 - 0.7}{5.1}\text{mA} = 0.62\text{mA}$$

$$I_{C1} \approx I_{E1} = 0.62\text{mA}$$

$$I_{B1} = \frac{I_{C1}}{\beta} = \frac{0.62}{60} = 0.01\text{mA} = 10\mu\text{A}$$

$$U_{CE1} = U_{CC} - I_{C1}R_{C1} - I_{E1}R_{E1} \approx U_{CC} - I_{C1}(R_{C1} + R_{E1})$$
$$= 20\text{V} - 0.62(15 + 5.1)\text{V} = 7.5\text{V}$$

第二级为

$$U_{B2} \approx \frac{R'_{B2}}{R'_{B1} + R'_{B2}} U_{CC} = \frac{6.8}{33 + 6.8} \times 20\text{V} = 3.42\text{V}$$

$$I_{E2} = \frac{U_{B2} - U_{BE2}}{R_{E2}} = \frac{3.42 - 0.7}{2}\text{mA} = 1.36\text{mA}$$

$$I_{C2} \approx I_{E2} = 1.36\text{mA}$$

$$I_{B2} = \frac{I_{B2}}{\beta_2} = \frac{1.36}{100}\text{mA} \approx 0.014\text{mA}$$

$$U_{CE2} \approx U_{CC} - I_{C2}(R_{C2} + R_{E2}) = 20\text{V} - 1.36(7.5 + 2)\text{V} = 7.08\text{V}$$

（2）电压放大倍数

图 2-20 为图 2-18 的微变等效电路。从图 2-20 中可以看出，前级的输出电压 $\dot{U}_{o1}$ 为后级的输入电压 $\dot{U}_{i2}$，其电压放大倍数为

$$\dot{A}_u = \frac{\dot{U}_o}{\dot{U}_i} = \frac{\dot{U}_{o1}}{\dot{U}_i} \frac{\dot{U}_o}{\dot{U}_{o1}} = \dot{A}_{u1} \dot{A}_{u2} \tag{2-34}$$

由于后级的输入电阻 r_{i2} 就是前级的负载电阻 R_{L1}，因此第一级的电压放大倍数为

$$\dot{A}_{u1} = -\beta_1 \frac{R'_{L1}}{r_{be}} = -\beta_1 \frac{R_{C1} \,/\!/\, r_{i2}}{r_{be}} \tag{2-35}$$

式中，$R'_L = R_{C1} \,/\!/\, r_{i2}$。由式（2-35）可知，第一级电压放大倍数受后一级输入电阻的制约。

晶体管 VT_1、VT_2 的输入电阻分别为

$$r_{be1} = 300 + (1 + \beta_1)\frac{26}{I_{E1}} = 300\Omega + (1 + 60)\frac{26}{0.62}\Omega \approx 2.86 \text{ k}\Omega$$

$$r_{be2} = 300 + (1 + \beta_2)\frac{26}{I_{E2}} = 300\Omega + (1 + 60)\frac{26}{1.36}\Omega \approx 2.23 \text{ k}\Omega$$

由图 2-20 可得第二级的输入电阻

$$r_{i2} = R'_{B1} \,/\!/\, R'_{B2} \,/\!/\, r_{be2} = 1.6 \text{ k}\Omega$$

第一级的负载电阻

$$R'_{L1} = R_{C1} \,/\!/\, r_{i2} = 1.45\text{k}\Omega$$

第二级的负载电阻

$$R'_{L2} = R_{C2} \,/\!/\, R_L = 3\text{k}\Omega$$

第一级电压放大倍数

$$\dot{A}_{u1} = -\beta_1 \frac{R'_{L1}}{r_{be1}} = -60\frac{1.45}{2.86} = -30$$

第二级电压放大倍数

$$\dot{A}_{u2} = -\beta_2 \frac{R'_{L2}}{r_{be2}} = -100\frac{3}{2.23} = -134.5$$

两级总电压放大倍数

$$\dot{A}_u = \dot{A}_{u1} \dot{A}_{u2} = (-30.4) \times (-134.5) = 4088.8$$

（3）从图 2-20 可知，多级放大电路的输入电阻和输出电阻分别为

$$r_i = r_{i1} = R_{B1} \,/\!/\, R_{B2} \,/\!/\, r_{be} = 2.49\text{k}\Omega$$

$$r_o = r_{o2} \approx R_{C2} = 7.5\text{k}\Omega$$

由上述分析计算可知：①多级放大电路的输入电阻就是第一级的输入电阻，其输出电阻是末一级的输出电阻；②多级放大电路总电压放大倍数为 $\dot{A}_u = \dot{A}_{u1} \cdot \dot{A}_{u2} \cdots \dot{A}_{un}$；③若考虑信号源内阻 R_S，则电压放大倍数为 $\dot{A}_{us} = \dfrac{r_i}{R_S + r_i}A_u$。

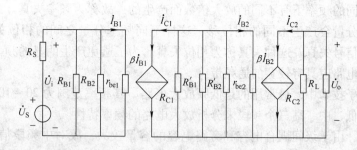

图 2-20　图 2-18 的微变等效电路

2.5.3　阻容耦合多级放大电路的频率特性

　　放大电路一般不是工作在单一频率上，而是工作在一定的频率范围内。例如，收音机的音频放大电路，必须对几十赫兹至上万赫兹的电信号进行不失真放大。这就要求放大电路在工作频率范围内具有同样的放大性能。对于阻容耦合放大电路，由于存在级间耦合电容、发射极旁路电容及晶体管的结电容等，它们的容抗随着频率的变化而变化，故当信号频率变化时，放大电路的输出电压相对于输入电压的幅值和相位将发生变化。放大电路的电压放大倍数与频率的关系称为幅频特性，输出电压相对于输入电压的相位移与频率的关系称为相频特性，两者统称频率特性。图 2-21 是单级阻容耦合放大电路的频率特性。由图 2-21 可知，阻容耦合放大电路在某一频率范围内，电压放大倍数与频率无关，输出电压相对于输入电压的相位移为 $180°$。在此频率范围之外，随着频率的增高或降低，电压放大倍数均减小，相位移也发生变化。当放大倍数下降为 $A_{uo}/\sqrt{2}$ 时所对应的两个频率分别为下限截止频率 f_L 和上限截止频率 f_H。这两者之间的频率范围，称为放大电路的通频带（$\Delta f = f_H - f_L$），它是放大电路频率特性的一个重要指标。

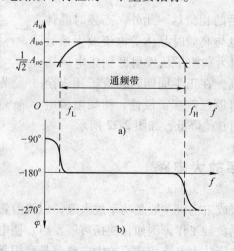

图 2-21　单级阻容耦合放大电路的频率特性
a）幅频特性　b）相频特性

　　实际放大电路的输入信号往往不是单一频率的正弦波，其中包含各种频率的谐波，如果放大电路对不同频率分量呈现出不同的放大倍数，就要产生失真。因为这种失真是由于放大电路在不同的频率下有不同的放大倍数而产生的，故称为频率失真。此外，放大电路对不同频率的分量会产生不同的相位移，这样不同频率分量之间的相位关系就会发生变动，致使输出信号失真。这种失真称为相位失真。为了避免产生明显的频率失真和相位失真，要求放大电路应具有较宽的通频带。

在工业电子技术中，最常用的是低频放大电路，其频率范围为 20 ~ 10000Hz。我们将频率范围分为低、中、高三个频段来分析放大电路的频率特性。

在中频段，由于级间耦合电容和旁路电容的容量较大，故对中频段信号的容抗很小，可视作短路。此外，还有晶体管的结电容和导线分布电容等，这些电容都很小（约为几皮法至几百皮法），可认为它们的等效电容 C_0 与负载（或后级输入端）并联。由于 C_0 的容量很小，它对中频段信号的容抗很大，可视作开路。所以在中频段，可认为电容不影响交流信号的传送，放大电路的放大倍数与信号频率无关，单级放大电路的输出信号对输入信号的相位差为 180°。前面所讨论的放大电路均工作在中频段。在本书的习题和例题中计算交流放大电路的电压放大倍数，也是指中频段的电压放大倍数。

在低频段，由于信号频率较低，根据 RC 电路理论，耦合电容的容抗较大，其分压作用不能忽略，因此实际送到晶体管输入端的电压 U_{BE} 比输入信号 U_i 要小，故放大倍数降低，并使 $\dot{U}_o$ 相对于 $\dot{U}_i$ 产生超前的相位移。同样，发射极旁路电容的容抗不能忽略，要产生交流电压损失，也要降低电压放大倍数，并产生附加的相位移。在低频段，C_0 的容抗比中频段还大，仍可看做开路。这就是频率特性上在低频段发生放大倍数降低和相位移超前的原因。

在高频段，由于信号频率较高，耦合电容和发射极旁路电容的容抗比中频段还小，故均可视做开路。但 C_0 的容抗将减小，它与输出端的电阻并联后，使总负载阻抗减小，因而使输出电压减小，并使 $\dot{U}_o$ 相对于 $\dot{U}_i$ 发生滞后的相位移。此外，高频时晶体管电压放大系数的下降也与高频时晶体管电流放大系数 β 下降有关。这主要是因为载流子从发射区到集电区需要一段时间。如果频率高，在正半周期时载流子还未全部到达集电区，输入信号就已改变了极性，使集电极电流的变化幅度下降，因而 β 值降低，如图 2-22 所示。

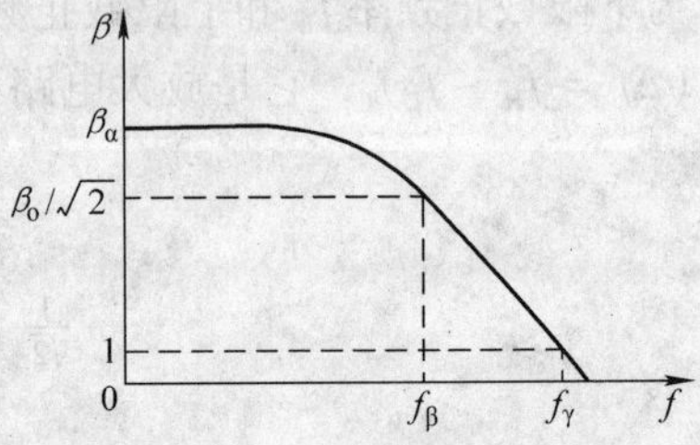

图 2-22　晶体管的 β 与 f 的关系

2.6　互补对称功率放大电路

多级放大电路的末级或末前级一般是功率放大级，以将前置电压放大级送来的低频信号进行功率放大，去推动负载工作。例如，使扬声器发声、使电动机旋转、使继电器动作及使仪表指针偏转等。电压放大电路和功率放大电路都是利用晶体管的放大作用将信号放大，所不同的是，前者的目的是输出足够大的电压，而后者主要是要求输出最大的功率；前者是工作在小信号状态，而后者工作在大信号状态。两者对放大电路的考虑有各自的侧重面。

2.6.1 功率放大电路的基本要求

对功率放大电路的基本要求有两个：

1）在不失真的情况下输出尽可能大的功率。为了获得较大的输出功率，通常使它工作在极限状态，但要考虑到晶体管的极限参数 P_{CM} 、I_{CM} 和 $U_{(BR)CEO}$。由于信号大，功率放大电路工作的动态范围大，需要考虑失真问题。

2）由于电压放大电路中的电流比较小，因此电压放大电路工作时本身消耗功率不大，电压放大电路能量转换的效率问题一般可以不考虑。但是功率放大电路则不同，由于输出功率大，直流电源供给的功率也大，因此对功率放大电路能量转换的效率必须加以考虑。所谓效率是指功率放大电路输出交流信号功率 P_o 与电源供给的直流功率 P_E 之比，即

$$\eta = \frac{P_o}{P_E}$$

效率、失真和输出功率这三者之间互相影响，首先讨论提高效率的问题。

功率放大电路主要有三种工作状态，如图 2-23 所示。在图 2-23a 中，静态工作点 Q 在交流负载线的中点附近，这种工作状态称为甲类工作状态。前述电压放大电路工作在甲类状态。在甲类工作状态，不论有无输入信号，电源供给的功率 $P_E = U_{CC}I_C$ 总是不变的：在静态时，电源提供的全部功率 P_E 消耗在晶体管和电阻上，其中以晶体管的集电极损耗为主；在动态时，其中一部分转换为有用的输出功率 P_o，信号越大，输出功率也越大。可以证明，在理想的情况下，甲类功率放大电路的最高效率也只能达到 50%。

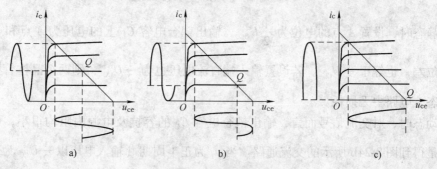

图 2-23　放大电路的工作状态
a) 甲类　b) 甲乙类　e) 乙类

要提高效率，需从两方面着手：一是用增加放大电路的动态工作范围来增加输出功率；二是减小电源供给的功率。后者在 U_{CC} 一定的条件下使静态电流 I_C 减小，即将静态工作点 Q 沿负载线下移，这种称为甲乙类工作状态，如图 2-23b 所示。若将静态工作点下移到 $I_C \approx 0$ 处，则晶体管损耗更小，这种称为乙类工作状态，如图 2-23c 所示。在甲乙类和乙类状态下工作，电源供给的功率为 $P_E = U_{CC}I_{C(AV)}$，$I_{C(AV)}$ 为集电极电流 i_C 的平均值。而在甲类工作状态时，集电极电流的平均值即为静态值。由图 2-23 可知，在甲乙类和乙类状态下工作时，虽然提高了效率，但产生了严重的失真。

功率放大电路主要有两种形式：一种是由射极输出器发展起来的互补对称功率放大电路，另一种是变压器耦合的功率放大电路。前者将负载 R_L 直接接入晶体管发射极电路，后者将负载 R_L 经输出变压器接入晶体管集电极电路。随着集成电路的发展，目前趋向于

采用互补对称功率放大电路。

2.6.2　无输出变压器（OTL）的互补对称功率放大电路

1. 互补对称乙类功率放大电路

射极输出器效率不高的主要原因是静态电流较大，绝大部分能量以发热的形式消耗在晶体管和电阻 R_E 上。为了解决这一矛盾，可采用乙类工作状态。这样在无信号输入时，电流为零，无损耗；有信号输入时，电流的平均值也很小，损耗减小，效率就可提高。但是乙类电路将产生严重的非线性失真。为了解决这一问题，采用图 2-24a 所示的乙类功率放大电路。

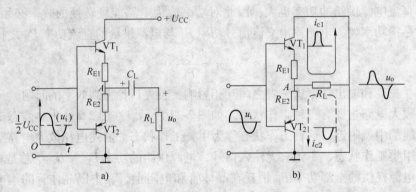

图 2-24　OTL 互补对称功率放大电路及其交流通路

a）乙类互补对称电路　b）交流通路

在静态时，设置 A 点的电位为 $\frac{1}{2}U_{CC}$，输出耦合电容 C_L 上的电压为 A 点和"地"之间的电位差，也等于 $\frac{1}{2}U_{CC}$。若设置输入端直流电压也为 $\frac{1}{2}U_{CC}$，则两个晶体管处于乙类工作状态，电路中无损耗。

在动态时，对交流信号而言，输出耦合电容 C_L 的容抗及电源内阻均很小，可忽略不计，于是得到图 2-24b 所示的交流通路。当 u_i 为正半周期（输入电压以 $\frac{1}{2}U_{CC}$ 为基准上下变化）时，由于 VT$_1$ 的基极电位大于 $\frac{1}{2}U_{CC}$，其发射结处于正向偏置，故 VT$_1$ 导通，集电极电流 i_{c1} 如图 2-24b 中实线所示。但 VT$_2$ 的发射结处于反向偏置状态，故 VT$_2$ 截止。同理，在 u_i 的负半周期，VT$_1$ 截止，VT$_2$ 导通，电流 i_{c2} 如图 2-24b 中虚线所示。

由图 2-24a 可知，当 VT$_1$ 导通时，电容 C_L 被充电，C_L 上的电压为 $\frac{1}{2}U_{CC}$；当 VT$_2$ 导通时，C_L 代替电源向 VT$_2$ 供电（C_L 放电）。但必须保持 C_L 上的电压为 $\frac{1}{2}U_{CC}$，才能使输出波形对称，即 C_L 在放电过程中，其电压不能下降太多，因此 C_L 的容量必须足够大。

由此可见，在输入信号 u_i 的一个周期内，电流 i_{c1} 和 i_{c2} 交替流过负载 R_L，在 R_L 上合成输出信号电压 u_o。在输出信号的一个周期内，两只晶体管交替导通，它们互相补偿，故称为互补对称功率放大电路。由于放大电路是由两组射极输出器组成的，所以它具有输入电阻高和输出电阻低的特点。

由图 2-24 可知，在忽略晶体管的饱和压降 $U_{CE(SAT)}$ 时，输出电流和电压的最大值分别为

$$I_{oM} = \frac{U_{CC}}{2R_L}, \quad U_{oM} = \frac{U_{CC}}{2}$$

最大输出功率为

$$P_{oM} = U_o I_o = \frac{U_{oM}}{\sqrt{2}} \frac{I_{oM}}{\sqrt{2}} = \frac{U_{CC}^2}{8R_L} \tag{2-36}$$

因为在一个周期内，负载电流 i_{C1} 正半周期由电源供给，则其平均值为

$$I_{C(AV)} = \frac{1}{\pi} I_{CM} = \frac{1}{\pi} I_{oM} = \frac{1}{\pi} \frac{U_{CC}}{2R_L} \tag{2-37}$$

所以由电源 U_{CC} 供给的输入功率为

$$P_E = I_{C(AV)} U_{CC} = \frac{1}{2\pi} \frac{U_{CC}^2}{R_L} \tag{2-38}$$

故其效率为

$$\eta = \frac{P_{oM}}{P_E} = \frac{\pi}{4} \approx 78.5\% \tag{2-39}$$

互补对称乙类功率放大电路虽然简单，比甲类功率放大电路效率高，但图 2-24 的电路仍存在输出电压 U_o 失真。这是因为晶体管的输入特性曲线上有一段死区电压（硅型晶体管约为 0.5V），而电路工作于乙类状态时，当输入电压 u_i 尚小而不足以克服死区电压时，晶体管仍处于截止状态，在这段区域内输出为零，因此两个晶体管轮流导电时就会出现失真现象，如图 2-25 所示。这种失真称为交越失真。显然，为了避免交越失真，互补对称功率放大电路应设置恰当的静态工作点，使静态工作点稍高于截止点（避开死区段），所以在实际应用中常采用互补对称甲乙类功率放大电路。

2. 互补对称甲乙类功率放大电路

图 2-26 与图 2-24a 所示的电路相比，在 VT_1 和 VT_2 的基极间增加了两只二极管 VD_1 和 VD_2 及可调电阻 RP，使其上压降稍大于 VT_1 和 VT_2 的死区电压，调节 RP 使 VT_1、VT_2 工作在甲乙类状态，以克服交越失真。在输入信号作用下，由于二极管的交流电阻比 R_1 小得多，所以认为 VT_1、VT_2 基极交流电位基本相等（RP 很小），两管交替工作，使输出波形的正负半周期对称。

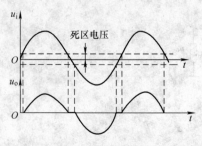

图 2-25　交越失真

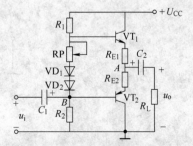

图 2-26　OTL 互补对称甲乙类放大电路

　　为了使互补对称功率放大电路具有尽可能高的输出功率，一般增加推动级。图 2-27 所示是一种具有推动级的互补对称放大电路。VT_3 是工作于甲类状态的推动管，R_1 和 R_2 组成它的分压偏置电路，调节 RP_1 即可调整 I_{C3} 的值，使 VT_1 和 VT_2 有适当的静态工作点。

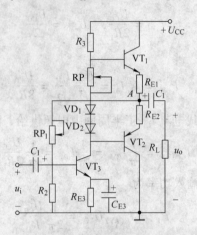

图 2-27　具有推动级的互补对称电路

　　VT_3 的偏置电阻 RP_1 不接到电源 U_{CC} 的正极，而接到 A 点，是为了取得电压负反馈，以保证静态时 A 点的电位稳定在 $\frac{1}{2}U_{CC}$。

　　当有输入信号 u_i 时，u_i 直接加到 VT_3 的发射极，放大后从 VT_3 的集电极输出的信号就是 VT_1 和 VT_2 的输入信号，其工作情况与图 2-26 所示电路一样。

2.6.3　无输出电容（OCL）的互补对称功率放大电路

　　上述 OTL 放大电路是采用大容量的电容 C_L 与负载耦合的，因而影响低频性能，且实现集成化困难。为此，可将电容 C_L 去掉，采用 OCL 电路，如图 2-28 所示。但 OCL 电路需要正负两路电源。

　　为了避免产生交越失真，图 2-28 所示电路工作于甲乙类状态。由于电路对称，故静态时两个晶体管的电流相等，负载电阻中无电流通过，两个晶体管的发射极电位 $U_A = 0$。

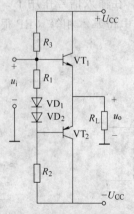

图 2-28　OCL 互补对称放大电路

　　OCL 互补对称放大电路要求有一对特性相同的 NPN 型和 PNP 型功率输出晶体管。在输出功率较小时容易配对，但在输出功率较大时难以配对。因此，常采用复合管。

　　现以图 2-29a 所示的复合管为例讨论复合管的电流放大系数。由图 2-29a 得

$$i_c = i_{c1} + i_{c2} = \beta_1 i_{b1} + \beta_2 i_{b2} = \beta_1 i_{b1} + \beta_2 i_{e1}$$

$$= \beta_1 i_{b1} + \beta_2 (1 + \beta_1) i_{b1}$$

$$= (\beta_1 + \beta_2 + \beta_1 \beta_2) i_{b1}$$

$$\approx \beta_1 \beta_2 i_{b1} = \beta_1 \beta_2 i_b$$

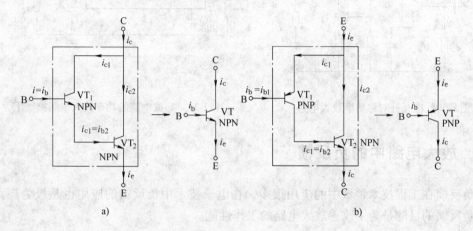

图 2-29　复合管

a）NPN 型复合管　b）PNP 型复合管

可见复合管的电流放大系数近似为两个晶体管电流放大系数的乘积，即

$$\beta = \frac{i_c}{i_b} \approx \beta_1 \beta_2$$

　　由图 2-29 可知，复合管的类型与第一个晶体管（即 VT_1）相同，而与后接晶体管（即 VT_2）无关。图 2-29a 所示的复合管可等效为一个 NPN 型晶体管，图 2-29b 所示的复合管可等效为一个 PNP 型晶体管。

　　图 2-30 是准互补对称功率放大电路，图中接入 R_6 和 R_7 的作用是将复合管第一个晶体管（VT_1 和 VT_2）的穿透电流 I_{CEO} 分流，不让其全部流入后接晶体管（VT_3 和 VT_4）的基极，以减小总的穿透电流，提高温度稳定性。R_8 和 R_9 用来得到电流负反馈，使电路更加稳定。

　　目前已生产出多种不同型号、不同功率的集成功率放大电路。使用集成电路时，只需要在集成电路外围接入规定数值的电阻、电容及电源后就可以向负载提供一定的功率。图 2-31 所示为 SL33 集成功率放大电路作为收音机的功率输出级使用时的接线图。SL33 有 14 个引管，输出功率为 130mW。集成功率放大电路内部共有 9 个晶体管和 10 个电阻，它们构成准互补对称电路。由于 C_4 与负载串联，因此可知它是 OTL 互补对称放大电路。

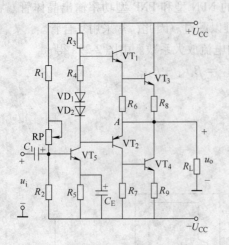
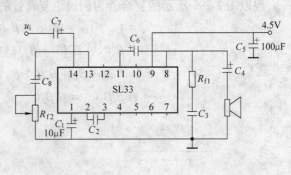

图 2-30　准互补对称功率放大电路　　　图 2-31　集成电路的功率放大电路接线图

2.7　放大电路中的负反馈

负反馈在工程技术领域中的应用很多，在电子技术中负反馈的应用也是极为广泛的，采用负反馈的目的是为了改善放大电路的工作性能。

2.7.1　负反馈的概念

凡是将放大电路（或某个系统）输出端的信号（电压或电流）的一部分或全部通过某种电路（反馈电路）引回到输入端，则称为反馈。若引回的反馈信号削弱输入信号而使放大电路的放大倍数降低，则称这种反馈为负反馈。若反馈信号增强输入信号，则为正反馈。本节仅讨论负反馈，关于正反馈问题将在振荡器一章中介绍。图 2-32 所示分别为无负反馈和具有负反馈的放大电路框图。任何具有负反馈的放大电路都包含两个部分：一个是不具有负反馈的基本放大电路 $\dot{A}$，它可以是单级或多级电路；另一个是反馈电路 $\dot{F}$，它是联系放大电路的输出电路和输入电路的环节，多数由电阻元件组成。

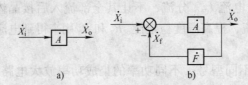

图 2-32　反馈放大电路的单线框图

在图 2-32 中，$\dot{X}$ 表示信号，它可以表示电压，也可以表示电流。设其为正弦信号，故用相量表示。信号的传递方向如图中箭头所示，$\dot{X}_i$、$\dot{X}_o$ 和 $\dot{X}_f$ 分别为输入信号、输出信号和反馈信号。$\dot{X}_f$ 与 $\dot{X}_i$ 在输入端进行比较，在图中比较环节用符号 $\otimes$ 表示，根据图中" + "、

"－"极性可得 $\dot{X}_{\mathrm{d}}$，$\dot{X}_{\mathrm{d}}$ 称为净输入信号。当 $\dot{X}_{\mathrm{f}}$ 与 $\dot{X}_{\mathrm{i}}$ 同相位时，有

$$X_{\mathrm{d}} = X_{\mathrm{i}} \pm X_{\mathrm{f}} \tag{2-40}$$

当 $X_{\mathrm{d}} = X_{\mathrm{i}} + X_{\mathrm{f}}$ 时，$X_{\mathrm{d}} > X_{\mathrm{i}}$，即净输入信号大于输入信号，反馈信号起到了增强的作用，称为正反馈；当 $X_{\mathrm{d}} = X_{\mathrm{i}} - X_{\mathrm{f}}$ 时，$X_{\mathrm{d}} < X_{\mathrm{i}}$，即净输入信号小于输入信号，反馈信号起到了削弱的作用，称为负反馈。

2.7.2　负反馈的类型及判别

下面通过两个具体的放大电路来讨论负反馈的类型及判断方法。

1. 接有发射极电阻的放大电路

图 2-33 所示是常见的一种单级负反馈放大电路。R_{E} 是联系输出回路和输入回路的元件，所以称为反馈电阻。在前面已讨论过，R_{E} 具有自动稳定静态工作点的作用，这个过程实际上是负反馈的过程。当输出电流 I_{C} 增大时，它通过 R_{E} 使发射极电位 U_{E} 升高，因为基极电位 U_{B} 被 R_{B1} 和 R_{B2} 分压而固定，于是输入电压 U_{BE} 就减小，从而牵制 I_{C} 的变化，致使静态工作点趋于稳定。这是对直流而言的，是直流负反馈电路。R_{E} 除通过直流电流外，还通过交流电流，所以它还具有交流负反馈作用。在一个放大电路中，通常存在交、直流两种负反馈。

图 2-34 是图 2-33 所示放大电路的微变等效电路。为了简单起见，将偏置电阻 R_{B1} 和 R_{B2} 略去。$\dot{I}_{\mathrm{E}}$ 流过 R_{E} 所产生的电压 $\dot{U}_{\mathrm{E}} = \dot{I}_{\mathrm{E}}R_{\mathrm{E}}$，即为反馈电压 $\dot{U}_{\mathrm{f}}$。

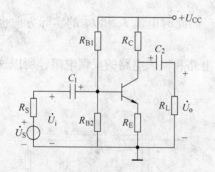
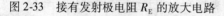
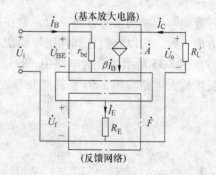

图 2-33　接有发射极电阻 R_{E} 的放大电路　　　　图 2-34　图 2-33 的微变等效电路

下面讨论如何判别负反馈和正反馈。一般利用电路中各点交流电位的瞬时极性来判别。设接"地"参考点的电位为零，在某点对"地"电压（即电位）的正半周期，该点交流电位的瞬时极性为正；在负半周期则为负。如前所述，输入电压与输出电压相位相反，所以基极交流电位和集电极交流电位的瞬时极性相反。

此外，当发射极接"地"时，其电位为零；当接有发射极电阻而无旁路电容时则发射极交流电位和基极交流电位的瞬时极性相同。

在图 2-34 中，各个电压和电流的参考方向如图中所示。例如，在输入电压 $\dot{U}_{\mathrm{i}}$ 的正半周期，基极交流电位的瞬时极性为正（图中用"＋"表示，这时 $\dot{U}_{\mathrm{BE}}$ 也在正半周期），则集

电极交流电位的瞬时极性为负（用"–"表示）；因此输出电压 $\dot{U}_{\text{o}}$ 的参考方向与其实际方向相反，它在负半周期。由于此时 $\dot{I}_{\text{C}}(\approx \dot{I}_{\text{E}})$ 的参考方向与实际方向一致，当它流过电阻 R_{E} 时发射极交流电位的瞬时极性为正（用"+"表示），$\dot{U}_{\text{E}} \approx R_{\text{E}}\, \dot{I}_{\text{E}}$，即为反馈电压 $\dot{U}_{\text{f}}$，也在正半周期。

根据 $\dot{U}_{\text{i}}$、$\dot{U}_{\text{BE}}$ 和 $\dot{U}_{\text{f}}$ 的参考方向，由基尔霍夫电压定律，得

$$\dot{U}_{\text{BE}} = \dot{U}_{\text{i}} - \dot{U}_{\text{f}}$$

由于三者同相位，于是可得

$$U_{\text{BE}} = U_{\text{i}} - U_{\text{f}}$$

可见净输入电压 $U_{\text{BE}} < U_{\text{i}}$，即反馈电压 U_{f} 削弱了净输入电压，故为负反馈。其次，从放大电路的输入端看，反馈信号与输入信号串联，故为串联反馈。从放大电路的输出端看，反馈电压

$$\dot{U}_{\text{f}} = \dot{I}_{\text{E}}R_{\text{E}} \approx \dot{I}_{\text{C}}R_{\text{E}}$$

即反馈电压 U_{f} 取自输出电流 I_{C}，且与 I_{C} 成正比，故为电流反馈。

由上述分析，图 2-33 是具有电流串联负反馈的放大电路。

2. 在集电极与基极间接有电阻的放大电路

首先讨论反馈的极性。在输入信号 $\dot{U}_{\text{i}}$ 的正半周期，基极电位的瞬时极性为正，则集电极电位的瞬时极性为负。这时基极电位高于集电极电位，流过电阻 R_{f} 的反馈电流 $\dot{I}_{\text{f}}$ 的实际方向与图中的参考方向一致，它在正半周期。而此时电流 $\dot{I}_{\text{i}}$ 和 $\dot{I}_{\text{B}}$ 的实际方向也与参考方向一致，所以它们也都在正半周期。

在图 2-35 所示的放大电路中，R_{f} 是联系输出电路和输入电路的反馈电阻，所以这是一个反馈放大电路。图 2-36 是其微变等效电路。

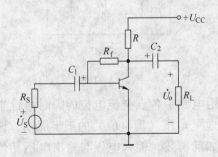

图 2-35　接有电阻 R_{f} 的放大电路

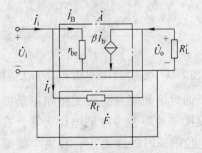

图 2-36　图 2-35 的微变等效电路

根据 $\dot{I}_{\text{i}}$、$\dot{I}_{\text{B}}$ 和 $\dot{I}_{\text{f}}$ 的参考方向，由基尔霍夫电流定律，得

$$\dot{I}_{\text{B}} = \dot{I}_{\text{i}} - \dot{I}_{\text{f}} \tag{2-41}$$

由于 $\dot{I}_{\text{i}}$、$\dot{I}_{\text{B}}$ 和 $\dot{I}_{\text{f}}$ 同相，于是式（2-41）可写成

$$I_B = I_i - I_f \qquad (2\text{-}42)$$

可见净输入电流 $I_B < I_i$，即反馈削弱了净输入电流，故 R_f 引入的是负反馈。

其次，从放大电路的输入端看，反馈信号与输入信号并联，故为并联反馈。从放大电路的输出端看，反馈电流

$$\dot{I}_f = \frac{\dot{U}_{BE} - \dot{U}_o}{R_f} \approx -\frac{\dot{U}_o}{R_f} \qquad (2\text{-}43)$$

即反馈电流取自输出电压 $\dot{U}_o$，且与 $\dot{U}_o$ 成正比，故为电压反馈。

由上述分析，图 2-35 是具有电压并联负反馈的放大电路。

3. 反馈类型

通过对上面两个具体放大电路的分析可得出以下结论：

（1）根据反馈信号在放大电路输入端连接方式的不同可分为串联反馈和并联反馈

1）串联反馈：如果反馈信号与输入信号串联（见图 2-34），称为串联反馈。凡是串联反馈，不论反馈信号取自输出电压或者输出电流，它在放大电路输入端总是以电压的形式出现，即反馈量为 $\dot{U}_f$。另外，对于串联反馈，信号源的内阻 R_S 越小，反馈效果越好。因为信号源的内阻 R_S 与 r_{be} 是串联的（见图 2-34，R_{B1} 和 R_{B2} 略去），当 R_S 较小时，其分压较小，u_{be} 的变化就大，反馈效果好。当 $R_S = 0$ 时，反馈效果最好。

2）并联反馈：如果反馈信号与输入信号并联，称为并联反馈。凡是并联反馈，反馈信号在放大电路的输入端总是以电流的形式出现，即反馈量为 $\dot{I}_f$。另外，对于并联反馈，信号源的内阻 R_S 越大，则反馈效果越好。因为 R_S 支路与 r_{be} 是并联的（见图 2-36），当 R_S 较大时，I_f 被 R_S 所在支路分流较小，I_B 的变化就大，反馈效果好。当 $R_S = 0$ 时，无论 I_f 多大，I_B 将只由 U_S 决定，故无反馈作用。

（2）根据反馈信号所取的输出信号的不同，可分为电流反馈和电压反馈

1）电流反馈：如果反馈信号取自输出电流，并与之成正比，称为电流反馈。不论输入端是串联反馈还是并联反馈，电流负反馈具有稳定输出电流的作用。如以图 2-33 所示的电流串联负反馈为例，在 U_i 一定的条件下，由于 β 的减小而使输出电流 I_c 减小时，负反馈的作用是牵制 I_c 的减小，使其基本维持恒定，其稳定过程如下

$$\beta \downarrow \to I_C \downarrow \to U_f \downarrow \to U_{BE} \uparrow \to I_B \uparrow$$
$$I_C \uparrow \text{——————}\rfloor$$

2）电压反馈：如果反馈信号取自输出电压，并与输出电压成正比，称为电压反馈。电压反馈具有稳定输出电压的作用。在 $R_S \neq 0$ 的条件下，以图 2-35 所示的电压并联负反馈为例，由于 R_L 的减小而使输出电压 U_o 减小时，$\dot{I}_f = -\dfrac{\dot{U}_o}{R_f}$ 也随之减小，负反馈的作用将牵制 U_o 的减小，使其基本维持恒定。其稳定的过程如下

$$R_L \downarrow \to U_o \downarrow \to I_f \downarrow \to I_B \uparrow \to I_C \uparrow$$
$$U_o \uparrow \text{——————}\rfloor$$

因为本书所涉及的电路大多是共发射极电路，所以有必要单独提及。对共发射极电路，如果反馈电路是从放大电路输出端的集电极引出的，则是电压反馈（与 U_o 成正比）；

若是从输出电路的发射极引出的，则是电流反馈（与 I_o 成正比）。如果反馈电路引入到放大电路输入端的基极则是并联反馈；引入到输入电路发射极则是串联反馈。

由上述 4 种反馈形式可组合成 4 种类型的负反馈：电流串联负反馈；电压并联负反馈；电压串联负反馈；电流并联负反馈。

前两种已在上面分析。射极输出器是电压串联负反馈放大电路，在图 2-19 中，输出电压 $\dot{U}_o$ 全部反馈到输入端，与输入电压 $\dot{U}_i$ 串联后加到晶体管的发射结上，即

$$\dot{U}_f = \dot{U}_o = \dot{I}_E R'_L$$

$$\dot{U}_{BE} = \dot{U}_i - \dot{U}_f = \dot{U}_i - \dot{U}_o \tag{2-44}$$

可见，射极输出器是一个电压串联负反馈放大电路。

2.7.3　负反馈对放大电路工作性能的影响

1. 负反馈使放大电路放大倍数降低

由图 2-32 可知，基本放大电路的放大倍数（也称开环放大倍数）是输出信号 $\dot{X}_o$ 与净输入信号 $\dot{X}_d$ 之比，即

$$\dot{A} = \frac{\dot{X}_o}{\dot{X}_d} \tag{2-45}$$

反馈信号与输出信号之比，称为反馈系数，即

$$\dot{F} = \frac{\dot{X}_f}{\dot{X}_o} \tag{2-46}$$

负反馈放大电路的净输入信号为

$$\dot{X}_d = \dot{X}_i - \dot{X}_f \tag{2-47}$$

将式（2-46）和式（2-47）代入式（2-45）中，得

$$\dot{A} = \frac{\dot{X}_o}{\dot{X}_i - \dot{X}_f} = \frac{\dot{X}_o}{\dot{X}_i - \dot{F}\dot{X}_o}$$

或

$$\dot{X}_i = \frac{\dot{X}_o + \dot{F}\dot{A}\dot{X}_o}{\dot{A}}$$

故负反馈放大电路的放大倍数（也称闭环放大倍数）为

$$\dot{A}_f = \frac{\dot{X}_o}{\dot{X}_i} = \frac{\dot{A}\dot{X}_o}{\dot{X}_o + \dot{F}\dot{A}\dot{X}_o} = \frac{\dot{A}}{1 + \dot{F}\dot{A}} \tag{2-48}$$

在负反馈放大电路中，一般 $\dot{X}_f$ 与 $\dot{X}_d$ 同相位，故 $\dot{F}\dot{A}$ 是正实数。由式（2-48）可知，

$A_f < A$。说明引入反馈后，放大电路的放大倍数降低了 $\dfrac{1}{|1+AF|}$ 倍，$|1+AF|$ 越大，负反馈作用越强，A_f 也就越小，因此把 $|1+AF|$ 称为反馈深度。

【例 2-6】　图 2-37 所示是电流串联负反馈放大电路，R''_E 是反馈电阻。晶体管 $\beta = 60$，$r_{be} = 1.8 \text{ k}\Omega$。根据图中给出的数据，计算闭环电压放大倍数 $\dot{A}_{uf}$ 和开环（将 C_E 的正极性端接到发射极）电压放大倍数 A_u（设 $R_S = 0$）。

解： 画出微变等效电路如图 2-38 所示。由图可得

$$\dot{U}_i = \dot{I}_B r_{be} + \dot{I}_E R''_E = \dot{I}_B r_{be} + (1+\beta) I_B \dot{R}''_E = \dot{I}_B [r_{be} + (1+\beta) R''_E]$$

$$\dot{U}_o = -\dot{I}_C R'_L = -\beta \dot{I}_B R'_L$$

式中，$R'_L = R_C // R_L$。故闭环电压放大倍数为

$$\dot{A}_{uf} = \frac{\dot{U}_o}{\dot{U}_i} = -\frac{\beta R'_L}{r_{be} + (1+\beta) R''_E}$$

将已知数据代入式（2-32）中，得

$$\dot{A}_{uf} = -\frac{60 \times \dfrac{4 \times 4}{4+4}}{1.8 + 61 \times 0.1} \approx -15$$

开环电压放大倍数为

$$\dot{A}_u = \frac{\dot{U}_o}{\dot{U}_i} = -\beta \frac{R'_L}{r_{be}} = -60 \times \frac{2}{1.8} \approx -67$$

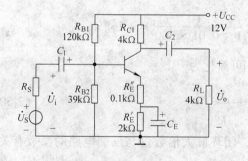

图 2-37　例 2-6 的图

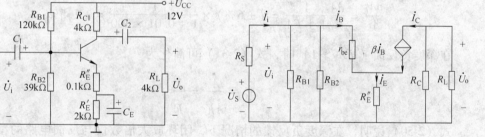

图 2-38　图 2-37 的微变等效电路

从例 2-6 的求解中可以看出，引入负反馈后，电压放大倍数降低了很多。

引入负反馈后，虽然放大电路的放大倍数降低了，但是放大电路的工作性能得到了改善，并可通过放大电路的级数提高放大倍数，所以负反馈放大电路被广泛应用。

2. 负反馈使放大电路工作性能改善

（1）提高放大倍数的稳定性

当外界条件发生变化时（如环境温度变化、晶体管老化、元件参数变化及电源电压波动等），会引起放大电路放大倍数变化。现在用相对变化量来评价负反馈对提高放大倍数稳定性的影响。设放大电路开环放大倍数 A 的相对变化量为 dA/A，而负反馈放大电路闭

环放大倍数 A_f 的相对变化量为 dA_f/A_f 。由于 $\dot{A}$ 和 $\dot{F}$ 均为实数（放大电路工作在中频段，且反馈电路是电阻性的），则式（2-48）可写成

$$A_f = \frac{A}{1 + AF}$$

对上式求导数，得

$$\frac{dA_f}{dA} = \frac{1}{1 + AF} - \frac{FA}{(1 + FA)^2} = \frac{1}{(1 + FA)^2} = \frac{A_f}{A} \cdot \frac{1}{1 + AF}$$

或

$$\frac{dA_f}{A_f} = \frac{dA}{A} \cdot \frac{1}{1 + FA} \tag{2-49}$$

式（2-49）表明，在引入负反馈后，虽然放大倍数从 A 减小到 A_f，即减小为原来的 $\frac{1}{1 + FA}$。但在外界条件变化相同的情况下，放大倍数的相对变化量 $\frac{dA_f}{A_f}$ 是未引入负反馈时的 $\frac{1}{1 + FA}$ 倍。可见。负反馈放大电路放大倍数的稳定性提高了。

【例 2-7】　已知一个负反馈放大电路的 $A = 300$，$F = 0.01$。试求：（1）负反馈放大电路的闭环放大倍数；（2）如果由于某种原因使 A 发生 $\pm 6\%$ 的变化，则 A_f 的相对变化量为多少？

解：（1）根据式（2-48）得闭环放大倍数为

$$\dot{A}_f = \frac{\dot{A}}{1 + \dot{F}\dot{A}} = \frac{300}{1 + 0.01 \times 300} = 75$$

（2）根据式（2-51）得

$$\frac{dA_f}{A_f} = \frac{dA}{A} \cdot \frac{1}{1 + FA} = (\pm 6\%) \times \frac{1}{1 + 0.01 \times 300} = \pm 1.5\%$$

在深度负反馈（$\dot{F}\dot{A} \gg 1$）时，式（2-31）可简化为

$$\dot{A}_f \approx \frac{\dot{A}}{\dot{A}\dot{F}} = \frac{1}{\dot{F}} \tag{2-50}$$

式（2-50）说明，在深度负反馈的情况下，闭环放大倍数仅与反馈电路的参数有关，而与开环放大倍数 $\dot{A}$ 几乎无关，所以 $\dot{A}_f$ 基本上不受外界因素变化的影响。负反馈深度越深，放大电路越稳定，$\dot{A}_f$ 就越接近于 $\frac{1}{\dot{F}}$（常数）。

（2）抑制非线性失真

前面已述，静态工作点选择不合适，或者输入信号过大，都将引起信号波形失真，如图 2-39a 所示。但引入负反馈后，将输出端的失真信号反送到输入端，使净输入信号发生某种程度的失真，经过放大之后，即可使输出信号的失真得到一定程度的改善。从本质上说，负反馈是利用失真了的波形来抑制波形的失真，如图 2-39b 所示。图 2-39b 是以电流串联负反馈放大电路（见图 2-33）为例。

（3）展宽通频带

负反馈也可以改善放大电路的频率特性。图 2-40 所示为放大电路的幅频特性，从图中可见，引入负反馈之后，放大电路的通频带展宽了。但是，它也是以牺牲放大倍数为代价的。在中频段，开环放大倍数 $\dot{A}$ 较高，反馈信号的值也较高，因而使闭环放大倍数 $\dot{A}_f$ 下降得较多。而在低频段和高频段，开环放大倍数 $\dot{A}$ 较低，因而反馈信号较低，所以使 $\dot{A}_f$ 下降较少。因此通频带由 $\Delta f = f_H - f_L$ 扩展为 $\Delta f' = f'_H - f'_L$。

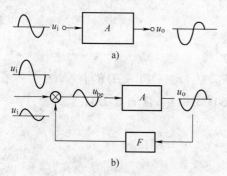

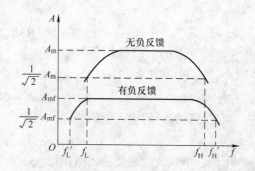

图 2-39　利用负反馈抑制波形失真
a）开环情况　b）闭环情况

图 2-40　负反馈展宽通频带

（4）对放大电路输入电阻的影响

放大电路引入负反馈后，其输入电阻 r_{if} 也发生变化，r_{if} 的变化决定于输入端的反馈方式，即是串联反馈还是并联反馈。

图 2-41 所示为串联负反馈放大电路的输入交流通路。由图 2-41 可知，无负反馈时的输入电阻即为基本放大电路的输入电阻

$$r_i = \frac{\dot{U}}{\dot{I}_B} = \frac{\dot{U}_{BE}}{\dot{I}_B}$$

而引入负反馈时的输入电阻为

$$r_{if} = \frac{\dot{U}_i}{\dot{I}_B}$$

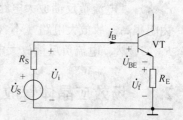

图 2-41　串联负反馈放大
电路的输入交流通路

因为 $\dot{U}_{BE} < \dot{U}_i$，故 $r_{if} > r_i$，即串联负反馈使放大电路的输入电阻增大。图 2-42 所示是并联负反馈放大电路的输入交流通路。由图 2-42 可见，无反馈时（$I_f = 0$）的输入电阻即为基本放大电路的输入电阻，即

$$r_i = \frac{\dot{U}_{BE}}{\dot{I}_B}$$

而引入负反馈时的输入电阻为

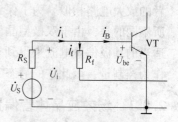

图 2-42　并联负反馈放大
电路的输入交流通路

$$r_{\text{if}} = \frac{\dot{U}_{\text{BE}}}{\dot{I}_{\text{i}}}$$

因为 $\dot{I}_{\text{B}} < \dot{I}_{\text{i}}$，故 $r_{\text{if}} < r_{\text{i}}$，即并联负反馈使放大电路的输入电阻降低。

【例 2-8】　　计算例 2-6 中图 2-37 的串联电流负反馈放大电路的输入电阻。

解： 由图 2-38 所示的微变等效电路可得

$$\dot{U}_{\text{i}} = \dot{I}_{\text{B}} r_{\text{be}} + (1 + \beta)\dot{I}_{\text{B}} R_{\text{E}}'' = \dot{I}_{\text{B}}\left[r_{\text{be}} + (1 + \beta) R_{\text{E}}'' \right]$$

$$r_{\text{if}}' = \frac{\dot{U}_{\text{i}}}{\dot{I}_{\text{B}}} = r_{\text{be}} + (1 + \beta) R_{\text{E}}''$$

$$r_{\text{if}} = R_{\text{B1}} \mathbin{/\mkern-5mu/} R_{\text{B2}} \mathbin{/\mkern-5mu/} r_{\text{if}}' = R_{\text{B1}} \mathbin{/\mkern-5mu/} R_{\text{B2}} \mathbin{/\mkern-5mu/} \left[r_{\text{be}} + (1 + \beta) R_{\text{E}}'' \right]$$

$$= 120 \mathbin{/\mkern-5mu/} 39 \mathbin{/\mkern-5mu/} \left[1.8 + (1 + 60) \times 0.1 \right] \text{k}\Omega = 6.2\,\text{k}\Omega$$

而无负反馈时的输入电阻为

$$r_{\text{i}} = R_{\text{B1}} \mathbin{/\mkern-5mu/} R_{\text{B2}} \mathbin{/\mkern-5mu/} r_{\text{be}} \approx r_{\text{be}} = 1.8\,\text{k}\Omega$$

可见，串联负反馈使输入电阻增大。

(5) 对放大电路输出电阻的影响

放大电路中引入负反馈后，其输出电阻 r_{of} 也发生变化，r_{of} 的变化取决于输出端的反馈方式，即是电压反馈还是电流反馈。

电压负反馈放大电路具有稳定输出电压 U_{o} 的作用，即有恒压输出特性，恒压源的内阻很低，故放大电路的输出电阻很低。显然，电压负反馈放大电路的输出电阻降低，即 $r_{\text{of}} < r_{\text{o}}$。电流负反馈放大电路具有稳定输出电流 I_{o} 的作用，即有恒流输出特性。恒流源的内阻很高，故放大电路（不含 R_{C}）的输出电阻较高，但与 R_{C} 并联后，比开环时更接近于 R_{C}。显然，电流负反馈放大电路的输出电阻增高，即 $r_{\text{of}} > r_{\text{o}}$。

2.8　场效应晶体管放大电路

由于场效应晶体管具有输入电阻高这样独特的优点，因此获得广泛应用，常用做多级放大电路的输入级，以提高放大电路的输入电阻。此外，场效应晶体管的噪声低，可以在微小电流下工作，可以用来做低噪声、低功耗的微弱信号放大电路。和双极型晶体管相比较，场效应晶体管的源极、漏极和栅极相当于双极型晶体管的发射极、集电极和基极，两者的放大电路相似。为了保证场效应晶体管正常工作，也要预先设置合适的静态工作点。所不同的是，由于双极型晶体管以基极电流作为控制量，因此合适的工作点主要依靠调节适当的基极偏置电流来得到。场效应晶体管的栅极电流 I_{G} 几乎为零，它以栅-源电压 U_{GS} 作为控制量，因此它的静态工作点主要依靠给栅极提供适当的偏置电压来得到。

2.8.1　场效应晶体管偏置电路

1. 自给偏压偏置电路

图 2-43 为 N 沟道耗尽型绝缘栅场效应晶体管自给偏压式放大电路。这种电路的静态

工作点的建立过程是：当有源极电流 I_S（$I_S = I_D$）时，源极电阻 R_S 上的压降为 $R_S I_S$。由于栅极不取用电流（即 $I_G = 0$），因 R_G 连通了栅-源极之间的直流通路，所以栅极电位 $U_G = 0$，则栅源电压 U_{GS} 为

$$U_{GS} = U_G - U_S = 0 - R_S I_S = - R_S I_D \qquad (2\text{-}51)$$

可见场效应晶体管依靠自身的漏极电流 I_D 产生了确定静态工作点的栅源电压 U_{GS}，因此称为自给偏压偏置电路。为防止源极电阻 R_S 的交流负反馈作用，与 R_S 并联旁路电容 C_S。

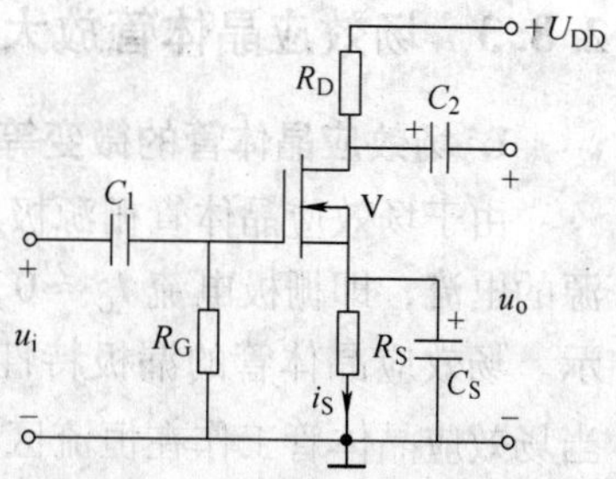

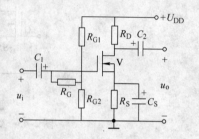

图 2-43　自给偏压偏置电路

应该注意到，当 $U_{GS} = 0$ 时，耗尽型场效应晶体管的漏极电流 $I_D \neq 0$，才可以采用自给偏压式偏置电路，而增强型场效应晶体管不能采用这种方式。

2. 分压式偏置电路

场效应晶体管放大电路也存在温度稳定性问题，即静态工作点也受温度的影响。自给偏压式电路虽然具有一定的稳定静态工作点的作用，但温度升高时漏极电流 I_D 增加，使 $U_{GS} = - R_S I_D$ 的绝对值更大，从而导致 I_D 减小，维持 I_D 基本不变。实质上这是源极电阻 R_S 引入直流负反馈的结果，很明显，R_S 越大，负反馈效果越好。图 2-44 中，R_D 为漏极电阻，R_{G1}、R_{G2} 组成分压电路，为场效应晶体管提供栅极电压；R_G 为栅极电阻，阻值不宜太大，用以提高放大电路的输入电阻；R_S 为源极电阻，C_S 是它的交流旁路电容；R_{G1}、R_{G2}、R_S 是用来设置静态工作点的。栅-源电压为

图 2-44　分压式偏置电路

$$U_{GS} = \frac{R_{G2}}{R_{G1} + R_{G2}} U_{DD} - I_D R_S = U_G - I_D R_S \qquad (2\text{-}52)$$

式中，U_G 为栅极电位。

2.8.2　场效应晶体管放大电路的静态分析

场效应晶体管放大电路的静态分析可以采用图解法或计算法。图解法与双极型晶体管电路图解法相似。下面讨论用计算法确定静态工作点 Q。由图 1-18b 得转移特性曲线方程，有

$$I_D = I_{DSS} \left(1 - \frac{u_{GS}}{U_P}\right)^2 \qquad (2\text{-}53)$$

由图 2-43 和图 2-44 的电路分别有

$$U_{GS} = - R_S I_D \qquad (2\text{-}54)$$

和

$$U_{GS} = \frac{R_{G2}}{R_{G1} + R_{G2}} U_{DD} - I_D R_S \qquad (2\text{-}55)$$

2.8.3　场效应晶体管放大电路的动态分析

1. 场效应晶体管的微变等效电路

由于场效应晶体管栅源极之间（输入）电阻非常大（ $10^{14}\Omega$ 以上），几乎不取用信号源的电流，即栅极电流 $I_G \approx 0$ ，所以场效应晶体管的输入回路可视为开路，如图 2-45a 所示。场效应晶体管的漏极特性 $i_D = f(u_{DS})\big|_{U_{GS}=常数}$ 反映了输出回路的电压与电流的关系，当场效应晶体管工作在恒流区时，其漏极电流 i_D 与漏源电压 u_{DS} 无关。当输入小信号时，可视 $g_m = i_D/u_{GS}$ 为常数，因此可以用电压控制电流源 $i_D = g_m u_{GS}$ 来等效。该受控源的大小与方向完全取决于 u_{GS} 。工作在恒流区时 R_{DS} 很大，远大于放大电路的负载电阻，所以 R_{DS} 支路可视为开路。场效应晶体管的微变等效电路如图 2-45b 所示，图中各交流电压、电流用相量表示。

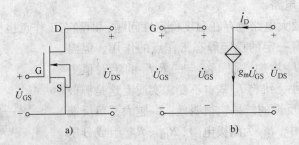

图 2-45　绝缘栅场效应晶体管电路及其微变等效电路

a）场效应晶体管电路　b）微变等效电路

2. 共源放大电路的动态分析

场效应晶体管放大电路与双极型晶体管放大电路一样，也有三种组态，即共源极、共漏极及共栅极放大电路。图 2-46 为图 2-44 所示场效应晶体管共源放大电路对应的微变等效电路。

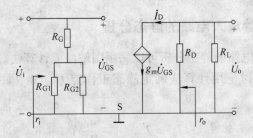

图 2-46　图 2-44 电路的微变等效电路

由图 2-46 可计算出电压放大倍数

$$A_u = \frac{\dot{U}_o}{\dot{U}_i} = \frac{-\dot{I}_D(R_D//R_L)}{\dot{U}_i} = \frac{-g_m\dot{U}_{GS}(R_D//R_L)}{\dot{U}_{GS}} = -g_m R'_L \tag{2-56}$$

A_u 与 g_m 成正比，说明栅极电压变化引起漏极电流变化的能力是场效应晶体管电压放大作用的一个重要指标。式（2-56）中负号表示输出与输入电压反相，$R'_L = R_L \mathbin{/\mkern-5mu/} R_D$。

输入电阻为

$$r_i = \frac{\dot{U}_i}{\dot{I}_i} = R_G + (R_{G1} \mathbin{/\mkern-5mu/} R_{G2}) \tag{2-57}$$

式中，R_G 的电阻值很大，一般为兆欧级，因此上述电路可提高输入电阻 r_i 的值。

在共源极放大电路中，漏极电阻 R_D 是和晶体管的输出电阻 R_{DS} 并联的，一般 $R_{DS} \gg R_D$，故输出电阻为

$$r_o = R_D \mathbin{/\mkern-5mu/} R_{DS} \approx R_D \tag{2-58}$$

这与半导体晶体管共发射极放大电路类似。

【例2-9】　在图2-47中，电路参数 $R_{G1} = 100\ \mathrm{k\Omega}$，$R_{G2} = 47\mathrm{k\Omega}$，$R_{G3} = 3\ \mathrm{M\Omega}$，$R_S = 10\ \mathrm{k\Omega}$，$R_L = 10\ \mathrm{k\Omega}$，$g_m = 4\mathrm{mA/V}$。试计算 $\dot{A}_u$、r_i 及 r_o。

解：
$$\dot{A}_u = \frac{\dot{U}_o}{\dot{U}_i} = \frac{g_m(R_S \mathbin{/\mkern-5mu/} R_L)}{1 + g_m(R_S \mathbin{/\mkern-5mu/} R_L)} = \frac{4 \times 5}{1 + 4 \times 5} = 0.95$$

$$r_i = R_{G3} + (R_{G1} \mathbin{/\mkern-5mu/} R_{G2}) = [3000 + (100 \mathbin{/\mkern-5mu/} 47)]\mathrm{k\Omega} \approx 3000\mathrm{k\Omega} = 3\mathrm{M\Omega}$$

$$r_o = \frac{1}{g_m} \mathbin{/\mkern-5mu/} R_S = \frac{1}{4} \mathbin{/\mkern-5mu/} 10\mathrm{k\Omega} \approx 0.25\mathrm{k\Omega} = 250\Omega$$

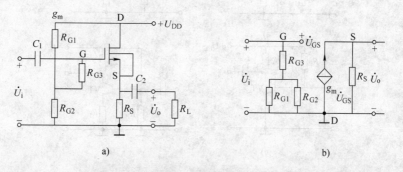

图 2-47　源极输出电路及其微变等效电路
a）源极输出电路　b）微变等效电路

由计算结果可知，源极输出器和晶体管的射极输出器一样，具有电压放大倍数小于但近似等于1、输出电压与输入电压同相、输入电阻高、输出电阻低等特点。

本 章 小 结

在放大电路中，共发射极电路是一种常用的基本电路。它的分析计算是其他类型放大电路的基础。共射单管放大电路的输出电压与输入电压相位相反，即具有反相作用。

在放大电路中既有直流又有交流，因此它的工作状态分为静态和动态。在直流通路中，用直流分量 I_B、I_C、U_{CE} 确定静态工作点 Q。微变等效电路分析法是建立在小信号和线性工作区的基础上的，用微变等效电路可计算电压放大倍数、输入电阻、输出电阻等。

　　在多级放大电路中，级与级之间的耦合方式有三种：阻容耦合、变压器耦合和直接耦合。总的电压放大倍数为各级电压放大倍数的乘积。

　　功率放大电路的主要目的是获得最大不失真的输出功率和具有较高的工作效率。为了满足功率放大器工作的要求，常采用甲乙类或乙类放大电路。在实践中常用的功率放大电路是互补对称电路。

　　正确理解反馈的基本概念，是分析各种负反馈放大电路的基础。利用瞬时极性法，会判断反馈极性和反馈类型。放大电路引入负反馈后，改善了放大电路的性能。

　　场效应晶体管放大电路和双极型晶体管放大电路有相似之处，它们的电路结构基本相同，但场效应晶体管的静态工作点是借助于栅极偏压来设置的。常用的电路有分压式偏置电路和自给偏压偏置电路。

思考题与习题

2-1 试判断图 2-48 中各电路有无交流电压放大作用？如果没有，电路应如何改动使之具备放大作用。

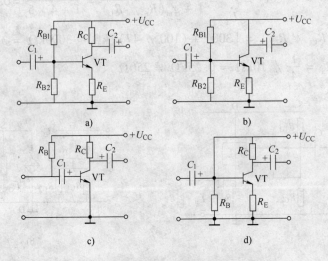

图 2-48　题 2-1 图

2-2 晶体管放大电路如图 2-49a 所示，已知 $U_{CC} = 12V$，$R_C = 3k\Omega$，$R_B = 240k\Omega$，晶体管的 $\beta = 40$。试求：

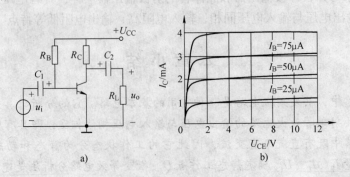

图 2-49　题 2-2 图

(1) 根据直流通路估算各静态值（I_B、I_C、U_{CE}）；

(2) 如果晶体管的输出特性曲线如图 2-49b 所示，试用图解法求放大电路的静态工作点；

(3) 在静态时（$u_i = 0$），C_1 和 C_2 上的电压各为多少？并标出极性。

2-3 在题 2-2 中，若使 $U_{CE} = 3V$，R_B 应变为多少？若改变 R_B，使 $I_C = 1.5mA$，R_B 应等于多少？在图上分别标出静态工作点。

2-4 在图 2-49a 中，若 $U_{CC} = 12V$，要求静态值 $U_{CE} = 5V$，$I_C = 2mA$。试求 R_C 和 R_B 的阻值（设晶体管的放大倍数 $\beta = 40$）。

2-5 放大电路如图 2-50a 所示，晶体管的输出特性及放大电路的交、直流负载线如图 2-50b 所示。试问：

(1) R_C、R_B、R_L 各为多少？

(2) 不产生失真的最大输入电压 U_{im} 和输出 U_{om} 电压各为多少？

(3) 若不断加大输入电压的幅值，该电路先出现何种性质的失真？调节电路中哪个电阻能消除失真？将阻值调大还是调小？

(4) 将 R_L 阻值变大，对交、直流负载线会产生什么影响？

(5) 若电路中其他参数不变，只将晶体管换一个 β 值小一半的晶体管，I_B、I_C、U_{CE} 和 A_u 将如何变化？

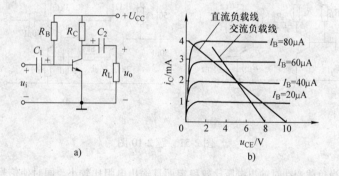

图 2-50 题 2-5 图

2-6 利用微变等效电路法计算题 2-2 中放大电路当输出端开路时；或当 $R_L = 6k\Omega$ 时的电压放大倍数 $\dot{A}_u$，设 $r_{BE} = 0.8k\Omega$。

2-7 在图 2-12 所示的分压式偏置放大电路中，已知 $U_{CC} = 24V$，$R_C = 3.3k\Omega$，$R_E = 1.5k\Omega$，$R_{B1} = 33k\Omega$，$R_{B2} = 10k\Omega$，$R_L = 5.1k\Omega$，晶体管的 $\beta = 66$，并设 $R_S = 0$。试求：

(1) 静态值 I_B、I_C、U_{CE}（要求用两种方法计算）；

(2) 画出微变等效电路；

(3) 计算晶体管的输入电阻 r_{BE}；

(4) 计算电压放大倍数 $\dot{A}_u$；

(5) 计算放大电路输出端开路时的电压放大倍数；

(6) 估算放大电路的输入电阻和输出电阻；

(7) 当 $R_S = 1k\Omega$ 时，试求电压放大倍数 $\dot{A}_{us}$。

2-8 在图 2-12 所示的分压式偏置放大电路中，已知 $U_{CC} = 15V$，$R_L = 3k\Omega$，$R_S = 2k\Omega$，$I_C = 1.55mA$，$\beta = 50$，试估算 R_{B1} 和 R_{B2}。

2-9 将图 2-12a 中的发射极交流旁路电容 C_E 除去。试问：

(1) 静态值有无变化?

(2) 画出微变等效电路;

(3) 计算电压放大倍数 $\dot{A}_u$,并说明发射极电阻 R_E 对电压放大倍数的影响;

(4) 计算放大电路的输入电阻和输出电阻。

2-10 在图 2-51 所示的电路中,判断哪些是交流负反馈电路? 哪些是交流正反馈电路? 如果是负反馈,属于哪一种类型? 图中还有哪些直流负反馈电路? 它们起何作用?

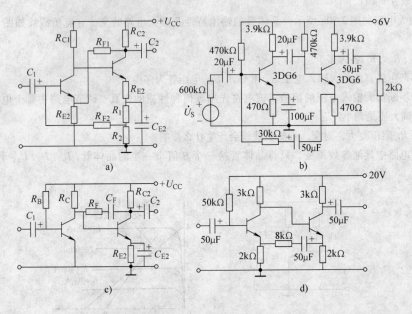

图 2-51　题 2-10 图

2-11 试画出当负载变动时输出电压比较稳定而且输出电阻比较小,同时使信号源提供的电流又比较小的负载反馈放大电路。

2-12 有一负反馈放大电路,已知 $|\dot{A}| = 1000$, $|\dot{F}| = 0.009$。试问:

(1) 闭环电压放大倍数 $|\dot{A}_f|$ 为多大?

(2) 如果 $|\dot{A}|$ 发生相对变化 ±10%,则 $|\dot{A}_f|$ 的相对变化为多少?

2-13 在图 2-52 中,已知晶体管的电流放大倍数 $\beta = 60$,晶体管的输入电阻 $r_{BE} = 1.8$ kΩ,信号源的输入电压 $U_S = 15mV$,内阻 $R_S = 0.6kΩ$,各电阻和电容的数值已标在电路中。试求:

(1) 估算静态值 (I_B、I_C、U_{CE});

(2) 该放大电路的输入电阻和输出电阻;

(3) 输出电压 U_o;(4) 如果 $R''_E = 0$,U_o 应等于多少?

2-14 在图 2-53 所示的共射极输出电路中,已知晶体管的 $R_S = 50Ω$,$R_{B1} = 120kΩ$,$R_{B2} = 30kΩ$,$R_E = 1kΩ$,晶体管的 $\beta = 50$,$r_{BE} = 1kΩ$。试求 $\dot{A}_u$、r_i 和 r_o。

2-15 图 2-54 所示是两级阻容耦合放大电路,已知 $R_S = 50Ω$,各电阻的阻值及电源电压已标在电路图中。试求:

(1) 前、后级放大电路的静态值 (I_B、I_C、U_{CE}),设 $U_{BE} = 0.6V$;

(2) 画出微变等效电路;

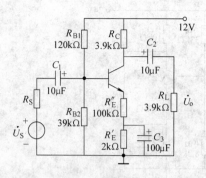

图 2-52　题 2-13 图

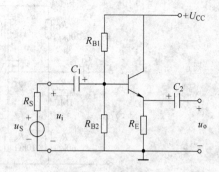

图 2-53　题 2-14 图

（3）各级电压放大倍数 $\dot{A}_{u1}$、$\dot{A}_{u2}$ 及总电压放大倍数向量 $\dot{A}_u$；

（4）后级采用射极输出器有何好处？

2-16　在图 2-55 所示的放大电路中，已知 $\beta_1 = \beta_2 = 50$，VT_1 和 VT_2 均为 3DG8D。试求：

（1）前、后级放大电路的静态值，设 $U_{BE} = 0.6V$；

（2）画出微变等效电路；

（3）放大电路的输入电阻和输出电阻；

（4）各级电压放大倍数及总的电压放大倍数；

（5）前级采用射极输出器有何好处？

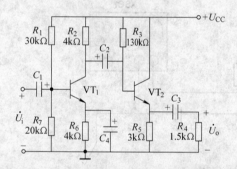

图 2-54　题 2-15 图

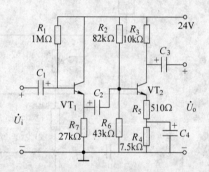

图 2-55　题 2-16 图

2-17　在图 2-44 所示的场效应晶体管放大电路中，已知 $R_{G1} = 2M\Omega$，$R_{G2} = 47k\Omega$，$R_G = 10M\Omega$，$R_D = 30\Omega$，$R_S = 2k\Omega$，$U_{DD} = 18V$，$C_1 = C_2 = 0.01\mu F$，$C_S = 10\mu F$，晶体管为 3D01。试计算：

（1）静态值 I_D 和 U_{DS}；

（2）r_i、r_o 和 $\dot{A}_u$；

（3）将旁路电容 C_S 除去，计算 $\dot{A}_{uf}$。设静态值 $U_{GS} = -0.2V$，$g_m = 1.2mA/V$，$r_{DS} \gg R$。

2-18　在图 2-47 所示的源极输出电路中，已知 $U_{DD} = 12V$，$R_S = 12k\Omega$，$R_{G1} = 1M\Omega$，$R_{G2} = 500k\Omega$，$R_G = 1M\Omega$。试求静态值、电压放大倍数、输入电阻和输出电阻。设 $U_S \approx U_G$，$g_m = 0.9mA/V$。

2-19　图 2-56 所示是两级放大电路，前级为场效应晶体管放大电路，后级为晶体管放大电路。已知 $g_m = 1.5mA/V$，$U_{BE} = 0.6V$，$\beta = 80$。试求：

（1）放大电路的总电压放大倍数；

（2）放大电路的输入电阻和输出电阻。

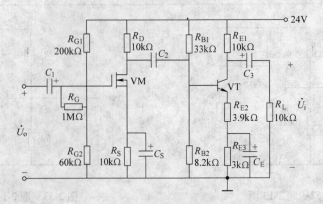

图 2-56　题 2-19 图

2-20　已知一个无型号的 MOS 场效应晶体管，如何判别它是增强型还是耗尽型？

Multisim 例题及习题

1. Multisim 例题

【**Mult 2-1**】　单晶体管放大电路如图 2-57 所示，试求如下参数：（1）放大电路处于放大状态时的静态工作点；（2）放大电路的输入电阻、输出电阻和电压放大倍数并与理论分析并比较。

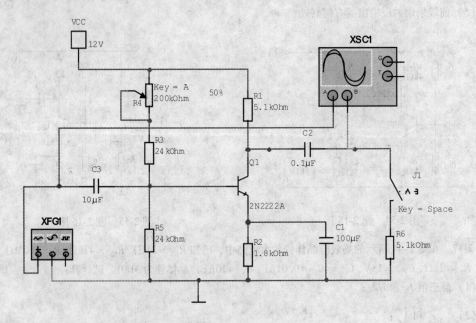

图 2-57　单管放大电路

解：信号发生器设置为正弦波，频率为 1kHz，幅值为 3mV，选择晶体管 VT_1 为 2N2222A，电流放大系数为 200。

（1）计算输入电阻

用数字电流和电压表测试输入电压和电流为图 2-58 和图 2-59 所示数值。

图 2-58　输入电流

图 2-59　输入电压

则输入电阻为

$$R_i = \frac{U_i}{I_i} = \frac{2.121}{0.625 \times 10^{-3}}\Omega = 3.25\text{k}\Omega$$

理论计算的输入电阻阻值为 3.16kΩ，与测量值基本一致。

（2）计算输出电阻

在 J1 断开，即不接负载时，测量输出电压 U_o；在 J1 闭合，即接负载的情况下，测量输出电压 U'_o，如图 2-60 和图 2-61 所示。

图 2-60　J1 断开

图 2-61　J1 闭合

输出电阻　$R_o = \left(\frac{U_o}{U_L} - 1\right)R_L = \left(\frac{534.07}{275.752} - 1\right) \times 5.1\text{k}\Omega = 4.78\text{k}\Omega$。理论分析的输出电阻为 5.1kΩ，与测量值基本一致。

（3）输入/输出电压波形分析

在 Multisim 中用双踪示波器观察输入、输出电压波形，如图 2-62 所示。

由波形图可观察到电路的输入/输出电压信号反相，反映了共射极放大电路的基本特征，电压放大倍数约为 250 倍。

（4）直流工作点分析

选择分析菜单中的直流工作点分析选项（Analysis/DC Operating Point），选择相应节点进行分析，结果如图 2-63 所示。

分析结果表明，$U_{BE} = (3.16 - 2.52)\text{V} = 0.64\text{V}$，发射结正向偏置，晶体管工作在放大状态。

2. Multisim 习题

【Mult 2-1】　在 Multisim 仿真平台中建立如图 2-64 所示的晶体管放大电路，设 $U_{CC} = 12\text{V}$，$R_1 = 3\text{k}\Omega$，$R_2 = 240\text{k}\Omega$，晶体管选择 2N2222A。要求：

（1）分别用万用表和直流工作点分析测出各极静态工作点；

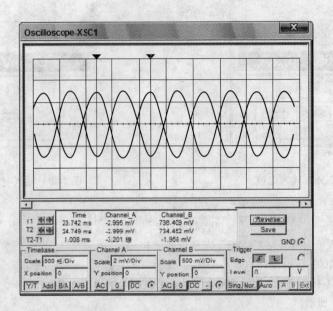

图 2-62　输入和输出电压波形

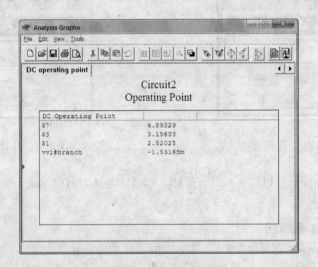

图 2-63　静态工作点分析

（2）用示波器观察输入及输出波形。

【Mult 2-2】　电路如图 2-65 所示，信号发生器为正弦波，频率为 1kHz，幅值为 3mV。调整滑动变阻器，在示波器上观察波形，使波形输出幅度最大，且不失真。测量输入电阻 R_i，输出电阻 R_o。在波特图示仪上测试电路的幅频特性曲线，并进行直流工作点分析。

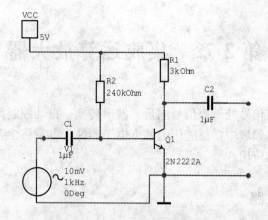

图 2-64　晶体管单管放大电路

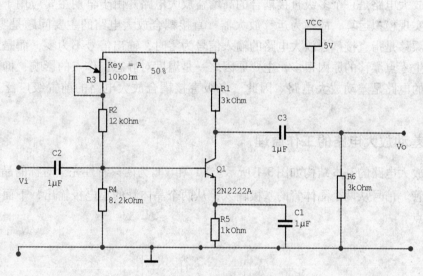

图 2-65　射极偏置电路

第 3 章　集成运算放大器

集成运算放大器在信号处理、信号测量、波形转换、自动控制等领域有着十分广泛的应用，已成为电子技术领域中广泛应用的基本电子器件。本章将主要讨论集成运算放大器的组成、结构特点及其应用。

3.1　差动放大电路

运算放大电路是一个多级直接耦合的高增益放大电路。由于早期主要应用于模拟计算机中，以实现模拟运算，故称为运算放大器。直接耦合放大电路的主要问题是零点漂移。所谓零点漂移是指直接耦合放大电路的输入信号为零时，输出信号不为零，而是无规则地波动。产生零点漂移的原因很多，主要原因之一是温度对静态工作点的影响，抑制零点漂移最有效的电路是差动放大电路。因此，多级直接耦合放大电路的前置级广泛采用这种电路。

3.1.1　差动放大电路的工作原理

差动放大电路的基本结构如图 3-1 所示。VT_1 和 VT_2 为两只特性完全对称的晶体管，称为差动对管。信号从两个晶体管的基极输入，从两个晶体管的集电极输出，下面讨论这个电路的特点。

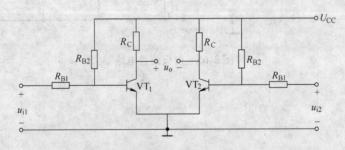

图 3-1　基本差动放大电路

1. 零点漂移的抑制

在图 3-1 所示电路中，由于 VT_1、VT_2 是两只特性完全相同的晶体管，电路参数也完全对称，因此，当 $u_{i1} = u_{i2} = 0$ 时，$U_{C1} = U_{C2}$，$u_o = U_{C1} - U_{C2} = 0$。温度或电源电压变化时，$U_{C1}$ 和 U_{C2} 同时变化，且变化的数值相等，输出电压保持为零，从而抑制了零点漂移。

2. 差动放大电路的输入方式

当有信号输入时，差动放大电路的工作情况可分为以下几种类型来分析。

（1）共模输入

两个输入电压大小相等，极性相同，即 $u_{i2} = u_{i1}$，这样的输入形式称为共模输入。共模输入时，差动放大电路的两个晶体管集电极电位呈等量同相变化，因此输出电压为零，即差动放大电路的共模放大倍数为零。

（2）差模输入

两个输入电压大小相等，极性相反，这样的输入形式称为差模输入，即 $u_{i1} = -u_{i2}$。设 $u_{i1} > 0$，$u_{i2} < 0$，则 u_{i1} 使 VT_1 的集电极电流变化 Δi_{c1}（正值），集电极电位变化 Δu_{c1}（负值），u_{i2} 使 VT_2 的集电极电流变化 Δi_{c2}（负值），集电极电位变化 Δu_{c2}（正值），由于 $|u_{i1}| = |u_{i2}|$，故 $|\Delta u_{c2}| = |\Delta u_{c1}|$，因此

$$u_o = \Delta u_{c1} - \Delta u_{c2} = 2\Delta u_{c1} = 2A_u u_{i1}$$

其中，A_u 为单管电压放大倍数，其定义为 $A_u = \dfrac{\Delta u_{c1}}{u_{i1}}$。

（3）比较输入

两个输入电压，既非共模，又非差模，它们的大小和极性是任意的，这种输入形式称为比较输入。令

$$u_{ic} = \frac{1}{2}(u_{i1} + u_{i2})$$

$$u_{id} = \frac{1}{2}(u_{i1} - u_{i2})$$

则

$$u_{i1} = u_{ic} + u_{id}$$

$$u_{i2} = u_{ic} - u_{id}$$

u_{i1} 和 u_{i2} 可以看作是 u_{ic} 与 $\pm u_{id}$ 的叠加，因此，u_{ic} 称为输入信号的共模分量，u_{id} 称为差模分量。根据以上分析，电路对共模分量没有放大作用，只对差模分量有放大作用，且 $u_o = 2A_u u_{id} = A_u(u_{i1} - u_{i2})$。这表明，输出电压仅与输入电压的差值有关。

3.1.2　典型差动放大电路

1. 电路的结构

前面介绍的基本差动放大电路是依靠电路和晶体管的对称来抑制零点漂移的，然而尽管电阻可以选取得近乎完全相同，但三极管却做不到，即使是同一批次生产出来的三极管，也有一定的差异，因此，这种电路的对称性是有限的。另外，对每个晶体管而言，集电极电位的漂移并未受到抑制，当采用单端输出时，漂移根本无法抑制。为此，实际采用的差动放大电路为图 3-2 所示的长尾式差动放大电路。与基本差动放大电路相比，长尾式差动放大电路增加了 R_E、U_{EE} 和 R_W，少了 R_{B2}。R_E 的作用是稳定电路的静态工作点，限制每一个晶体管的零点漂移，同时，对共模输入信号而言，R_E 的引入大大减小了其单管电压放大倍数；对差模输入信号而言，由于两个晶体管集电极电流产生异向变化，两管电流一增一减，通过 R_E 的电流几乎不变，即 R_E 对差模信号可看做短路，这样 R_E 的引入不影响差模信号的单管电压放大倍数，因此 R_E 称为共模反馈电阻。R_E 越大，电路抑制零点漂移的能力就越强，但 U_{CC} 一定时，R_E 会使集电极电流减小，影响静态工作点和最大输出电压，为此接入负电源 U_{EE} 来补偿 R_E 两端直流压降，从而获得合适的静态工作点。电位器 R_W 用来微调电路对称性，对差模电压放大倍数有影响，因此取值较小，一般取 100Ω 左右即可。此外，引入 U_{EE} 后，基本差动放大电路中的基极偏置电阻 R_{B2} 可省略，由 R_{B1} 作偏置电阻。

2. 静态分析

差动放大电路单管直流通路如图 3-3 所示，由于 R_W 的值与 R_E 相比很小，故在图中略去。

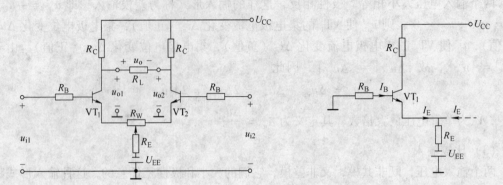

图 3-2 长尾式差动放大电路   图 3-3 差动放大电路单管直流通路

设晶体管的发射极电流是 I_E，则通过电阻 R_E 的电流是 $2I_E$，由基极回路得

$$R_B I_{BQ} + U_{BEQ} + 2R_E I_{EQ} - U_{EE} = 0$$

$$I_{BQ} = \frac{U_{EE} - U_{BEQ}}{R_B + 2(1 + \beta)R_E} \tag{3-1}$$

通常 $U_{EE} \gg U_{BE}$，$R_B \ll 2(1 + \beta)R_E$，这样，由式（3-1）可得

$$I_{BQ} = \frac{U_{EE}}{2(1 + \beta)R_E} \tag{3-2}$$

$$I_{CQ} \approx I_{EQ} = \beta I_{BQ} = \frac{U_{EE}}{2R_E} \tag{3-3}$$

$$U_{CEQ} = U_{CC} + U_{EE} - R_C I_{CQ} - 2R_E I_{EQ} = U_{CC} - \frac{R_C}{2R_E}U_{EE} \tag{3-4}$$

3. 动态分析

当输入差模信号时，$u_{i1} = -u_{i2} = \frac{1}{2}u_i$，$R_E$ 对差模信号不起作用，可看做短路，由电路的对称性可知，负载 R_L 的中点为交流零电位点。这样，单管的微变等效电路如图 3-4 所示。

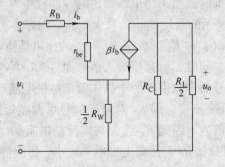

图 3-4 单管微变等效电路

由于 $u_i = u_{i1} - u_{i2} = 2u_{i1}$，$u_o = u_{o1} - u_{o2} = 2u_{o1}$，故差模电压放大倍数为

$$A_{\mathrm{d}} = \frac{u_{\mathrm{o}}}{u_{\mathrm{i}}} = \frac{u_{\mathrm{o1}}}{u_{\mathrm{i1}}} = \frac{-\left(R_{\mathrm{C}} /\!/ \frac{1}{2}R_{\mathrm{L}}\right)\beta i_{\mathrm{b}}}{(R_{\mathrm{B}} + r_{\mathrm{be}})i_{\mathrm{b}} + (1 + \beta)\frac{1}{2}R_{\mathrm{W}}i_{\mathrm{b}}} = \frac{-\beta\left(R_{\mathrm{C}} /\!/ \frac{1}{2}R_{\mathrm{L}}\right)}{R_{\mathrm{B}} + r_{\mathrm{be}} + (1 + \beta)\frac{R_{\mathrm{W}}}{2}} \quad (3\text{-}5)$$

当输入共模信号时，$u_{\mathrm{i1}} = u_{\mathrm{i2}}$，因此，$u_{\mathrm{o1}} = u_{\mathrm{o2}}$，$u_{\mathrm{o}} = 0$，共模电压放大倍数 $A_{\mathrm{c}} = 0$。但如果负载不是接在两个晶体管的集电极之间，而是接在单管的集电极和地之间，即单端输出时，共模放大倍数将不为零，而是

$$A_{\mathrm{c}} = \frac{u_{\mathrm{o}}}{u_{\mathrm{i}}} = \frac{u_{\mathrm{o1}}}{u_{\mathrm{i1}}} = \frac{-\beta R_{\mathrm{C}} /\!/ R_{\mathrm{L}}}{R_{\mathrm{B}} + r_{\mathrm{be}} + (1 + \beta)\left(\frac{1}{2}R_{\mathrm{W}} + 2R_{\mathrm{E}}\right)} \approx -\frac{R_{\mathrm{C}} /\!/ R_{\mathrm{L}}}{2R_{\mathrm{E}}} \quad (3\text{-}6)$$

为了衡量差动放大电路放大差模信号抑制共模信号的能力，引入共模抑制比这个指标，其定义为

$$K_{\mathrm{CMRR}} = \left|\frac{A_{\mathrm{d}}}{A_{\mathrm{C}}}\right| \quad (3\text{-}7)$$

或用对数表示，记作

$$K_{\mathrm{CMRR}} = 20\lg\left|\frac{A_{\mathrm{d}}}{A_{\mathrm{C}}}\right| (\mathrm{dB}) \quad (3\text{-}8)$$

双端输出时，在理想情况下，差动放大电路的共模抑制比为无穷大，实际电路的共模抑制比在 80dB 左右。共模抑制比较高，说明电路抑制漂移的能力较强。

3.2　集成运算放大器

集成运算放大器实质上是一种高增益、高输入电阻和低输出电阻的多级直接耦合放大电路，是用半导体集成工艺，把运算放大器中的电阻、电容、晶体管或场效应晶体管等元器件制作在一小片半导体硅片上，封装成一块完整的放大电路，因此，称为集成运算放大器。

3.2.1　集成运算放大器的组成及特点

集成运算放大器的种类很多，电路功能也千差万别，但它的基本组成具有共同之处，主要由输入级、中间级、输出级和偏置电路四部分组成，其内部组成原理框图如图 3-5 所示。

输入级位于电路的最前端，不但与信号源有一个接口问题，而且电路的任何漂移、噪声或不稳定，都会被后级依

图 3-5　集成运算放大器内部组成原理框图

次放大，进而对整个电路造成严重影响。所以输入级要求有高输入电阻、低漂移和高抗干扰能力等。通常采用有双极结型晶体管（BJT）、PN 结型场效应晶体管（JFET）或 MOS 场效应晶体管（MOSFET）组成的差分放大电路，利用它的对称性提高整个电路的共模抑制比。差分放大电路的两个输入端构成整个电路的反相输入端和同相输入端，以适应各种输入方式和灵活组成多种反馈组态等。

　　中间放大级的主要作用是提供足够大的电压放大倍数，同时，为了减小对前级的影响，中间级还应具有较高的输入电阻，并向后级提供较大的推动电流。因而中间级通常由1:2级高增益放大器（有源负载共射级放大电路）组成。

　　输出级位于电路的末端，其主要作用是向负载提供足够大的输出功率以满足负载的要求。同时还要具有较低的输出电阻和较高的输入电阻以起到放大器和负载隔离的作用。为了提高带负载能力，输出级通常由射极跟随器和互补推挽电路组成。此外，输出级应有过载保护措施，以防止在输出端意外短路或负载电流过大时烧毁功率晶体管。

　　偏置电路的作用是为各级电路提供合适和稳定的偏置电流，同时应具有高的输出交流电阻，通常由恒流源电路组成。

　　由此可见，集成运算放大器具有以下特点：

　　1）级间采用直接耦合方式。目前，采用集成电路工艺还不能制作大电容和电感。因此，集成运算放大电路中各级间的耦合方式只能采用直接耦合方式。

　　2）利用对称结构改善电路性能。由集成工艺制造的元器件，它们的参数一致性较好。此外，元器件都做在等温的同一芯片上，温度的匹配性也好。

　　3）利用有源器件代替无源器件。在集成电路中，高阻值的电阻多用晶体管或场效应晶体管等有源器件组成的恒流源电路来代替。

　　4）大量采用复合管或复合结构电路。由于复合结构电路性能较佳，而制作又较容易，因而在集成电路中多采用复合管、共射-共基、共集-共基等组合电路。

　　5）电路中使用的二极管，多用做温度补偿元件或电平偏移电路，且大都采用晶体管的发射结构成。

3.2.2　集成运算放大器的主要参数

　　集成运算放大器的主要参数是表征其性能的技术指标，也是正确选择和使用集成运算放大器的主要依据。

　　（1）开环电压放大倍数 A_{uo}

　　开环是指运算放大器未接入反馈的一种工作方式。在开环时测得的电压放大倍数为开环电压放大倍数，其值 A_{uo} 为 $10^4 \sim 10^7$。如果用分贝表示，则

$$A_{uo} = 20\lg(10^4 \sim 10^7)dB = 80 \sim 140dB$$

　　A_{uo} 越高；运算放大器越接近理想运算放大器。

　　（2）共模抑制比 K_{CMRR}

　　共模抑制比是差模电压放大倍数 A_d 与共模电压放大倍数 A_C 之比，是衡量运算放大器性能的综合指标。K_{CMRR} 越大，运算放大器零点漂移越小，抗共模干扰能力越强，一般 K_{CMRR} 在 100dB。

　　（3）最大共模输入电压 U_{ICM}

　　运算放大器对共模信号的抑制能力是有限的，当输入信号中的共模成分超过规定的共模输入电压时，使运算放大器进入饱和截止状态，对共模信号的抑制能力大大下降，甚至使运算放大器损坏。

　　（4）最大差模输入电压 U_{IDM}

　　当差模输入电压超过最大差模输入电压时，将会使运算放大器差动输入级的 PN 结击

穿，使运算放大器损坏。

（5）差模输入电阻 r_{id}

差模输入电阻是从反相输入端与同相输入端看进去的电阻值，这个电阻值越大，对信号源的影响越小。高输入电阻的运算放大器其值约为 $10^5 \sim 10^{11} \Omega$，CMOS 运算放大器则更高。

3.2.3　理想集成运算放大器

1. 理想运算放大器参数

在分析运算放大器时，一般将它看成一个理想运算放大器，理想化的条件是：

1）开环电压放大倍数 $A_{uo} \to \infty$；

2）差模输入电阻 $r_{id} \to \infty$；

3）共模抑制比 $K_{CMRR} \to \infty$；

4）开环输出电阻 $r_o \to 0$。

由于实际运算放大器的上述技术指标接近理想条件，因此分析时，可以用理想运算放大器来分析，这样误差不大，还可以使分析过程大大简化。

2. 理想运算放大器的传输特性

因为理想运算放大器的开环电压放大倍数 $A_{uo} \to \infty$，所以理想运算放大器开环应用时不存在线性区。其传输特性曲线如图 3-6 所示。当 $u_+ > u_-$ 时，输出电压为 $+ U_{om}$；当 $u_+ < u_-$ 时，输出电压为 $- U_{om}$。

3. 理想运算放大器线性应用的分析依据

如果直接将输入信号作用于集成运算放大器的两个输入端，因为 $A_{uo} \to \infty$，必然使集成运算放大器工作在非线性区。因此，为了使理想的集成运算放大器工作在线性区，则必须引入如图 3-7 所示的负反馈，从而减小放大倍数。

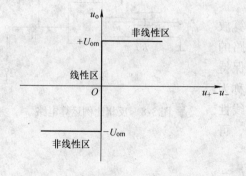

图 3-6　理想运算放大器的传输特性曲线

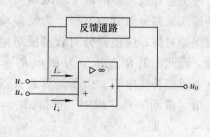

图 3-7　集成运算放大器引入负反馈

理想运算放大器引入负反馈后具有如下特点：

1）由于输出电压为有限值，差模开环放大倍数为无穷大，根据 $u_o = A_{uo} \cdot (u_+ - u_-)$ 可知，$u_+ - u_- = 0$，集成运算放大器的净输入电压为 0，即 $u_+ = u_-$，称为"虚短路"。如果 $u_+ = u_- = 0$，则电路中不接地的一端称为"虚地"。

2）由于差模输入电阻 $r_{id} \to \infty$，所以两个输入端的输入电流为零，即 $i_+ = i_- = 0$，称为"虚断路"。

"虚断"和"虚短"是集成运算放大器线性应用时，进行电路分析和设计的两个重要依据。

3.3　信号运算电路

集成运算放大器在科学领域获得了极为广泛的应用，按其功能可分为信号运算电路、信号处理电路、信号发生电路等。集成运算放大器与外部电阻、电容、半导体器件等一起构成闭环电路，能对各种模拟信号进行比例、加法、减法、积分、微分、乘法和除法等运算，以及完成处理、滤波等功能。

在对含有集成运算放大器的电路进行分析时，集成运算放大器一般可视为理想运算放大器。因此，当运算放大器工作在线性区时，有 $u_+ = u_-$ 和 $i_+ = i_- = 0$，即运算放大器的两个输入端为"虚短"和"虚断"；当运算放大器工作在非线性区时，如 $u_+ > u_-$，则 $u_o = + U_{opp}$，如 $u_+ < u_-$，则 $u_o = - U_{opp}$，并仍然有 $i_+ = i_- = 0$。

3.3.1　比例运算电路

输出信号电压与输入信号电压存在比例关系的电路称为比例运算电路。按输入信号加在不同的输入端，比例运算又分为反相比例运算和同相比例运算两种，它们是其他各种运算电路的基础。

1. 反相比例运算电路

基本反相比例运算电路如图 3-8 所示。输入信号 u_i 经电阻 R_1 加到运算放大器的反相输入端，反馈电阻 R_f 跨接在输出端和反相输入端之间，形成深度电压并联负反馈，因此运算放大器工作在线性区。

由于运算放大器的两个输入端实际上是运算放大器输入级差分对管的基极，为使差动放大电路的参数保持对称，应使差分对管基极对地的电阻保持一致。因此电阻 R' 的取值为 $R' = R_f /\!/ R_1$，R' 称为平衡电阻或补偿电阻。由于运算放大器工作在线性区，由"虚断"和"虚短"可得：$u_+ = u_- = 0$，可得 $i_f = i_1$，即

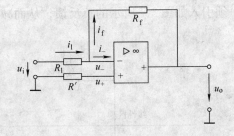

图 3-8　反相比例运算电路

$$\frac{u_i - u_-}{R_1} = \frac{u_- - u_o}{R_f} \tag{3-9}$$

将 $u_- = 0$，代入式（3-9）得

$$u_o = - \frac{R_f}{R_1} u_i \tag{3-10}$$

输出电压与输入电压成反相比例关系，电压放大倍数为

$$A_{uf} = \frac{u_o}{u_i} = -\frac{R_f}{R_1} \tag{3-11}$$

电路的输入电阻

$$r_i = \frac{u_i}{i_i} = R \tag{3-12}$$

由式 (3-10) 可知，R 不能太大，因此，尽管集成运算放大器的输入电阻很高，但反相比例运算电路的输入电阻不高，这是由于并联负反馈降低输入电阻。另一方面，由于是电压负反馈，因此电路的输出电阻很小，带负载能力很强。

2. 同相比例运算电路

同相比例运算电路如图 3-9 所示。输入信号 u_i 经电阻 R' 加到运算放大器的同相输入端，反馈电阻 R_f 跨接在输出端和反相输入端之间，形成串联电压负反馈。图中平衡电阻 $R' = R_f \mathbin{/\mkern-5mu/} R_1$。由"虚短"和"虚断"可得

$$u_- = u_+ = u_i \tag{3-13}$$

$$i_1 = -\frac{u_-}{R_1} = \frac{u_i}{R_1} \tag{3-14}$$

$$i_f = \frac{u_- - u_o}{R_f} = \frac{u_i - u_o}{R_f} \tag{3-15}$$

$$i_1 = i_f$$

由上述关系可得

$$u_o = \left(1 + \frac{R_f}{R_1}\right)u_i \tag{3-16}$$

输出电压与输入电压的幅值成同相比例关系，电压放大倍数为

$$A_{uf} = \frac{u_o}{u_i} = 1 + \frac{R_f}{R_1} \tag{3-17}$$

由于流入运算放大器输入端的电流近似为零（虚断），因此输入电阻 $r_i = \dfrac{u_i}{i_i} \to \infty$，同样，由于是电压负反馈，输出电阻很小。

当 $R_f = 0$ 或 $R_1 = \infty$ 时，$u_o = u_i$，输出电压与输入电压大小相等，相位相同，两者之间是一种跟随关系，所以电路又称为电压跟随器，如图 3-10 所示。

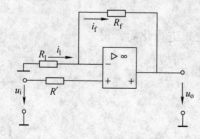

图 3-9　同相比例运算电路

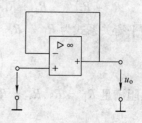

图 3-10　电压跟随器

3.3.2　加法运算电路

在同一输入端增加若干输入电路，则构成加法运算电路。它有反相输入和同相输入两种接法，这里只介绍反相加法电路。

具有三个输入信号的反相加法运算电路原理如图 3-11 所示。信号从反相端输入，图中平衡电阻 $R' = R_f /\!/ R_1 /\!/ R_2 /\!/ R_3$。

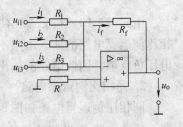

由"虚断"和"虚短"可得

$$u_- = u_+ = 0$$

$$i_f = i_1 + i_2 + i_3$$

$$\frac{-u_o}{R_f} = \frac{u_{i1}}{R_1} + \frac{u_{i2}}{R_2} + \frac{u_{i3}}{R_3}$$

图 3-11　加法运算电路

即

$$u_o = -\left(\frac{R_f}{R_1} u_{i1} + \frac{R_f}{R_2} u_{i2} + \frac{R_f}{R_3} u_{i3} \right) \qquad (3\text{-}18)$$

输出电压反映了输入电压以一定形式相加的结果。

在此比例运算和加法电路中，信号从反相端输入时，运算放大器的两个输入端"虚地"，无共模信号；信号从同相端输入时，运算放大器两输入端有共模信号，要使运算精确，对运算放大器的共模放大倍数就有较高的要求，因此，反相运算电路的应用要比同相运算电路广泛。

3.3.3　减法运算电路

运算放大器组成的两个信号的减法运算电路如图 3-12 所示。
由"虚断"和叠加原理可得

$$u_- = \frac{R_f}{R_1 + R_f} u_{i1} + \frac{R_1}{R_1 + R_f} u_o$$

$$u_+ = \frac{R_3}{R_2 + R_3} u_{i2}$$

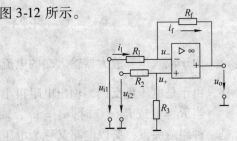

由"虚短"$u_- = u_+$ 得

$$\frac{R_f}{R_1 + R_f} u_{i1} + \frac{R_1}{R_1 + R_f} u_o = \frac{R_3}{R_2 + R_3} u_{i2}$$

图 3-12　差动减法运算电路

电阻的平衡关系式为 $R_1 /\!/ R_f = R_2 /\!/ R_3$，对上式进行化简，得

$$u_o = \left(1 + \frac{R_f}{R_1} \right) \frac{R_3}{R_2 + R_3} u_{i2} - \frac{R_f}{R_1} u_{i1} \qquad (3\text{-}19)$$

若选取电阻满足 $R_1 = R_2, R_3 = R_f$ 时，式（3-19）为

$$u_o = \frac{R_f}{R_1} (u_{i2} - u_{i1}) \qquad (3\text{-}20)$$

式（3-20）表明，输出电压与输入电压之差（$u_{i2} - u_{i1}$）成比例。当 $R_1 = R_f$ 时，$u_o = u_{i2} - u_{i1}$，所以图 3-12 的电路称为减法运算电路。

差动输入减法运算电路有如下特点：①元器件对称性要求较高。如果元器件失配，将产生较大的运算误差；②由于不存在"虚地"现象，因此引入了共模输入电压；③电路输入电阻不高，为 $R_1 + R_2$（当 $R_1 = R_2$ 时为 $2R_2$），由于引入电压负反馈，输出电阻很低。

【例3-1】　具有高输入阻抗、低输出阻抗的仪用放大器电路如图 3-13 所示。试证明：

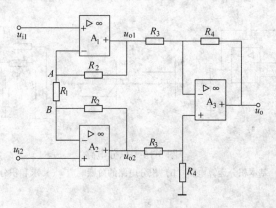

图 3-13　例 3-1 图

$$u_o = \frac{R_4}{R_3}\left(1 + \frac{2R_2}{R_1}\right)(u_{i2} - u_{i1})$$

解： 由运算放大器 A_1、A_2 组成差分电路，信号从同相端输入，输入端电阻很高，A_3 组成第二级差分电路，对 A_1、A_2 的输出信号进行放大。由于电路对称，若 A_1、A_2 选用完全相同的运算放大器，则它们的共模输出电压和漂移电压也相等，对 A_3 的输入电压无影响，因此，电路具有很强的共模抑制能力和较小的漂移电压，同时，可以具有较高的差模电压放大倍数。

由"虚短"得

$$u_A = u_{i1}$$

$$u_B = u_{i2}$$

$$u_{AB} = u_A - u_B = u_{i1} - u_{i2}$$

由"虚断"知，流过电阻 R_1 的电流与流过电阻 R_2 的电流相等

$$\frac{u_{AB}}{R_1} = \frac{u_{o1} - u_{o2}}{2R_2 + R_1}$$

$$u_{o1} - u_{o2} = \left(1 + \frac{2R_2}{R_1}\right)(u_{i1} - u_{i2})$$

由减法电路的电压输出公式得

$$u_o = \frac{R_4}{R_3}(u_{o2} - u_{o1}) = \frac{R_4}{R_3}\left(1 + \frac{2R_2}{R_1}\right)(u_{i2} - u_{i1})$$

3.3.4　积分和微分运算电路

1. 积分运算电路

把反相输入比例运算电路中的反馈电阻 R_f 接成电容 C_f，就构成基本积分运算电路，

如图 3-14 所示。平衡电阻 $R' = R$ 。利用"虚地"概念，则有 $i_1 = \dfrac{u_i}{R_1} = i_f = C\dfrac{du_C}{dt}$ 。电容

C_f 就以电流 $i_1 = u_i/R_1$ 进行充电，$-C\dfrac{du_o}{dt} = \dfrac{u_i}{R_1}$ ，假设电容 C_f 的初始电压为零，则

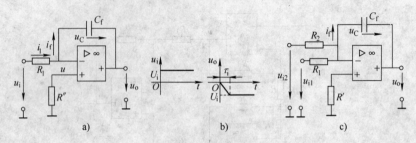

图 3-14　积分电路

a）基本积分运算电路　b）积分电路的阶跃响应　c）求和积分电路

$$u_o = -u_C = -\frac{1}{C}\int i_f dt = -\frac{1}{R_1 C_f}\int u_i dt = -\frac{1}{\tau_i}\int u_i dt \tag{3-21}$$

式（3-21）表明，输出电压是输入电压对时间的积分，故称积分电路。

当输入电压为正弦波时，设 $u_i = U_m\sin\omega t$ ，则

$$u_o = -\frac{1}{RC}\int U_m\sin\omega t dt = \frac{U_m}{\omega RC}\cos\omega t$$

输出电压也是一个正弦波，但相位比输入超前90°，此时，积分电路的作用是移相。

当输入电压为方波时，设波形如图 3-15 所示，且 $u_o(0) = 0$ ，则

在 $0 \sim T/4$ 时间内，$u_i = U_m$ ，则

$$u_o(t) = -\frac{1}{RC}\int_0^t U_i dt = -\frac{U_m}{RC}t$$

这是一条直线，$u_o\left(\dfrac{1}{4}T\right) = -\dfrac{U_m T}{4RC}$ ，输出电压为直线 OA 。

在 $T/4 \sim 3T/4$ 时间内，$u_i = -U_m$ ，则

$$u_o(t) = -\frac{1}{RC}\int_{\frac{T}{4}}^t U_m dt + u_o\left(\frac{T}{4}\right)$$

$$= \frac{U_m}{RC}\left(t - \frac{T}{4}\right) - \frac{U_m T}{4RC} = \frac{U_m t}{RC} - \frac{U_m}{2RC}T$$

这也是一条直线，$t = 3T/4$ 时，$u_o\left(\dfrac{3}{4}T\right) = \dfrac{U_m T}{4RC}$ ，输出电

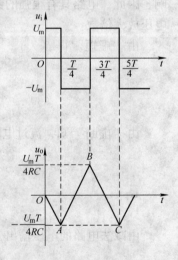

压为直线 AB ，同理，$3T/4 \sim 5T/4$ 时间内的输出电压为直线
BC 。由此可见，积分电路将方波变成三角波。由于积分电路
的输出电压受运算放大器饱和输出电压的限制，因此，在选

图 3-15　积分电路对方
波的波形变换

择积分电路参数时，要综合考虑输入信号的幅值、周期及所用运算放大器的饱和输出电
压值。

积分电路应用广泛，除用于数学模拟运算外，还可用于显示器扫描电路、A/D 转换

器、波形变换与产生电路等。

2. 微分运算电路

微分运算是积分运算的逆运算。若将积分电路的积分电容 C 和电阻 R 的位置互换，并选取比较小的时间常数 RC ，便可得到如图 3-16a 所示的基本微分运算电路。

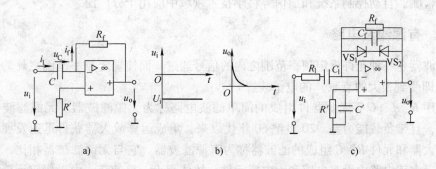

图 3-16　微分电路

a）基本微分运算电路　b）微分电路的阶跃响应　c）改进型的微分电路

由"虚地"和"虚断"得 $u_C = u_i$ ，$i_C = i_R$

故

$$i_R = -\frac{u_o}{R} = C\frac{\mathrm{d}u_C}{\mathrm{d}t} = C\frac{\mathrm{d}u_i}{\mathrm{d}t}$$

即

$$u_o = -RC\frac{\mathrm{d}u_i}{\mathrm{d}t}$$

输出电压正比于输入电压的微分。

微分电路可以实现波形的变换。如图 3-17 所示，输入信号为矩形脉冲时，输出信号为一负一正两个尖脉冲。对于上升沿，即 $t = 0$ 时刻，由于 $\frac{\mathrm{d}u_i}{\mathrm{d}t} > 0$ ，故 $u_o = -RC\frac{\mathrm{d}u_i}{\mathrm{d}t} < 0$；对于下降沿，即 $t = t_1$ 时刻，由于 $\frac{\mathrm{d}u_i}{\mathrm{d}t} < 0$ ，故 $u_o > 0$ 。而在其他时间内，u_i 为恒定值，$u_o = -RC\frac{\mathrm{d}u_i}{\mathrm{d}t} = 0$ ，因此，上升沿对应的输出电压是一个负的尖脉冲，下降沿对应的输出电压是一个正的尖脉冲。

如果输入信号是正弦电压 $u_i = U_m\sin\omega t$ ，则输出电压为 $u_o = \omega RCU_m\cos\omega t$ ，这表明 u_o 的幅值随频率的增加而线性增加。由于对电路的干扰往往是一些迅速变化的高频信号，因此，微分电路的抗干扰能力较差，输出信号的信噪比较低，实用的微分电路是在输入端接入一个小电阻，以抑制高频干扰。

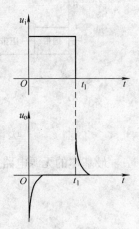

图 3-17　微分电路的
输入/输出波形

3.4　信号处理电路

信号处理电路包括有源滤波电路、精密整流电路、采样保持电路、比较电路等。这些电路在检测、自动控制系统和通信等科学技术领域中应用十分广泛。

3.4.1　有源滤波电路

滤波器是一种允许规定频率范围之内的信号通过，而使规定频率范围之外的信号不能通过（即受到很大的衰减）的电子装置。

利用 R、L、C 等无源器件组成的简单滤波电路称为无源滤波器。无源滤波电路无放大能力，且带负载能力差。20 世纪 60 年代以来，集成运算放大器获得迅速发展，用集成运算放大器和元件 R、C 组成的滤波器称为有源滤波器。它与无源滤被器相比，具有一系列优点：由于电路中没有电感和大电容元件，故体积小、重量轻；由于集成运算放大器的开环增益和输入阻抗高、输出阻抗低，因此兼有电压放大作用和缓冲作用。但其缺点是集成运算放大器频率带宽不够理想，因此有源滤波器只能在有限的频带内工作。目前有源滤波电路的工作频率难以做得很高，一般使用频率在几千赫兹以下，而当频率高于几千赫兹时，常采用 LC 无源滤被器。

根据其工作频率的不同，滤波器可分为：

低通滤波器——允许低频信号通过，衰减高频信号；

高通滤波器——允许高频信号通过，衰减低频信号；

带通滤波器——允许某一频率范围内的信号通过，衰减此频率以外的信号；

带阻滤波器——阻止某一频率范围内的信号通过，而允许此频带以外的信号通过。

上述四种滤波电路的理想幅频特性如图 3-18 所示。

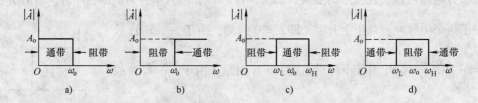

图 3-18　四种滤波电路的理想幅频特性

a）低通滤波器　b）高通滤波器　c）带通滤波器　d）带阻滤波器

最基本的无源电路如图 3-19a 所示。它的输入/输出关系为

$$\frac{\dot{U}_o}{\dot{U}_i} = \frac{\dfrac{1}{j\omega C}}{R + \dfrac{1}{j\omega C}} = \frac{1}{1 + j\dfrac{\omega}{\omega_0}} \tag{3-22}$$

式中，$\omega_0 = \dfrac{1}{RC}$ 为截止角频率。

图 3-19b 是把无源 RC 网络接到集成运算放大器的同相输入端构成一阶 RC 有源低通滤

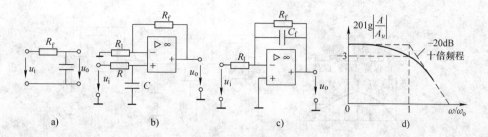

图 3-19 一阶 RC 有源低通滤波电路

a) RC 低通滤波　b) 同相端接 RC 有源滤波　c) 反相端接 RC 有源滤波　d) 幅频特性

波电路，它的频率特性表达式为

$$\dot{A}(j\omega) = \frac{\dot{U}_o}{\dot{U}_i} = \frac{1 + \dfrac{R_f}{R_1}}{1 + j\dfrac{\omega}{\omega_0}} = \frac{A_u}{1 + j\dfrac{\omega}{\omega_0}} \tag{3-23}$$

式中，A_u 为通频带的电压放大倍数。

图 3-19c 是把无源 RC 网络接入集成运算放大器的反馈支路构成一阶 RC 有源低通滤波电路。它的频率特性表达式为

$$\dot{A}(j\omega) = \frac{\dot{U}_o}{\dot{U}_i} = \frac{R_f}{R_1}\frac{1 + \dfrac{R_f}{R_1}}{1 + j\dfrac{\omega}{\omega_0}} = \frac{A_u}{1 + j\dfrac{\omega}{\omega_0}} \tag{3-24}$$

式中，$\omega_0 = \dfrac{1}{R_f C_f}$；$A_u = -\dfrac{R_f}{R_1}$。

式（3-22）、式（3-23）和式（3-24）是属于同一种形式，而且与单级放大电路的高频响应一致。图 3-19d 是一阶低通 RC 滤波电路归一化后的幅频特性。由图 3-19d 可以看出，频率升高，增益下降。当 $\omega = \omega_0$ 时，增益下降 3dB，$f_0 = \omega_0/2\pi$ 称为截止频率。低于 f_0 的信号能顺利通过，高于 f_0 的信号按 -20dB/十倍频程的斜率衰减。阻带区衰减太慢，与理想幅频特性相差甚远，所以效果不好，这是一阶低通滤波电路的缺点。

3.4.2 采样保持电路

采样保持电路多用在数据测量及检测系统中，它的工作有两个阶段：采样阶段——输出信号与输入信号一致；保持阶段——输出信号保持该阶段开始瞬间的输出值不变，直到下一次采样开始，如图 3-20a 所示的采样过程。采样电路的工作状态由控制信号来控制。采样保持电路一般由模拟开关（场效应晶体管 VF）、模拟信号存储电容器 C 和缓冲放大器（集成运算放大器电压跟随器 N_2）三部分组成。如图 3-20b 所示的同相型采样保持电路。集成运算放大器电压跟随器 N_1 起输入信号与存储电容之间的隔离作用，电阻 R 起保护作用。

当控制信号为高电平时，VF 导通，电路处于采样阶段，在理想情况下，$u_o = u_C = u_i$，即 u_o 与 u_i 一致；当控制信号为低电平时，VF 截止，电路处于保持阶段，u_o 保持在 VF 开始

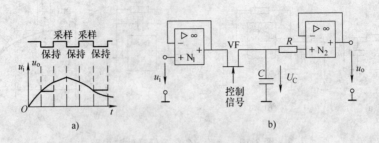

图 3-20 采样保持电路和峰值检波电路

a）采样过程 b）同相型采样保持电路

截止瞬间的 u_i 值，这个 u_o 值一直保持到下一次采样开始。当控制信号再为高电平时，又一次采样，u_o 又跟踪 u_i。

可以看到，采样保持后的信号是间距相等而幅度不同的阶梯波。由

$$\frac{\mathrm{d}u_C}{\mathrm{d}t} = \frac{i_C}{C} \tag{3-25}$$

可知，电容器电压的下降速率与电流成正比而与电容量成反比。要使电容存储的信息电压不下降，除应选用大容量且泄漏电阻大的电容外，还应选择输入级为场效应晶体管的高输入阻抗的运算放大器。

3.4.3 电压比较器

电压比较器是用来比较输入电压相对大小的电路，通常至少有两个输入端和一个输出端。其中一个输入端接参考电平（或基准电压），另一个接被比较的输入信号。输出端的状态只有两种（高电平或低电平），且取决于输入信号与参考电压之间的大小关系。当输入信号略高于或低于参考电压时，输出电压将发生跃变，但输出信号只有两种可能的状态，不是高电平，就是低电平。可见，比较器输入的是模拟信号，输出的则是属于数字性质的信号，它是模拟电路与数字电路之间的接口电路。电压比较器广泛应用于数字仪表、A/D 转换、自动检测、自动控制和波形变换等各个方面。目前，国内外均有专用的集成电压比较器产品，但也可以用通用型运算放大器组成的比较器。对电压比较器的基本要求是：动作迅速，反应灵敏，判断准确，同时抗干扰能力强，另外应有必要的保护措施。

通用型运算放大器组成的比较器与专用集成电压比较器原理相同，但后者性能较优，前者便于理解。下面以前者为例讨论各种比较器的原理及特性。

1. 单限比较电路

凡是只有一个基准电压的比较电路，称为单限比较电路。

（1）零电平比较电路

最简单的零电平比较电路如图 3-21a 所示，图中同相端接地，即基准电压为零。由图可知，当 $u_i < 0$ 时，$U_o = +U_{om}$；当 $u_i > 0$ 时，$U_o = -U_{om}$，图 3-21b 为输出与输入之间的传输特性曲线。当电路的输入信号为正弦波时，每当正弦波过零一次，输出电压就产生一次跃变。可见，利用零电平比较电路，可将正弦波变换成同频率的正负极性的矩形波，如

图3-21c所示。

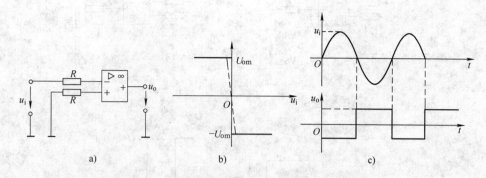

图 3-21　零电平比较电路和传输特性曲线
a）电路　b）传输特性曲线　c）波形图

（2）非零电平比较电路

非零电平比较电路是将输入信号 u_i 与某一非零的参考电压 u_R 进行比较，如图 3-22 所示。图中反相和同相输入比较电路的传输特性读者可自行画出。下面分析图 3-22c 所示的电路和传输特性，因为集成运算放大器的同相端电压为零，因此，只要反相端电压 U_- 也为零，输出电压 U_o 则发生跃变。利用叠加原理可得

$$U_- = \frac{R_1}{R_1 + R_2}u_i + \frac{R_2}{R_1 + R_2}u_R = U_+ = 0$$

则输出电压发生状态转换时的输入电压可由上式求出

$$u_i = -\frac{R_2}{R_1}u_R = U_T \tag{3-26}$$

式中，U_T 称为输出状态发生转变时的临界电压或门限电压。当 $u_i > U_T$ 时，$U_- > 0$，则 $U_o = -(U_Z + U_D)$；当 $U_i < U_T$ 时，$U_- < 0$，则 $U_o = +(U_Z + U_D)$。当 $u_R > 0$ 时的电压传输特性曲线如图 3-22d 所示，U_Z 和 U_D 分别为稳压管的稳压值和正向压降。

由式（3-26）可知，只要改变 R_1 和 R_2 的比值，以及改变给定电压 u_R 的大小和极性，就可改变临界电压 U_T 的大小和极性，传输特性曲线的位置也随之发生变化，但幅值不变。

2. 迟滞比较电路

迟滞比较电路又称为施密特触发器，它是将集成运算放大器的输出电压通过反馈支路加到同相输入端，形成正反馈，如图 3-23a 所示。图中 u_i 为输入信号，u_R 为参考电压。这种电路不仅可以加速输出电压高低电平之间的转换效率，而且因滞回特性，提高了抗干扰能力。

设集成运算放大器输出为高电平，即 $u_o = U_{o+}$，用叠加定理可求得此时同相输入端的电位为

$$U'_+ = \frac{R_f}{R_2 + R_f}U_R + \frac{R_2}{R_2 + R_f}U_{o+} \tag{3-27}$$

因为 $U_+ \approx U_- \approx u_i$，当 u_i 增加到稍大于 U_+ 时，电路的输出状态发生转换，即 u_o 由 U_{o+} 转换到 U_{o-}。同理，可求得电路输出状态转换后的同相输入端的电位为

$$U''_+ = \frac{R_f}{R_2 + R_f}U_R + \frac{R_2}{R_2 + R_f}U_{o-} \tag{3-28}$$

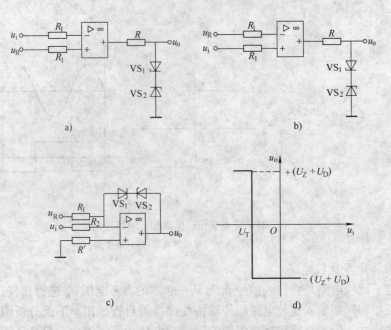

图 3-22　非零电平比较电路和传输特性曲线

a）反相输入　b）同相输入　c）求和型反相输入　d）求和型传输特性

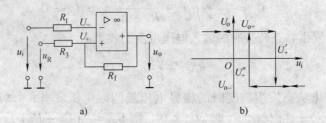

图 3-23　迟滞比较电路和传输特性曲线

a）电路结构　b）传输特性

当 u_i 减小到稍小于 U''_+ 时，电路的输出状态又发生转换，由 U_{o-} 再转换为 U_{o+}。电路的输入/输出的传输特性，如图 3-23b 所示。由于 $U'_+ > U''_+$，使电路的输入/输出具有滞回特性，故这种电路称为迟滞比较电路。U'_+ 称为上门限电平，U''_+ 称为下门限电平，两者之差称为回差电压或门限宽度，即

$$\Delta U_+ = U'_+ - U''_+ = \frac{R_2}{R_2 + R_f}(U_{o+} - U_{o-}) \tag{3-29}$$

由以上论述得出几点结论：

1）当 u_R 改变时，只改变上下门限电平 U'_+ 和 U''_+，而不改变回差电压 ΔU_+。

2）当正反馈系数 $R_2/(R_2 + R_f)$ 改变时，U'_+、U''_+、ΔU_+ 三个参数均发生变化。

3）当需要同时调节 U'_+、U''_+、ΔU_+ 三个参数时，可先改变正反馈系数，得到所需要的 ΔU_+，然后再调节 u_R，使之满足所要求的 U'_+、U''_+。

3.5　信号发生电路

3.5.1　矩形波发生器

矩形波信号常用来作为数字电路的信号源或模拟电子开关的控制信号，它也是其他非正弦波发生电路的信号基础。能产生矩形波信号的电路称为矩形波发生器。因为矩形波中含有丰富的谐波成分，所以矩形波发生器也称为多谐波振荡器。

由运算放大器组成的多谐波振荡器如图 3-24 所示。其中，运算放大器与 R_1、R_2、R_3、VD_Z 组成了双向限幅的迟滞电压比较器，其基准电压是 U_+，与输出有关。

当输出为 $+U_Z$ 时，有

$$U_+ = U_Z \frac{R_2}{R_1 + R_2} = U_{+H}$$

当输出为 $-U_Z$ 时，有

$$U_+ = -U_Z \frac{R_2}{R_1 + R_2} = U_{+L}$$

R_f、C 组成电容冲、放电电路，u_C 作为比较器的输入信号 u_-。

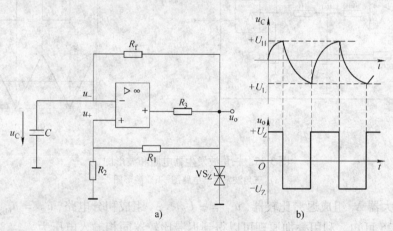

图 3-24　矩形波发生器电路和波形

a）矩形波发生器电路　b）波形图

在电路接通电源瞬间，电容电压 $u_C = 0$，运算放大器的输出处于正饱和还是负饱和是随机的。设此时输出处于正饱和，则 $u_C = +U_Z$。比较器的基准电压为 U_{+H}。u_o 通过 R_f 给 C 充电，u_C 按指数规律逐渐上升，u_C 上升的速度取决于时间常数 R_fC。当 $u_C < U_{+H}$ 时，$u_o < U_Z$ 不变，当 u_C 上升到略大于 U_{+H} 时，运算放大器由正饱和迅速转换为负饱和，输出电压跃变为 $-U_Z$。

当 $u_o = -U_Z$ 时，比较器的基准电压为 U_{+L}。此时 C 经 R_f 放电，u_C 逐渐下降至 0，进而反向充电，u_C 按指数规律下降，u_C 变化的速度仍取决于时间常数 R_fC。当 u_C 下降到略小于 U_{+L} 时，运算放大器由负饱和迅速转换为正饱和，输出电压跃变为 $+U_Z$。

如此不断重复，形成振荡，使输出端产生矩形波。u_C 与 u_o 的波形如图 3-24b 所示。可

以推出，输出矩形波的周期为

$$T = 2R_f C \ln\left(1 + \frac{2R_1}{R_2}\right) \tag{3-30}$$

则输出频率为

$$f = \frac{1}{T} = \frac{1}{2R_f C \ln\left(1 + \frac{2R_1}{R_2}\right)} \tag{3-31}$$

显然，改变 R_f 或 C 的数值，可改变输出波形的频率。

3.5.2　三角波发生器

若将方波发生器电路的输出作为积分运算电路的输入，则积分运算电路的输出就是三角波。三角波发生器的电路如图 3-25a 所示。在图 3-25 中，RC 和 A_2 组成的积分运算电路一方面进行波形变换，另一方面取代矩形波发生器的 RC 回路。

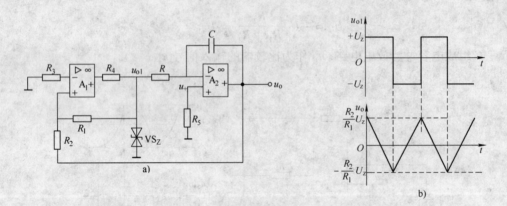

图 3-25　三角波发生器电路和波形图

a）三角波发生器电路图　　b）波形图

运算放大器 A_1 组成迟滞比较器，$u_{o1} = \pm U_Z$；A_2 组成积分电路，$u_{i2} = u_{o1}$。

由图 3-25 可知，利用叠加原理可以得到迟滞比较器同相输入电压为

$$u_{+1} = \frac{R_2}{R_1 + R_2} u_{o1} + \frac{R_1}{R_1 + R_2} u_o$$

反相输入电压（基准电压）$u_{-1} = 0$。当 $u_{+1} > 0$ 时，$u_{o1} = + U_Z$，u_o 线性下降。此时

$$u_{+1} = \frac{R_2}{R_1 + R_2}(+ U_Z) + \frac{R_1}{R_1 + R_2} u_o$$

当 u_o 下降到使 $u_{+1} = 0$ 时，有

$$u_o = -\frac{R_2}{R_1} U_Z$$

u_{o1} 从 $+ U_Z$ 翻转为 $- U_Z$，u_o 线性上升。此时

$$u_{+1} = \frac{R_2}{R_1 + R_2}(- U_Z) + \frac{R_1}{R_1 + R_2} u_o$$

同理，当 u_o 上升到使 $u_{+1} = 0$ 时，则

$$u_o = \frac{R_2}{R_1}U_Z$$

u_{o1} 从 $-U_Z$ 翻转为 $+U_Z$，u_o 线性下降。

如此周期性变化，A_1 输出的是矩形波电压 u_{o1}，A_2 输出的是三角波电压 u_o。工作波形如图 3-25b 所示。可以推出三角波的周期和频率取决于电路的参数，即

$$T = \frac{4R_1RC}{R_2} \tag{3-32}$$

$$f = \frac{R_2}{4R_1RC} \tag{3-33}$$

因此，图 3-25 所示的电路也称为矩形波-三角波发生器。

3.5.3 锯齿波发生器

将图 3-25 所示的三角波发生器的积分电路做一下改动，如图 3-26 所示。使正、负向积分时间常数大小不同，故积分速率明显不等，这样所产生的输出波形就不再是三角波而是锯齿波，如图 3-27 所示。

当 u_{o1} 为 $+U_Z$ 时，二极管 VD_1 导通，积分时间常数为 $R'C$；u_{o1} 为 $-U_Z$ 时，二极管 VD_2 导通，积分时间常数为 RC。可见，正、负积分速率不一样，所以输出电压 u_o 为锯齿波。

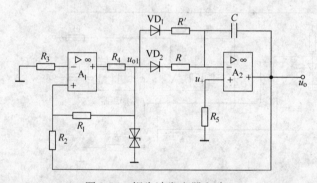

图 3-26 锯齿波发生器电路

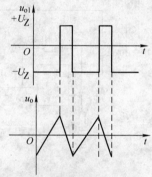

图 3-27 锯齿波发生器波形图

3.6 运算放大器应用举例

集成运算放大器的应用领域非常广泛。一个由运算放大器构成的温度监测控制电路如图 3-28 所示。电路由温度传感器、跟随器、加法电路、迟滞比较器、反相器、光耦合器、继电器和加热器组成。各部分工作原理如下：

温度传感器由具有负温度系数（温度升高，阻值减小）的热敏电阻 R_T（置于温度监控处）、固定电阻 R_1 和电源 $-U_{CC}$ 组成。其中，R_T 是 MF57 型热敏电阻，当温度从 0℃升至 100℃时，R_T 的阻值从 7355Ω 变化至 153Ω，相应的电压 U_T 从 $-0.9V$ 变至 $-11.54V$，将温度的变化转换成电压的变化。

集成运算放大器 A_1 和电阻 R_2、R_3 构成跟随器，起隔离作用，避免后级对 U_T 的影响。

显然，$U_{o1} = U_T$。

在实际测量控制中，通常要对输出电压进行变换和定标，使被测温度和输出电压相对应。因此，接入由集成运算放大器 A_2，电阻 $R_4 \sim R_6$ 和电位器 R_{RP1}、R_{RP2} 构成的反相加法运算电路。当温度为下限值时，$U_{o1} = U_{OLL} \neq 0$，若要求此时的 $U_{o2} = U_{o2L}$，则应使 R_{RP2}、R_6 支路的电流为零，因此可得

$$\frac{U_{OLL}}{R_4} + \frac{U_{CC}}{R_{RP1}} = 0$$

即　　$R_{RP1} = -\dfrac{U_{CC}}{U_{OLL}}R_4$　　　　　　　　　　　　　　　　(3-34)

式（3-34）确定了 R_{RP1} 和 R_4 的大小关系。

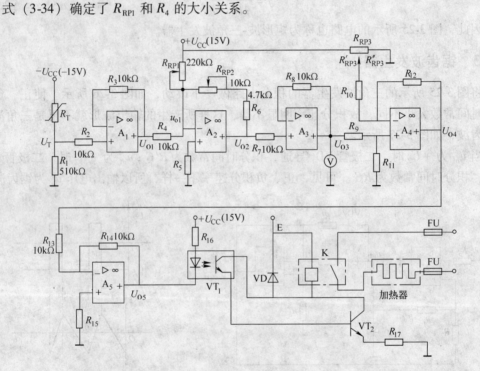

图 3-28　温度监测控制电路

当被测温度下限值为 0℃时，$U_{OLL} = -0.97V$，则 R_{RP1} 调至 154.6Ω 即可。当被测温度范围为上限时，$U_{o1} = U_{o1H}$，若要求此时的 $U_{o2} = U_{o2H}$，即输入变化量 $\Delta U_{o1} = U_{o1H} - U_{o1L}$，输出电压变化量 $\Delta U_{o2} = U_{o2H} - U_{o2L} = U_{o2H}$，因此，要求电路的电压放大倍数为

$$A_f = \frac{\Delta U_{o2}}{\Delta U_{o1}} = \frac{U_{o2H}}{U_{o1H} - U_{o1L}} = -\frac{R_6 + R_{RP2}}{R_4}$$

上式表明，可根据被测温度范围所对应的传感器输出电压变化量和定标电压确定反馈支路电阻（$R_6 + R_{RP2}$）与 R_4 阻值的关系。图中被测温度的上限值是 100℃，$U_{o1H} = -11.54V$，要求此时 $U_{o2H} = -10V$，则（$R_6 + R_{RP2}$）$\approx 9.64k\Omega$。

集成运算放大器 A_3 和 R_7、R_8 构成跟随器，起隔离作用。显然 $U_{o3} = U_{o2}$，其电压表的读数按温度标定后即可直接指示被测温度。

集成运算放大器 A_4 和 R_{10}、R_{12} 等构成迟滞比较器，A_4 的反相输入端的电压为

$$U_{-4} = \frac{R_{11}}{R_9 + R_{11}} U_{o3}$$

设 $R_{RP} = R'_{RP3} /\!/ R''_{RP3}$，则同相输入端电压为

$$U_{+4} = \frac{R_{12}}{R_{10} + R_{12}} U_R + \frac{R_{10} + R_{RP}}{R_{10} + R_{RP} + R_{12}} U_{o4}$$

U_{-4} 与 U_{+4} 比较后决定集成运算放大器 A_4 的输出电平。图 3-28 中，U_R 可以通过电位器 R_{PR3} 来调节，从而调节 U_{+4}，达到调节温度控制范围的目的。$R_9 \sim R_{12}$ 的阻值由控温要求确定。

集成运算放大器 A_5 构成反相器。VT_1 为光电耦合管，起耦合和隔离作用。当发光二极管导通发光时，光电晶体管导通。VT_2 为功率管，光电晶体管导通时，VT_2 随之导通。K 为继电器，当继电器线圈通电时，动断触点闭合。VD 为续流二极管，其作用是，VT_2 当由导通变截止时，为继电器 K 的线圈提供续流回路，防止线圈产生很高的感应电压损坏器件。

综合上述各部分的功能，可概括整个电路的工作原理。如被监控点的温度较低时，R_T 阻值较大，U_T、U_{o1} 的绝对值较小，U_{o2}、U_{o3} 亦较小，使 $U_{-4} < U_{+4}$，A_4 输出正饱和电压，经 A_5 反相，输出 U_{o5} 为低电平，使 VT_1 和 VT_2 饱和导通，继电器线圈通电，触点闭合，加热器通电加热，使被监控点的温度上升。随着温度的上升，R_T 减小，U_T、U_{o1} 的绝对值增大，U_{o2}、U_{o3} 也增大。当温度上升至上限时（由 U_{+4H} 设定），使 $U_{-4} > U_{+4H}$，A_4 输出负饱和，经 A_5 反相，输出 U_{o5} 为高电平，使 VT_1 和 VT_2 截止，继电器线圈断电，触点断开，加热器停止加热，温度下降。随着温度的下降，U_{o2}、U_{o3}、U_{-4} 下降。当温度下降至下限值时，$U_{-4} < U_{+4L}$，A_4 输出正饱和，重新加热。

因此，该电路能直接检测温度，并能将监测点的温度自动控制在一定的范围内。

本 章 小 结

差动放大电路有效地解决了直接耦合零点漂移问题，因而得到了广泛应用。差动放大电路放大差模信号，抑制共模信号，差动放大电路的差模电压放大倍数 A_d 与共模电压放大倍数 A_c 之比称为共模抑制比，用 K_{CMRR} 表示。K_{CMRR} 越大，抑制共模信号的能力越强。

集成运算放大器是用集成工艺制成的、具有高放大倍数的直接耦合多级放大电路。它一般由输入级、中间级、输出级和偏置电路四部分组成。集成运算放大器电路工作在线性状态时，可利用"虚短"和"虚断"来分析计算电路。本章介绍的集成运算放大器的应用，以信号运算和信号处理为主要内容，波形产生方面的应用作为拓展内容。

思考题与习题

3-1 什么是运算放大器，主要具有什么特点？

3-2 如何减小直接耦合放大器的零点漂移？

3-3 什么是虚短？什么是虚断？什么是虚地？

3-4 已知 CF741 型运算放大器的电源电压为 ±15V，开环电压放大倍数为 2×10^5，最大输出电压为 ±14V，求下列三种情况下运算放大器的输出电压：

(1) $u_+ = 15\mu V$，$u_- = 5\mu V$；

（2）$u_+ = -10\mu V$，$u_- = 20\mu V$；

（3）$u_+ = 0$，$u_- = 2mV$。

3-5　求图 3-29 所示电路中的 u_{o1}、u_{o2} 和 u_o。

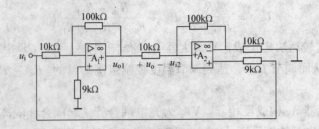

图 3-29　题 3-5 图

3-6　试证明图 3-30 所示电路的输出电压 $u_o = \left(1 + \dfrac{R_1}{R_2}\right)(u_{i2} - u_{i1})$。

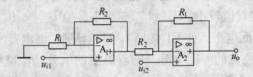

图 3-30　题 3-6 图

3-7　求图 3-31 所示运算电路的输入/输出关系。

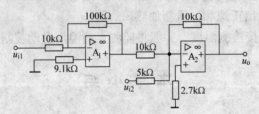

图 3-31　题 3-7 图

3-8　求图 3-32 所示电路输出电压与输入电压的关系式。

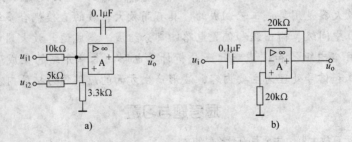

图 3-32　题 3-8 图

Multisim 例题及习题

1. Multisim 例题

【**Mult 3-1**】　利用 Multisim 研究图 3-33 所示的反向求和电路。其中电源电压 $R_1 = R_f = 100k\Omega$，

$R_2 = 200\text{k}\Omega$，$R_3 = 51\text{k}\Omega$。当 u_{i1} 为矩形波（幅度为 5V，频率为 25Hz），u_{i2} 为正弦波（幅度为 1V，频率 100Hz）时，用虚拟示波器观察 u_o 的波形。

解： 在 Multisim10 中构建电路如图 3-33 所示。

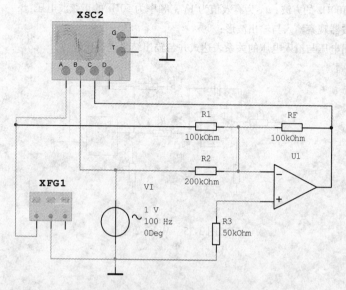

图 3-33　Multisim 例题仿真电路图

利用虚拟的四踪示波器可同时观察到 u_{i1}、u_{i2} 和 u_o 的波形如图 3-34 所示。当 u_{i1} 为幅度为 5V 矩形波，u_{i2} 为幅度为 1V 正弦波时，输出 u_o 为 u_{i1} 和 u_{i2} 的反向求和。

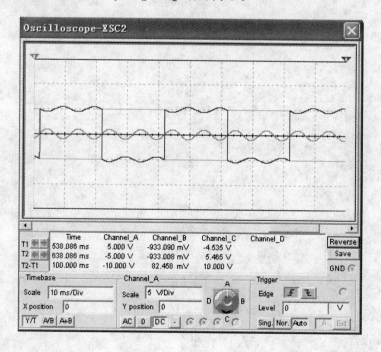

图 3-34　例 Mult3-1 波形图

2. Multisim 习题

【**Mult 3-1**】　用 Multisim 构建图 3-14a 所示的基本积分电路，令 $R_1 = R' = 10\text{k}\Omega$，$C = 0.1\mu\text{F}$，输入

有效值为 1V，频率为 50Hz 的正弦波电压，观察 u_o 与 u_i 波形的相位关系，用虚拟仪表测量输出正弦波电压的有效值，并与估算结果进行比较。

【**Mult3-2**】　在图 3-35 电路中，若 $R_1 = R_4 = 100\text{k}\Omega$，$R_2 = R_3 = 20\text{k}\Omega$，$C_f = 1\ \mu\text{F}$，输入 u_{i1} 为幅值为 1.5V，频率为 100Hz 的方波；u_{i2} 为有效值为 1V，频率为 50Hz 的正弦波电压：

（1）试用示波器观察输入与输出波形；

（2）计算输出电压与输入电压的关系表达式并与输出结果进行比较。

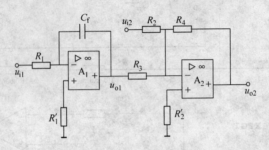

图 3-35　Mult3-2 图

第 4 章　正弦波振荡电路

电子电路除了能对信号进行放大处理外，还有一个重要功能就是产生信号，这类电子电路称为振荡器。本章主要介绍正弦波振荡电路的种类、组成和工作原理。首先讨论产生正弦波振荡的相位平衡条件和振幅平衡条件、RC 串并联式正弦波振荡电路的起振条件和振荡频率；其次根据相位平衡条件，判断变压器耦合、电感三点式和电容三点式正弦波振荡电路的起振条件。

4.1　自激振荡

一个放大电路，输入端不需要外界输入信号，就能输出一定频率和幅值的信号，这种现象称为放大电路的自激振荡。在信号放大电路中，应该消除自激振荡现象。但在振荡电路中，自激振荡又是不可缺少的工作条件。

具有反馈的闭环放大电路框图如图 4-1 所示。图中 $\dot{A}$ 是基本放大电路，$\dot{F}$ 是反馈电路，$\dot{X}_{id}$ 为放大电路的净输入信号。反馈信号为 $\dot{X}_f$，外加输入信号（设为正弦波信号）$\dot{X}_i$，输出信号为 $\dot{X}_o$。

如果通过正反馈引入的反馈信号 $\dot{X}_f$ 与外加输入信号 $\dot{X}_{id}$ 的幅度和相位相同，即 $\dot{X}_f = \dot{X}_{id}$，那么，可以用反馈信号代替外加输入信号。这时即使去掉输入信号 $\dot{X}_i$，电路仍能维持稳定输出，成为不需要有输入信号就能产生输出信号的振荡电路。

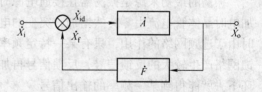

图 4-1　正弦波振荡电路原理框图

1. 平衡条件

由图 4-1 可写出如下关系式

$$\dot{X}_o = \dot{A}\dot{X}_{id} \tag{4-1}$$

$$\dot{X}_f = \dot{F}\dot{X} \tag{4-2}$$

当 $\dot{X}_f = \dot{X}_{id}$ 时

$$\dot{X}_o = \dot{A}\dot{X}_{id} = \dot{A}\dot{X}_f = \dot{A}\dot{F}\dot{X}_o$$

即

$$\dot{A}\dot{F} = 1 \tag{4-3}$$

设 $\dot{A} = A\angle\varphi_a$，$\dot{F} = F\angle\varphi_f$，则

$$\dot{A}\dot{F} = AF\angle(\varphi_a + \varphi_f) = 1$$

$$AF = 1 \qquad\qquad\qquad (4\text{-}4)$$

$$\varphi_a + \varphi_f = 2n\pi \qquad n = 0,1,2,\cdots \qquad (4\text{-}5)$$

式（4-4）和式（4-5）是产生自激振荡的幅值条件和相位条件。

（1）幅值条件（$AF = 1$）

幅值条件约束了放大器电压放大倍数 A 与反馈系数 F 之间的数值关系。为使电路满足自激振荡条件，反馈电路必须有足够的反馈量，以满足 $\dot{X}_f = \dot{X}_{id}$ 的数量关系。为使电路容易产生自激振荡，一般取 $|\dot{A}\dot{F}| > 1$。

（2）相位条件（$\varphi_a + \varphi_f = 2n\pi$）

相位条件约束了反馈信号 $\dot{X}_f$ 与净输入信号 $\dot{X}_{id}$ 之间的相位关系，即两者必须同相位，或必须是正反馈。

以上就是振荡电路工作的两个基本条件。为了获得某一指定频率 f_0 的正弦波，可在放大电路或反馈电路中，加入具有选频特性的网络，使只有某一选定频率 f_0 的信号满足振荡条件，而其他频率的信号则不满足振荡条件。

2. 起振条件

平衡条件是对正弦波已经产生且电路已经进入稳态而言的。但在实际应用中不可能有如图 4-1 所示的外加输入信号 $\dot{X}_i$，应当是振荡器加电即产生输出。

振荡的最初来源是振荡器在接通电源时，不可避免地存在电冲击和各种热噪声，如在加电时晶体管电流由零突然增加，突变的电流包含很宽的频谱分量。在它们通过放大电路时由于选频网络的作用，只有某一特定频率的信号能够产生较大的输出，该输出再通过反馈网络产生较大的反馈信号，反馈信号再加到放大器的输入端，进行放大、反馈，不断循环下去就得到某一频率的输出信号。

在振荡开始时由于激励信号较弱，输出信号幅度较小，经过不断放大、反馈循环，输出幅度逐渐增大，最终才能产生稳定的输出。为了使振荡过程中输出幅度不断增大，应使反馈回来的信号比输入到放大器的信号大，振荡开始时应为增幅振荡，即起振的幅值条件为

$$|\dot{A}\dot{F}| > 1 \qquad\qquad\qquad (4\text{-}6)$$

当然还必须满足相位条件 $\varphi_a + \varphi_f = 2n\pi(n = 0,1,2,3,\cdots)$。

如果正弦波振荡电路满足起振条件，那么在接通电源后，它的输出信号将随时间逐渐增大。当它的幅度增大到一定程度后，晶体管就会进入截止区或饱和区，电路的放大倍数 $\dot{A}$ 会自动逐渐减小，从而限制了振荡幅度的无限增大，最后当 $|\dot{A}\dot{F}| = 1$ 时，电路就有稳定的信号输出。从电路的起振到形成稳幅振荡所需的时间是极短的（大约经历几个振荡周期的时间）。

3. 基本电路组成

根据振荡电路对起振、稳幅和振荡频率的要求，振荡器由以下几部分组成：

（1）放大电路

放大电路具有一定的电压放大倍数，其作用是对选择出来的某一频率的信号进行放大。根据电路需要可采用单级放大电路或多级放大电路。此外，放大电路还可以将电源的直流能量转换成振荡信号的交流能量。

（2）反馈网络

反馈网络是反馈信号所经过的电路，其作用是将输出信号反馈到输入端，引入自激振荡所需的正反馈，一般反馈网络由线性元件 R、L 和 C 按需要组成。

（3）选频网络

选频网络具有选频的功能，其作用是选出指定频率的信号，以便使正弦波振荡电路实现单一频率振荡。选频网络分为 RC 选频网络和 LC 选频网络。选频网络可以在放大电路中，也可以在反馈网络中。

（4）稳幅环节

稳幅环节具有稳定输出信号幅值的作用，以便使电路达到等幅振荡，因此稳幅环节是正弦波振荡电路的重要组成部分。

4. 分类

正弦波振荡电路按组成选频网络的元件类型不同，可分为 RC 正弦波振荡电路、LC 正弦波振荡电路和石英晶体正弦波振荡电路。

4.2　RC 振荡电路

常用的 RC 正弦波振荡电路是 RC 串并联式正弦波振荡电路，又称文氏桥正弦波振荡器。它的主要特点是采用 RC 串并联网络实现选频和反馈。所以我们必须先了解 RC 串并联网络的特性，然后再分析 RC 正弦波振荡电路的原理。

1. RC 串并联网络的选频特性

RC 串并联电路如图 4-2 所示，由图可知

$$\frac{\dot{U}_2}{\dot{U}_1} = \frac{R_2 // \dfrac{1}{j\omega C_2}}{\left(R_1 + \dfrac{1}{j\omega C_1}\right) + \left(R_2 // \dfrac{1}{j\omega C_2}\right)}$$

化简可得

$$\frac{\dot{U}_2}{\dot{U}_1} = \frac{1}{\left(1 + \dfrac{R_1}{R_2} + \dfrac{C_2}{C_1}\right) + j\left(\omega R_1 C_2 - \dfrac{1}{\omega R_2 C_1}\right)} \tag{4-7}$$

可见，当式（4-7）分母中虚部系数为零时，即 $\omega R_1 C_2 = \dfrac{1}{\omega R_2 C_1}$，$RC$ 串并联网络的相移为零，满足这个条件的频率 f_0 可由下式求出

$$2\pi f_0 R_1 C_2 = \frac{1}{2\pi f_0 R_2 C_1}$$

故

$$f_0 = \frac{1}{2\pi \sqrt{R_1 R_2 C_1 C_2}} \tag{4-8}$$

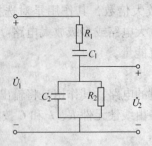

图 4-2　RC 串并联电路

为了简便起见，通常取 $R_1 = R_2 = R$，$C_1 = C_2 = C$，则

$$f_0 = \frac{1}{2\pi RC} \tag{4-9}$$

将式（4-9）和 $R_1 = R_2 = R$，$C_1 = C_2 = C$ 代入式（4-7）中可得

$$\frac{\dot{U}_2}{\dot{U}_1} = \frac{1}{3 + \mathrm{j}\left(\dfrac{f}{f_0} - \dfrac{f_0}{f}\right)} \tag{4-10}$$

式（4-10）的幅频特性和相频特性可分别用下面两式表示

$$\left|\frac{\dot{U}_2}{\dot{U}_1}\right| = \frac{1}{\sqrt{3^2 + \left(\dfrac{f}{f_0} - \dfrac{f_0}{f}\right)^2}} \tag{4-11}$$

$$\varphi = -\arctan\frac{1}{3}\left(\frac{f}{f_0} - \frac{f_0}{f}\right) \tag{4-12}$$

由式（4-11）和式（4-12）可知，当 $f = f_0$ 时幅频特性出现峰值，即

$$\left|\frac{\dot{U}_2}{\dot{U}_1}\right|_{\max} = \frac{1}{3} \tag{4-13}$$

且相移为零。RC 串并联网络的幅频特性和相频特性如图 4-3 所示。

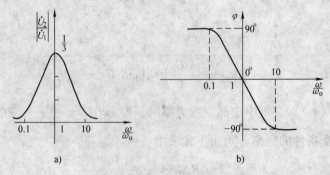

图 4-3　RC 串并联电路的频率

a) 幅频响应　b) 相频响应

2. 电路的构成

根据前面分析，正弦波振荡电路必须具有放大电路和反馈网络（包括选频网络）。现

在反馈网络的频率特性已知，就可根据振荡条件确定对放大器的要求。由于在 $f = f_0$ 时，RC 串并联网络中，$|\dot{F}| = \frac{1}{3}$，$\varphi_\mathrm{f} = 0°$，所以为满足平衡条件，放大电路的输出与输入之间的相位关系必须是同相的，且放大倍数不能小于 3，即可用放大倍数为 3（起振时应大于 3）的同相比例电路作为放大电路，电路原理图如图 4-4 所示。

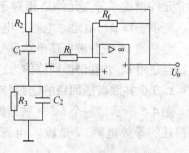

图 4-4 RC 串并联式正弦波振荡电路

3. 振荡的建立和稳定

当电路接通电源后，由于电路中存在电冲击和各种热噪声，它们的频谱分布很广，其中也包括有 $f = f_0 = \dfrac{1}{2\pi RC}$ 这样一个频率的分量。这种微弱的信号经过选频放大，输出幅度越来越大，最后受电路中非线性元件的限制，振荡幅度自动稳定下来。开始时为能够起振，须使 $\dot{A}_u = 1 + R_\mathrm{f}/R_1$ 略大于 3，即 R_f 略大于 $2R_1$，达到稳定平衡状态时，$\dot{A}_u = 3$，$\dot{F}_u = 1/3$（$f = f_0 = \dfrac{1}{2\pi RC}$）。

4. 振荡频率

我们已知电路的振荡频率是由相位平衡条件决定的。RC 串并联式正弦波振荡电路中，放大电路的相移 $\varphi_\mathrm{a} = 0°$，所以只有当 $f = f_0 = \dfrac{1}{2\pi RC}$ 时，$\varphi_\mathrm{f} = 0°$，才满足相位平衡条件，即振荡电路的振荡频率为 $f = f_0 = \dfrac{1}{2\pi RC}$。

5. 稳幅措施

为进一步改善信号幅度的稳定问题，可以在放大电路的负反馈回路中采用非线性元件来自动调整反馈的强弱，以维持输出信号的恒定。例如，在图 4-4 所示的电路中，R_f 可用一温度系数为负的热敏电阻代替，当输出电压增加时，通过负反馈回路的电流也随之增加，结果使热敏电阻的阻值减小，负反馈加强，放大电路的增益下降，从而使输出电压下降；反之，当输出电压下降时，由于热敏电阻的自动调整作用，将使输出电压回升，因此可以维持输出电压基本恒定。同理，也可选择正温度系数的热敏电阻作为 R_1 实现稳幅。

除 RC 串并联式正弦波振荡电路外，还有移相式和双 T 网络式等 RC 正弦波振荡电路。只要 RC 选频网络和放大电路的相频特性满足相位平衡条件，且在此条件下放大电路有足够的增益来满足幅值平衡条件，并有适当的稳幅措施，就能产生正弦波振荡信号。

4.3 LC 振荡电路

LC 振荡电路主要用来产生高频正弦信号，频率一般在 1MHz 以上。LC 和 RC 振荡电路产生正弦振荡的原理基本相同，它们在电路组成方面的主要区别是 RC 振荡电路的选频网络由电阻和电容组成，而 LC 振荡电路的选频网络则由电感和电容组成，且因普通集成运算放大器的频带较窄，而高速集成运算放大器又比较贵，所以 LC 正弦波振荡电路一般用分立元件组成。分立元件是相对于集成电路而言的，是指二极管、晶体管、场效应晶体管、光耦、LED、电阻、电容、电感等元件。

常见的 LC 正弦波振荡电路有变压器反馈式、电感三点式和电容三点式三种，它们的共同特点是用 LC 并联谐振回路作为选频网络。下面先来讨论 LC 并联谐振回路的一些特性。

1. LC 并联谐振回路的选频特性

图 4-5 所示是一个 LC 并联谐振回路，其中 R 表示电路中点损耗的等效电阻，I 是输入电流。并联谐振回路的并联阻抗为

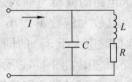

$$Z = \frac{(R + j\omega L)\dfrac{1}{j\omega C}}{R + j\omega L + \dfrac{1}{j\omega C}} \tag{4-14}$$

图 4-5　LC 并联谐振回路

当感抗和容抗相等时，电路发生并联谐振，设并联谐振频率为 ω_0，令 Z 的虚部为零，求解方程可得

$$\omega_0 = \frac{1}{\sqrt{LC}}\sqrt{1 - \frac{1}{Q^2}} \tag{4-15}$$

式中，Q 为回路的品质因数，有

$$Q = \frac{\omega_0 L}{R} = \frac{1}{\omega_0 C R} \tag{4-16}$$

当 $Q \gg 1$ 时，$\omega_0 = \dfrac{1}{\sqrt{LC}}$。回路在谐振时的阻抗最大，此时阻抗为一个电阻 R_0，且

$$R_0 = \frac{L}{CR} = Q\omega_0 L = \frac{Q}{\omega_0 C} \tag{4-17}$$

在 Q 值较大的条件下，并联谐振回路在谐振频率附近的阻抗为

$$Z = \frac{\dfrac{L}{CR}}{1 + jQ\left(\dfrac{\omega}{\omega_0} - \dfrac{\omega_0}{\omega}\right)} \approx \frac{R_0}{1 + jQ\dfrac{2\Delta\omega}{\omega_0}} \tag{4-18}$$

式中，$\Delta\omega = \omega - \omega_0$。

对应的阻抗模值和相角分别为

$$|Z| = \frac{R_0}{\sqrt{1 + \left(Q\dfrac{2\Delta\omega}{\omega_0}\right)^2}} \tag{4-19}$$

$$\varphi = -\arctan\left(2Q\frac{\Delta\omega}{\omega_0}\right) \tag{4-20}$$

图 4-6 给出了 LC 并联谐振回路的频率响应曲线，从图中可以得出如下结论：

1）谐振（即 $\omega = \omega_0$）时，LC 并联谐振回路的阻抗呈纯阻性，输出电压与输入电流同相；当信号频率低于谐振频率（即 $\omega < \omega_0$）时，感抗小于容抗，整个回路呈感性阻抗；当信号频率高于谐振频率（即 $\omega > \omega_0$）时，整个回路呈容性阻抗。

2）由于回路并联谐振电阻 R_0 为 $\omega_0 L$［或 $1/(\omega_0 C)$］的 Q 倍，并联电路各支路电流大

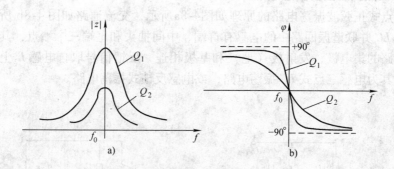

图 4-6　LC 并联谐振回路的频率响应曲线（$Q_1 > Q_2$）

a）幅频响应　b）相频响应

小与阻抗成反比，因此电感和电容中的电流为外部电流的 Q 倍，即有

$$I_L = I_C = QI \qquad (4-21)$$

谐振回路外界的影响可忽略。

3）谐振曲线的形状与回路的 Q 值有密切关系，Q 越大，谐振曲线越尖锐，相角变化越快。

2. 变压器反馈式 LC 正弦波振荡电路

变压器反馈式 LC 正弦波振荡电路如图 4-7 所示。图中，LC 并联电路作为单管共射放大电路的集电极负载，起选频作用。由于 LC 并联电路谐振时的输入阻抗呈纯阻性，因此 $f = f_0$ 时它的相移 $\varphi_a = 180°$。反馈是由变压器二次绕组 L_2 来实现的，根据图中标出的变压器的同名端符号"·"可知，变压器二次绕组 L_2 又引入了 $180°$ 的相移，即 $\varphi_f = 180°$。这样，整个闭合环路的总相移为 $\varphi_a + \varphi_f = 180° + 180° = 360°$，满足了相位平衡条件。只要幅值条件也能满足，就能产生正弦波振荡。当 Q 值较高时，振荡频率基本上等于 LC 并联回路的谐振频率，即

$$f_0 \approx \frac{1}{2\pi \sqrt{L'C}} \qquad (4-22)$$

式中，L' 是谐振回路的等效电感，即应考虑其他绕组的影响。

只要晶体管的 β 值较大，变压器的电压比设计恰当，晶体管和变压器一次、二次绕组之间的互感等参数合适，一般都可满足幅值条件，使 LC 正弦波振荡电路能够起振。LC 正弦波振荡电路振幅的稳定是利用放大器的非线性实现的。当振幅大到一定程度时，虽然晶体管的电流波形可能明显失真，但由于集电极负载是 LC 并联谐振回路，具有良好的选频特性，所以输出波形一般不失真。

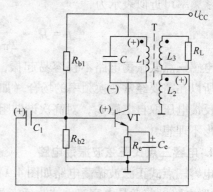

图 4-7　变压器反馈式 LC 正弦波振荡电路

3. 电感三点式正弦波振荡电路

电感三点式正弦波振荡电路的原理如图4-8a所示，交流通路如图 4-8b 所示。由图可知，电路中 LC 并联谐振回路中的电感有首端、中间抽头和尾端三个端点，其交流通路分别与放大电路的集电极、发射极（地）和基极相连，反馈信号取自电感 L_2 上的电压，因此习惯上称其为电感三点式 LC 振荡电路，或电感反馈式振荡电路。

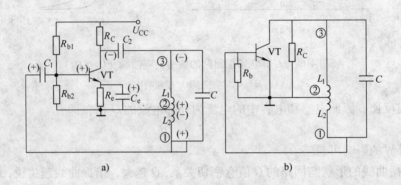

图 4-8　电感三点式正弦波振荡电路
a）电路图　b）交流通路

由前面讨论可知：LC 并联谐振回路谐振时，回路电流远比外电路电流大，①、③两端近似呈现纯电阻特性。因此，当 L_1 和 L_2 的对应端如图 4-8b 所示时，选取中间抽头②为参考电位（交流地电位），则①、③两端的电位极性相反。

下面分析图 4-8 的相位条件。设从放大器基极输入（＋）极性的信号，由于在纯电阻负载的条件下，共射电路具有倒相作用，所以集电极电位的瞬时极性为（－），又因②端交流接地，因此①端的瞬时电位极性为（＋），即反馈信号与输入信号同相，满足相位平衡条件。

对于振幅条件，由于放大器的放大倍数较大，只要适当选取 L_2/L_1 的比值就可实现振幅平衡条件。当加大 L_2（或减小 L_1）的值时，有利于起振。考虑 L_1、L_2 间的互感，电路的振荡频率可近似表示为

$$f = f_0 \approx \frac{1}{2\pi \sqrt{(L_1 + L_2 + 2M)C}} \tag{4-23}$$

电感三点式振荡电路不仅容易起振，而且采用可变电容器能在较宽的范围内调节频率，所以在需要经常变换频率的场合（如收音机、信号发生器等）得到广泛的应用。但是由于反馈电压取自电感 L_2，对高次谐波阻抗较大，因而引起振荡回路输出谐波分量大，输出波形不理想。

4. 电容三点式正弦波振荡电路

电容三点式正弦波振荡电路如图 4-9 所示。它与电感三点式振荡电路的主要区别在于 LC 并联电路，前者是电容三点式，后者是电感三点式，它们都具有 LC 并联电路的基本特性，因此电容三点式 LC 并联电路三个端点之间的相位关系与电感三点式 LC 并联电路三个端点的相位关系一样。同理可以分析图 4-9 所示电路满足相位平衡条件。只要电路参数合

适，也可满足幅值条件。

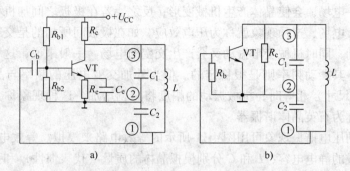

图 4-9　电容三点式正弦波振荡电路
a）电路图　b）交流通路

电容三点式振荡电路的振荡频率基本上等于 LC 并联电路的谐振频率，即

$$f_0 \approx \frac{1}{2\pi\sqrt{LC'}} \tag{4-24}$$

式中，L 和 C' 分别是 LC 并联电路总的等效电感和总的等效电容，即 $C' = \dfrac{C_1 C_2}{C_1 + C_2}$。

由于电容三点式振荡电路的反馈电压取自电容 C_2，反馈电压中谐波分量较小，因此输出波形较好。

4.4　石英晶体正弦波振荡电路

石英晶体振荡器是一种特殊的 LC 振荡电路，它是利用石英晶体谐振器做滤波元件构成的振荡器，其振荡频率由石英晶体谐振器决定。与 LC 谐振回路相比，石英晶体谐振器具有很高的频率稳定性。采用高精度和稳频措施后，石英晶体振荡器可以达到 $10^{-4} \sim 10^{-9}$ 的频率稳定度。

1. 石英晶体的基本特性

石英晶体是一种各向异性的结晶体，化学成分为二氧化硅（SiO_2）。从一块晶体上按一定的方位角切下的薄片称为晶片（可以是正方形、矩形或圆形等），然后在晶片的两个对应表面上涂敷银层并装上一对金属板，就构成石英晶体产品，如图 4-10 所示。

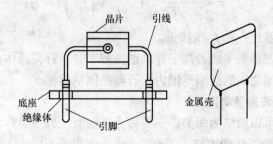

图 4-10　石英晶体谐振器

石英晶片之所以能做振荡电路是由于它的压电效应。由物理学知识可知，若在晶片的两个极板间加一电场，会使晶体产生机械变形；反之，若在极板之间加机械力，又会在相应的方向上产生电场，这种现象就称为压电效应。如在极板间所加的是交变电压，就会产生机械变形振动，同时机械变形振动又会产生交变的电场。一般来说，这种机械振动的振幅是比较小的，其振动频率则是很稳定的。但当外加交变电压的频率与晶片的固有频率（决定于晶片的尺寸）相等时，机械振动的幅度将急剧增加，这种现象称为压电谐振，因此石英晶体又称为石英晶体谐振器。

石英晶体的压电谐振现象可用图 4-11 所示的等效电路来模拟。等效电路中的 C_0 为切片与金属板构成的静电电容，L 和 C 分别模拟晶体的质量（代表惯性）和弹性，而晶片振动时因摩擦而造成的损耗则用电阻 R 来等效。

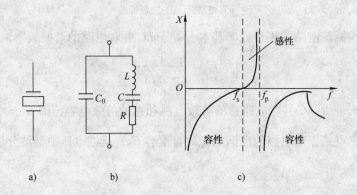

图 4-11　石英晶体的等效电路与电抗特性
a) 图形符号　b) 等效电路　c) 电抗-频率响应特性

由石英晶体的等效电路可知，石英晶体有两个谐振频率，即

1）当 R、L、C 支路发生串联谐振时，其串联谐振频率为

$$f_s = \frac{1}{2\pi\sqrt{LC}} \tag{4-25}$$

由于 C_0 很小，它的容抗比 R 大得多，因此串联谐振的等效阻抗近似为 R，呈纯组性，且其阻值很小。

2）当频率高于 f_s 时，R、L、C 支路呈感性，当与 C_0 发生并联谐振时，其振荡频率为

$$f_p = \frac{1}{2\pi\sqrt{LC}}\sqrt{1 + \frac{C}{C_0}} = f_s\sqrt{1 + \frac{C}{C_0}} \tag{4-26}$$

由于 $C \ll C_0$，因此 f_s 和 f_p 很接近。

当频率低于串联谐振频率或者高于并联谐振频率时，石英晶体都呈容性，仅在串联谐振频率和并联谐振频率之间的极窄范围内，石英晶体呈感性。

2. 石英晶体正弦波振荡电路

石英晶体振荡器可以归结为两类：一类称为并联型，另一类称为串联型。前者的振荡频率接近于 f_p，后者的振荡频率接近于 f_s。

（1）并联型石英晶体正弦波振荡电路

并联型石英晶体正弦波振荡电路如图 4-12 所示。当 f_0 在 $f_s \sim f_p$ 的窄小频率范围内时，石英晶体在电路中起一个电感作用，它与 C_1、C_2 组成电容反馈式振荡电路。

（2）串联型石英晶体正弦波振荡电路

串联型石英晶体正弦波振荡电路如图 4-13 所示。不难看出，当电路中的石英晶体工作于串联谐振频率 f_s 时，晶体呈现的阻抗最小，且为纯电阻性，因此电路的正反馈电压幅度最大，且相移 $\varphi_f = 0°$。VT_1 采用共基极接法，VT_2 为射极输出器，VT_1、VT_2 组成的放大电路的相移 $\varphi_a = 0°$，所以整个电路满足振荡的相位平衡条件。对于偏离 f_s 的信号，晶体的等效阻抗增大，且 $\varphi_f \neq 0°$，不满足振荡的条件。由此可见，这个电路只能在 f_s 这个频率上产生自激振荡。图 4-13 中的电位器用来调节反馈量，使输出的振荡波形失真较小且幅度稳定。

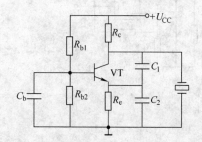

图 4-12　并联型石英晶体正弦波振荡电路

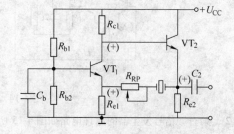

图 4-13　串联型石英晶体正弦波振荡电路

由于石英晶体特性好，而且仅有两根引线，安装简单，调试方便，所以石英晶体在正弦波振荡电路中获得了广泛的应用。

本 章 小 结

1. 正弦波振荡电路是通过正反馈产生自激振荡，它的相位平衡条件为：放大电路的相位与反馈网络的相位之和为 0；幅值平衡条件为放大电路的放大倍数与反馈网络的反馈系数之积为 1。

2. 正弦波振荡电路一般由放大、反馈和选频等部分组成。按构成选频网络的元件不同，正弦波产生电路可分为 RC 和 LC（包括石英晶体）两大类。RC 正弦波振荡电路的振荡频率较低，在常用的 RC 串并联式正弦波振荡电路中，频率满足一定条件的正弦波在电路中振荡，其他不满足条件的正弦波被逐渐衰减。LC 正弦波振荡电路可产生频率很高的正弦波，它的电路一般由分立元件组成。LC 正弦波振荡电路有变压器反馈式、电感三点式和电容三点式三种。它们的振荡频率由谐振回路决定。

3. 当石英晶体振荡器发生串联谐振时，其阻抗呈纯阻性，而在极窄频率范围内呈感性。利用石英晶体可构成串联型和并联型石英晶体正弦波振荡电路。

思考题与习题

4-1　根据振荡的相位条件判断图 4-14 所示电路能否振荡。

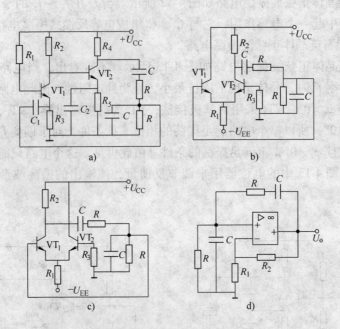

图 4-14　题 4-1 图

4-2　某音频信号发生器的原理电路如图 4-15 所示。

（1）分析电路的工作原理；

（2）若 R_{RP} 从 1kΩ 调到 10kΩ，计算电路振荡频率的调节范围。

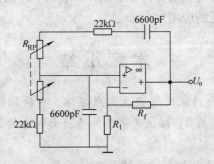

图 4-15　题 4-2 图

4-3　有一桥式 RC 振荡器，已知 RC 串并联电路中的电阻 $R = 120\text{k}\Omega$，$C = 0.001\mu\text{F}$，求振荡频率 f_0。

4-4　已知有一频率可调的 LC 振荡器，其频率调节范围为 20 ~ 100kHz，振荡电路的电感 $L = 0.25\text{mH}$，试求电容 C 的变化范围。

4-5　在调节变压器反馈式振荡电路中，试解释下列现象：（1）对调反馈线圈的两个接头即可起振；（2）调整 R_{B1}、R_{B2} 或 R_E 的阻值后可起振；（3）改用 β 较大的晶体管后就能起振；（4）适当增加反馈线圈的匝数即能起振；（5）适当增大 L 值或减小 C 值后就能起振；（6）调整 R_{B1}、R_{B2}、R_E 的阻值后可使波形变好；（7）负载太大，不仅影响输出波形，有时甚至不能起振。

4-6　判别图 4-16 所示电路能否产生正弦波振荡，并说明原因。

4-7　分析图 4-17 所示电路的工作原理，并画出 u_{o1}、u_{o2}、u_{o3} 的波形图。

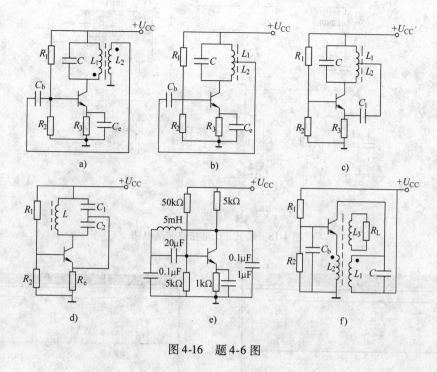

图 4-16　题 4-6 图

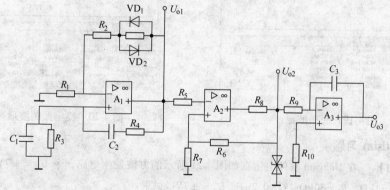

图 4-17　题 4-7 图

Multisim 例题及习题

1. Multisim 例题

【Mult 4-1】　利用 Multisim 7 研究如图 4-18 所示的 RC 正弦波振荡电路。试分析正弦波振荡电路的起振条件和稳定振荡的条件。

解：在 Multisim 中构建电路图。

接通电源，将可变电阻器由 100% 开始减小，直到在示波器上观察到起振波形，如图 4-19 所示。记录下此时可变电阻器的值为 55%。所以起振的条件是放大倍数大于 3，即 $R_3 + R_4 > 2R_5$。

起振后立即停止改变 R_3，会出现图 4-20 所示的波形。如果起振后迅速减小 R_3 的值，使 $R_3 + R_4 = 2R_5$，得到标准的正弦波，如图中曲线 1 所示。输出电压和输入电压同相且放大倍数 $\dot{A}_u = 3$。

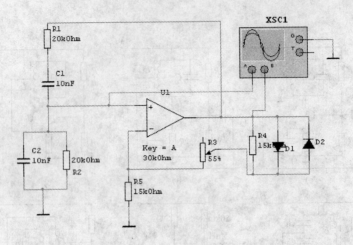

图 4-18　桥式 RC 正弦波振荡电路

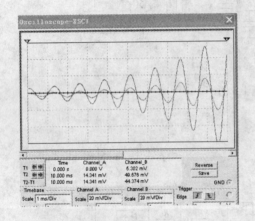

图 4-19　起振波形

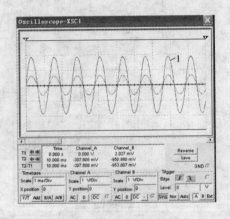

图 4-20　稳定振荡波形

2. Multisim 习题

【Mult 4-1】　在 Multisim 软件中仿真如图 4-21 所示的方波发生电路，令 $U_Z = \pm 7\text{V}$，$R_1 = 10\text{k}\Omega$，$R_2 = 20\text{k}\Omega$，$R_3 = 1\text{k}\Omega$，$R_d = 30\text{k}\Omega$，$C = 0.2\mu\text{F}$，$U_Z = \pm 7\text{V}$。试求：

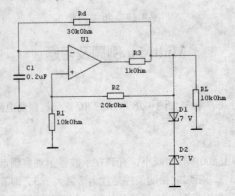

图 4-21　方波发生电路

（1）利用虚拟示波器观察电容电压 U_C 和输出电压 U_o 的波形；

（2）测量 U_o 的幅度 U_{om} 和振荡周期 T。

【Mult 4-2】 仿真图 4-22 中的锯齿波发生电路，$R_1 = 10k\Omega$，$R_2 = 15k\Omega$，$R_3 = 1k\Omega$，$R_W = 30k\Omega$，$R_4 = 15k\Omega$，$C = 0.05\mu F$，稳压管的 $U_Z = 6V$，试求：

（1）将 R_W 的滑动端调在离上端 10% 的位置，利用虚拟示波器观察。U_{o1} 和 U_o 的波形；

（2）测量锯齿波的幅度 U_{om}，以及积分电容充电时间 T_1、放电时间 T_2 和锯齿波的振荡周期 T。

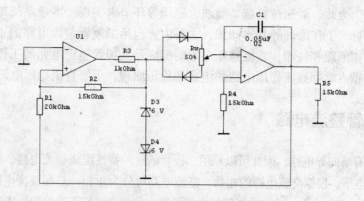

图 4-22 锯齿波发生电路

第5章　直流稳压电源

任何电子设备都需要稳定的直流电源供电，最常用的方法是将交流电网电压转换成稳定的直流电压。为此，要通过整流、滤波、稳压等环节来实现。本章系统地讲述直流稳压电源的技术指标、工作原理等基本知识，主要内容包括二极管整流电路的工作原理、各种滤波电路的工作原理和性能、直流稳压电源的组成及晶闸管整流电路的工作原理等。通过本章的学习应重点掌握直流稳压电路的组成和稳压原理，了解直流稳压电源的设计。

5.1　二极管整流电路

二极管具有单向导电性，因此可以利用二极管的这一特性组成整流电路，将交流电压变换为单方向脉动电压。根据交流电源的相数，整流电路可分为单相、三相整流电路。在小功率直流电源中（1kV·A以下），经常采用单相半波整流、单相全波整流或单相桥式整流电路。

5.1.1　单相半波整流电路

1. 电路组成及工作原理

一个最简单的单相半波整流电路如图5-1a所示。其中，T_r 为电源变压器，VD 为整流二极管，R_L 表示负载。图5-1b中，$\sqrt{2}U_2$ 为变压器二次电压峰值，U_2 为变压器二次电压有效值。

变压器一次侧一般直接接电网相电压（220V），变压器二次侧一般选择其输出电压高于负载要求的直流电压两倍以上。在变压器二次电压 u_2 的正半周期（如图5-1a所示上正下负），二极管导通，电流经过二极管流向负载，在 R_L 上得到一个极性为上正下负的电压；而在 u_2 的负半周期内，二极管反向偏置，电流接近为0，负载上形成的电压也基本上等于0。所以，在负载 R_L 两端得到的电压 U_o 的极性是单方向的，如图5-1b所示。

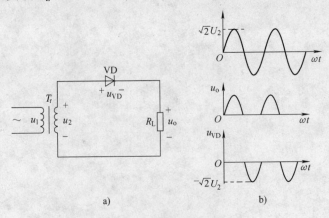

图 5-1　单相半波整流电路
a）电路图　b）波形图

把整流二极管 VD 看成是理想器件，即其正向电阻为 0，反向电阻为无穷大，同时忽略整流电路中变压器的内阻，则正半周期流过负载的电流 i_o 和二极管的电流 i_{VD} 为

$$i_o = i_{VD} = \frac{u_2}{R_L} \tag{5-1}$$

如前所述，将二极管看成理想器件，正向电阻相当于 0，所以，其二极管压降 u_{VD} 为 0，负载上的电压 u_o 等于变压器二次电压 u_2，即在正半周期内

$$u_o = u_2, u_{VD} = 0$$

当 u_2 负半周期时（上负下正），二极管截止，因此

$$i_o = i_{VD} = 0$$

此时，负载上的输出电压也等于 0，而二极管两端承受反向电压为变压器二次电压 u_2，即

$$u_o = 0, u_{VD} = u_2$$

上式可以这样理解：有限阻值的负载和无限阻值的反向二极管串联，当然二极管的分压要占总电压的全部，即 $u_{VD} = u_2$。

综上所述，整流电路中各处的波形如图 5-1b 所示。由图可知，由于二极管的单向导电作用，把变压器二次侧的交流电压变换为负载两端的单向脉动电压，达到了整流的目的。因为这种电路只在交流电压的半个周期内才有电流流过负载，所以称其为半波整流电路。

2. 单相半波整流电路的主要参数

整流电路的主要参数有输出直流电压（即输出电压的平均值 $U_{O(AV)}$）、整流电路输出电压的脉动系数 S、整流二极管正向平均电流 $I_{VD(AV)}$ 以及整流二极管承受的最大反向峰值电压 U_{RM}。这些参数是描述整流电路性能的主要参数。

（1）输出直流电压 $U_{O(AV)}$

输出直流电压 $U_{O(AV)}$ 是整流电路的输出电压瞬时值在一个周期内的平均值，即

$$U_{O(AV)} = \frac{1}{2\pi}\int_0^{2\pi} u_o \mathrm{d}(\omega t)$$

由图 5-1b 可知，在半波整流电路中

$$U_{O(AV)} = \frac{1}{2\pi}\int_0^{2\pi} u_o \mathrm{d}(\omega t) = \frac{1}{2\pi}\int_0^{\pi} \sqrt{2}U_2 \sin\omega t \mathrm{d}(\omega t) = \frac{\sqrt{2}}{\pi}U_2 = 0.45U_2 \tag{5-2}$$

式（5-2）说明，在半波整流电路中，负载上得到的直流电压为变压器二次电压有效值的 0.45 倍。这个结果是在理想情况下得到的，如果考虑整流电路内部二极管正向内阻和变压器等效内阻上的压降，输出电压的实际数值还要低一些。这就是整流变压器二次电压选择高于输出负载要求的直流电压两倍以上的依据。

（2）脉动系数 S

整流电路输出电压的脉动系数 S 定义为输出电压基波的最大值 U_{O1M} 与其平均值 $U_{O(AV)}$ 之比，即

$$S = \frac{U_{O1M}}{U_{O(AV)}} \tag{5-3}$$

为了估算 U_{O1M}，图 5-1 中半波整流电路的输出电压用傅里叶级数表示如下

$$U_0 = \frac{2\sqrt{2}}{\pi}U_2\left(\frac{1}{2} + \frac{\pi}{4}\sin\omega t - \frac{1}{3}\cos\omega t - \frac{1}{15}\cos 4\omega t - \cdots\right)$$

式中，第一项为输出电压的平均值，第二项是其基波成分。由上式可知，基波电压的最大值为

$$U_{O1M} = \frac{\sqrt{2}}{2}U_2$$

因此脉动系数为

$$S = \frac{U_{O1M}}{U_{O(AV)}} = 1.57 \tag{5-4}$$

即半波整流电路输出电压的脉动系数为 1.57。因此，单相半波整流电路的脉动成分很大。与桥式整流进行比较时，可以更清楚看出这一点。

（3）二极管正向平均电流 $I_{VD(AV)}$

温度升高值是决定半导体器件使用极限的一个重要指标，整流二极管的温升本来应该与通过二极管的电流的有效值有关，但是由于平均电流是整流电路的主要参数，因此在出厂时的器件手册中已将二极管允许温升对应的电流值，折算成半波整流电流的平均值。

在单相半波整流电路中，流过整流二极管的平均电流等于输出电流平均值，即

$$I_{VD(AV)} = I_{O(AV)}$$

当负载电流平均值已知时，可以根据上式确定 $I_{VD(AV)}$ 来选定整流二极管（实际选择时取 1.5～2 倍的安全余量）。

（4）二极管最大反向峰值电压 U_{RM}

整流二极管的最大反向峰值电压 U_{RM} 是指整流二极管不导电时，在它两端出现的最大反向电压。选择时应选耐压比最大、反向电压数值高的二极管，以免被击穿，通常要高出两倍以上。由图 5-1 很容易看出，在单相半波整流电路中，整流管承受的最大反向电压就是变压器二次电压的最大值，即

$$U_{RM} = 2\sqrt{2}U_2 \tag{5-5}$$

半波整流电路的优点是结构简单，使用的元器件少。但是也有明显的缺点：输出电压脉动大，直流成分比较低；变压器有半个周期不导电，利用率较低；变压器电流含有直流成分，容易磁饱和。所以只能用在输出功率较小、负载要求不高的场合。单相电路中使用较为广泛的是全波整流电路和桥式整流电路。

5.1.2　单相全波整流电路

全波整流电路是在半波整流电路的基础上加以改进而得到的。它的指导思想是利用具有中心抽头的变压器与两个二极管配合，使两个二极管在正、负半周期轮流导电，而且两者流过 R_L 的电流保持同一方向，从而使正、负半周期在负载上均有输出电压。全波整流电路如图 5-2 所示。变压器的两个二次电压大小相等，同名端如图 5-2 所示。

当 U_2 的极性为上正下负（称之为正半周期）时，VD_1 导通，VD_2 截止，i_{VD1} 流过 R_L 在负载上得到的输出电压极性为上正下负。在 U_2 负半周期时，其极性与图示相反，此时 VD_1 截止，VD_2 导通。由图 5-2 可知，i_{VD2} 流过 R_L 时产生的电压极性也是上正下负，与正半周期时相同，因此在负载上可以得到一个单方向的脉动电压。全波整流电路的波形如图

5-3所示。由图 5-3 所示的波形可知，全波整流电路输出电压 U_o 的波形与横轴所包围的面积是半波整流电路的两倍，所以其平均值也将是半波整流电路的两倍。由图 5-3 也可明显地看出，全波整流输出波形的脉动成分比半波整流时有所下降。但是，在全波整流电路中，在负半周期时，VD_2 导通，VD_1 截止，此时变压器二次侧的电压全部加到二极管 VD_1 的两端，因此，二极管承受的反向电压较高，其最大值等于 $2\sqrt{2}U_2$，u_{VD1} 的波形如图 5-3 所示。此外，全波整流电路必须采用具有中心抽头的变压器，而且每个绕组只有一半时间通过电流，所以变压器的利用率不高。

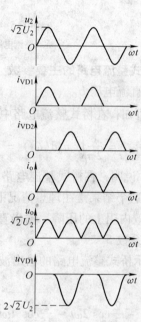

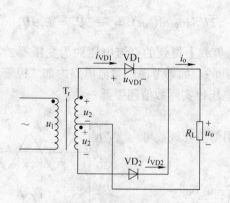

图 5-2　全波整流电路图　　　　　图 5-3　全波整流电路波形图

5.1.3　单相桥式整流电路

针对全波整流电路的缺点，希望仍用只有一个二次绕组的变压器达到全波整流的目的。为此，提出了桥式整流电路。

1. 电路组成及工作原理

单相桥式整流电路如图 5-4 所示。图 5-4a 中 4 个二极管接成电桥形式，故称为桥式整流。图 5-4b 是桥式整流电路的简化表示。

由图 5-4 可知，在 U_2 的正半周期 VD_1、VD_4 导通，VD_2、VD_3 截止，在负载电阻 R_L 上形成上正下负的脉动电压；而在 U_2 的负半周期内，二极管 VD_2、VD_3 导通，VD_1、VD_4 截止，在 R_L 上仍然形成上正下负的脉动电压。如果忽略二极管的导通压降及变压器的内阻，则有 $U_o \approx U_2$。桥式整流电路的波形如图 5-5 所示。由此可见，正、负半周期均有电流流过负载电阻 R_L，而且无论在正半周期还是负半周期，流过负载的电流方向是一致的，因而输出电压的直流成分提高，脉动成分降低。但是电路中需用 4 个整流二极管。为此厂家生产出桥式整流的组合器件——硅整流组合管，又称桥堆，它是将桥式整流电路的 4 个二极管集中制作成一个整体，引出 4 个脚：两个为交流电源输入端，另外两个为直流输出端。

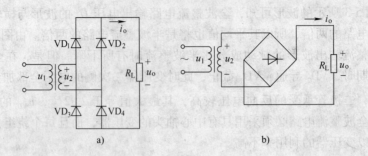

图 5-4　单相桥式整流电路

a）桥式整流电路　b）桥式整流电路的简化表示

2. 单相桥式整流电路的主要参数

（1）输出直流电压 $U_{O(AV)}$

由图 5-5 可知，在桥式整流电路中

$$U_{O(AV)} = \frac{1}{2\pi}\int_0^{2\pi} u_o \mathrm{d}(\omega t) = \frac{1}{\pi}\int_0^{\pi} \sqrt{2}U_2 \sin\omega t\, \mathrm{d}(\omega t) = \frac{2\sqrt{2}}{\pi}U_2 = 0.9U_2 \tag{5-6}$$

式（5-6）说明，在桥式整流电路中，负载上得到的直流电压约为变压器二次电压有效值的 90%，这个结果是在理想情况下得到的。如果考虑到整流电路内部二极管的导通压降及变压器等效内阻上的压降，输出直流电压比实际数值还要低一些。

（2）脉动系数 S

图 5-4 所示桥式整流电路的输出波形用傅里叶级数可表示为

$$U_o = \frac{2\sqrt{2}}{\pi}U_2\left(1 - \frac{2}{3}\cos 2\omega t - \frac{2}{15}\cos 4\omega t - \frac{2}{35}\cos 6\omega t - \cdots\right)$$

式中，第一项为输出电压的平均值，第二项即是其基波成分。由上式可知，基波频率为 2ω，基波的最大值为

$$U_{O1M} = \frac{4\sqrt{2}}{3\pi}U_2$$

因此脉动系数为

$$S = \frac{\dfrac{4\sqrt{2}}{3\pi}U_2}{\dfrac{2\sqrt{2}}{\pi}U_2} = 0.67 \tag{5-7}$$

即桥式整流电路输出电压的脉动系数为 67%。通过比较可知，桥式整流电路的脉动成分虽然比半波整流电路有所下降，但数值仍然比较大。

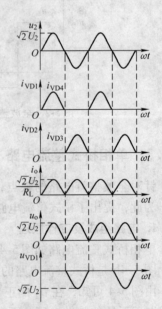

图 5-5　单相桥式整流电路波形图

（3）二极管正向平均电流 $I_{VD(AV)}$

在桥式整流电路中，二极管 VD_1，VD_2，VD_3，VD_4 轮流导通，由图 5-5 所示的波形可以看出，每个整流二极管的平均电流等于输出电流平均值的一半，即

$$I_{VD(AV)} = \frac{1}{2}I_{O(AV)}$$

（4）二极管最大反向峰值电压 U_{RM}

由图 5-5 可看出，整流二极管承受的最大反向电压就是变压器二次电压的最大值，即

$$U_{RM} = \sqrt{2} U_2 \tag{5-8}$$

目前，单相全波整流电路和单相桥式整流电路的使用都非常广泛，在同样输出功率和电压的要求下，用单相全波整流电路时变压器要做的稍大些，而用单相桥式整流电路要多用一倍数量的整流二极管。由于目前整流二极管的价格很低，故用单相桥式整流电路更经济。

5.2　滤波电路

通过对整流电路的学习可知，无论哪种整流电路，它们的输出电压都含有较大的脉动成分。除一些特殊的场合，一般的系统都要求直流电源提供尽可能平稳的直流电流，这就要求采取一定的措施，一方面尽量降低输出电压的脉动成分，另一方面又要尽量保留其中的直流成分，这样的措施就是滤波。

电容和电感都是基本的滤波元件，利用它们在二极管导通时储存一部分能量，然后再逐渐释放出来，从而得到比较平滑的波形。或者从另一个角度看，电容和电感对于交流成分和直流成分反映出来的阻抗不同，如果把它们合理地安排在电路中，可以达到降低交流成分、保留直流成分的目的，即达到滤波的作用。所以，电容和电感是组成滤波电路的主要元件。下面介绍几种常用的滤波电路。

5.2.1　电容滤波电路

单相桥式整流电容滤波电路及波形如图 5-6 所示。下面分空载和带负载两种情况讨论。

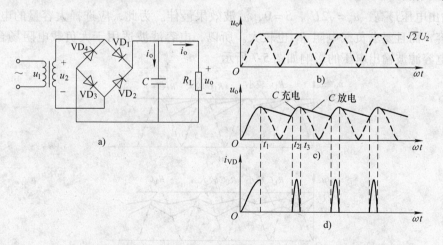

图 5-6　单相桥式整流电容滤波电路及波形
a）电路　b）R_L 开路时电压波形　c）接入 R_L 时电压波形　d）二极管的电流波形

1. 空载时的工作情况

空载时 R_L 开路，设电容 C 两端的初始电压 u_C 为零。接入交流电源后，当 u_2 在正半周期时，VD_1、VD_3 导通，则 u_2 通过 VD_1、VD_3 对电容充电；当 u_2 在负半周期时，VD_2、VD_4 导通，则 u_2 通过 VD_2、VD_4 对电容充电。由于充电回路等效电阻很小，因此充电很

快，电容 C 迅速被充到交流电压 u_2 的最大值 $\sqrt{2}U_2$。此时二极管两端的电压始终小于或等于零，二极管均截止，电容不能放电，故输出电压 U_o 恒等于 $\sqrt{2}U_2$，波形如图 5-6b 所示。

由上述分析可看出，空载时电容滤波效果很好，不仅 U_o 无脉动，而且输出直流电压由 $0.9U_2$（半波整流为 $0.45U_2$）上升到 $\sqrt{2}U_2$。但需注意此时二极管承受的反向峰值电压比原来提高一倍，即为 $2\sqrt{2}U_2$。

选择晶体管时应选二极管的最大反向工作电压 $U_{RM} \geqslant 2\sqrt{2}U_2$。另外，若电源接通时，正好对应 u_2 的峰值电压，将有很大的瞬时冲击电流流过二极管。因此，选择二极管时其容量应较大些，且电路中还应加限流电阻，以防止二极管损坏。

2. 带电阻负载时的工作情况

图 5-6c 波形表示了电容滤波在带电阻负载后的工作情况。当 $t=0$ 时电源接通，在 u_2 正半周期，则 u_2 通过 VD_1、VD_3 对电容充电，由于等效电阻小，故这一段时间内，$u_o = u_2$；当 $t = t_1$ 时，$u_o = \sqrt{2}U_2$，电容电压达到最大值之后 u_2 下降，$VD_1 \sim VD_4$ 均反向偏置，故电容 C 通过 R_L 放电。由于 R_L 较大，故放电时间常数 $R_L C$ 较大。放电过程直至下一个周期 u_2 上升到和电容上电压 u_C 相等的 t_2 时刻，u_2 通过 VD_2、VD_4 对 C 再充电，直至 $t = t_3$，二极管 VD_2、VD_4 截止，电容再次放电。如此循环，形成周期性的电容器充放电过程。

由以上分析，可得到以下几个结论：

1）加了滤波电容以后，输出电压的直流成分提高、脉动成分减小，这是电容的储能作用来实现的。当二极管导通时，电容充电将能量储存起来；当二极管截止时，电容再把储存的能量释放给负载，一方面使输出电压波形比较平滑，同时也增加了输出电压的平均值。

2）电容滤波以后，输出直流电压与放电时间常数有关。当 $R_L C = \infty$ 时（例如负载开路），输出电压最高，$u_o = \sqrt{2}U_2$，$S = 0$，滤波效果最佳。为此，应选择大容量的电容作为滤波电容，而且要求负载电阻 R_L 也较大。所以，电容滤波适用于大负载电阻场合。$R_L C$ 变化对电容滤波输出电压的影响如图 5-7 所示。

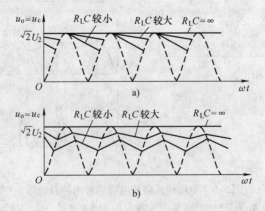

图 5-7　$R_L C$ 变化对电容滤波输出电压的影响

a）未考虑整流电路内阻时的波形　b）考虑整流电路内阻时的波形

3）电容滤波的输出电压 u_o 随输出电流 i_o 而变化。当负载开路，即 $i_o = 0$ 时，电容充电达到最大值 $\sqrt{2}U_2$ 后不再放电，故 $u_o = \sqrt{2}U_2$。当 i_o 增大（即 R_L 减小）时，电容放电加快，使 u_o 下降。忽略整流电路的内阻，桥式整流电容滤波电路的输出电压的平均值 U_o 在 $\sqrt{2}U_2$ 至 $0.9U_2$ 的小范围内变化。若考虑内阻，则 U_o 将下降。输出电压与输出电流的关系曲线称为整流电路的外特性。电容滤波电路的外特性如图 5-8 所示。由图 5-8 可知，电容滤波电路的输出电压随输出电流的增大下降很快，即外特性较软，所以电容滤波适用于负载电流变化不大的场合。

4）电容滤波电路中，整流二极管的导通角小于 180°，而且电容放电时间常数越大，导通角越小。二极管在短暂的导电时间内，有很大的浪涌电流流过，这对于二极管的寿命不利。所以选择二极管时，应考虑到它能承受最大冲击电流的情况。一般选管子时，要求它承受正向电流的能力应大于输出平均电流的 2 ~ 3 倍。为了获得较好的滤波效果，实际工作中按下式选择滤波电容的容量：

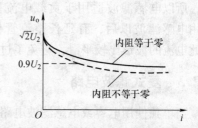

图 5-8　电容滤波电路的外特性

$$R_L C \geqslant (3 \sim 5) \frac{T}{2} \tag{5-9}$$

式中，T 为交流电网电压的周期。

一般电容值较大，为几十微法至几千微法，故选用电解电容器，其耐压值应大于 $\sqrt{2}U_2$。

电容滤波整流电路，其输出电压处于 $\sqrt{2}U_2 \sim 0.9U_2$ 之间。当满足式（5-9）时，可按下式进行估算：

$$U_o \approx 1.2U_2 \tag{5-10}$$

脉动系数

$$S = \frac{U_{o1M}}{U_o} \approx \frac{1}{\dfrac{4R_L C}{T} - 1} \tag{5-11}$$

电容滤波电路结构简单，制作方便。但是，它的输出电流不宜太大，而且当要求输出电压的脉动成分较小时，必须增加电容器的容量，这造成电路的体积增大且不经济。当要求输出电流较大时，可采用电感滤波电路。

5.2.2　电感滤波电路

电感具有抑制电流变化的特点，所以，如在负载回路中串联电感，将使流过负载上电流的波形较为平滑。在图 5-9 所示的电感滤波电路中，L 串联在 R_L 回路中。根据电感的特点，当输出电流发生变化时，L 中感应出的反电动势，其方向将抑制电流发生变化。在半波整流电路中，这个反电动势将使整流管的导通角大于 180°，但是在桥式整流电路中，虽然 L 上的反电动势有延长整流管导通角的趋势，但是 VD_1、VD_2、VD_3、VD_4 不能同时导通。例如，当 u_2 极性由正变负后，L 上的反电动势有助于 VD_1、VD_3 继续导通，但是，由于此时 VD_2、VD_4 导通，变压器二次电压全部加到 VD_1、VD_3 两端，其极性将使 VD_1、VD_3 反向偏置，因而 VD_1、VD_3 截止。所以在桥式整流电路中，虽然采用电感滤波，整流管的导通角仍为 180°。桥式整流电感滤波电路的输出电压 $U_{o(AV)} \approx 0.9U_2$，与纯电阻负载时相同。

由于电感的直流电阻很小，交流阻抗很大，因此直流分量经过电感后基本上没有损失，但是对于交流分量，在感抗 ωL 和阻抗 R_L 分压以后，很大一部分交流分量降落在电感上，因而降低了输出电压中的脉动成分。L 越大，R_L 越小，则滤波效果越好，所以电感滤波适用于负载电流比较大的场合。采用电感滤波以后，有延长整流管导通角的趋势，因此电流的波形比较平滑，避免了过大的冲击电流。

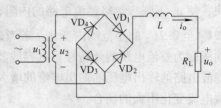

图 5-9　电感滤波电路

5.2.3　复式滤波电路

当单独使用电容或电感滤波电路时，若滤波效果仍不理想，则可考虑采用复式滤波电路。所谓复式滤波电路就是利用电容、电感对直流分量和交流分量呈现不同电抗的特点，将其适当组合后，合理地接入整流电路与负载之间，即可达到比较理想的滤波效果。常见的复式滤波电路有 LC 滤波电路、$LC\pi$ 形滤波电路、$RC\pi$ 形滤波电路等。

1. LC 滤波电路

LC 滤波电路是在电感滤波电路的基础上，再在 R_L 上并联一个电容所组成，如图 5-10 所示。但在 LC 滤波电路中，如果电感 L 值太小，或 R_L 太大，则将呈现出电容滤波的特性。为了保证整流管的导通角仍为 $180°$，参数之间要恰当配合，近似的条件是 $R_L < 3\omega L$。

2. $LC\,\pi$ 形滤波电路

$LC\,\pi$ 形滤波电路如图 5-11 所示。经整流后的电压包括直流分量及交流分量。对于直流分量，L 呈现很小的阻抗，可视为短路。因此，经 C_1 滤波后的直流分量大部分降落在负载两端；对于交流分量，由于电感 L 呈现很大的感抗，C_2 呈现很小的容抗，因此，交流分量大部分降落在 L 上，负载上的交流分量很小，达到滤除交流分量的目的。这种电路常用于负载电流较大或电源频率较高的场合。缺点是电感体积大、笨重且成本高。

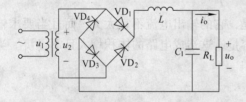

图 5-10　LC 滤波电路

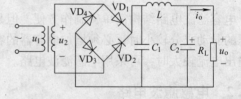

图 5-11　$LC\,\pi$ 形滤波电路

3. $RC\,\pi$ 形滤波电路

$RC\pi$ 形滤波电路如图 5-12 所示。实际上是在电容滤波基础上再加一级 RC 滤波电路构成的，可以进一步降低输出电压的脉动系数。但是，这种滤波电路的缺点是在 R 上有直流压降，因而必须提高变压器二次电压，而整流管的冲击电流仍然比较大。同时，由于 R 上产生压降，外特性比电容滤波

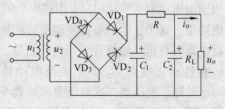

图 5-12　$RC\,\pi$ 形滤波电路

更软，只适用于小电流的场合。在负载电流比较大的情况下，不宜采用这种滤波电路形式。

5.2.4　有源滤波电路

图 5-13 所示为有源滤波电路。它由工作于线性放大区的晶体管 VT 和 R、C_2 等元器件组成。接于基极回路的电容 C_2 折合到射极回路时，其容量相当于增加到 $(1 + \beta)$ 倍，即相当于有一个容量为 $(1 + \beta) C_2$ 的滤波电容与负载并联。可见，有源滤波电路可以大大地减小滤波电容容量及直流损耗，同时又能提高滤波效果。它在小型电子设备中的应用很普遍。

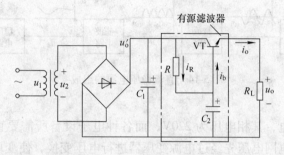

图 5-13　有源滤波电路

5.2.5　几种滤波电路的性能比较

电容滤波电路和电感滤波电路是两种基本滤波电路。由于电容具有维持电压不能突变的特性，故将电容与负载并联给脉动成分提供交流低阻通路，使输出电压平稳；而电感具有维持电流不能突变的特性，故将电感与负载串联以抑制脉动电流使输出电流平稳。几种复式滤波电路是由基本型电容滤波电路和电感滤波电路派生出来的。表 5-1 给出了五种滤波电路的主要性能的比较。

表 5-1　五种滤波电路的主要性能比较

性能 / 类型	输出电压 U_o	滤波效果	对整流管的冲击电流	外特性	带负载能力
电容滤波电路	$1.2U_2$	小电流较好	大	软	差
$RC\pi$ 形滤波电路	$1.2U_2$	小电流较好	大	软	很差
$LC\pi$ 形滤波电路	$1.2U_2$	适应性较强	大	较软	较差
电感形滤波电路	$0.9U_2$	大电流较好	小	硬	强
LC 滤波电路	$0.9U_2$	适应性较强	小	硬	强

5.3　直流稳压电源的组成和特性指标

对于直流电源的主要要求是：输出电压的幅值稳定，即当电网电压或负载电流波动时，它能基本保持不变；直流输出电压平滑，脉动成分小；交流电变换成直流电时的转换效率要高。

5.3.1　直流稳压电源的组成

直流稳压电源有单相和多相（一般为三相）两种，单相直流电源应用最普遍，常用于小型电子设备，它的电路结构框图如图 5-14 所示，主要包括电源变压器、整流电路、滤波电路和稳压电路四个基本部分。各部分功能如下：

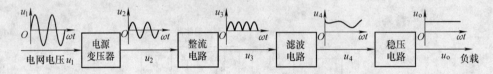

图 5-14　直流稳压电源的组成

1. 电源变压器

电网提供的交流电，其相电压为 220V，而各种电子设备所需要直流电压的幅值却各不相同。因此，常将电网电压先经过电源变压器进行电压变换，使变压器二次电压的有效值与所需直流电压接近（一般略高），以便整流、滤波和稳压等后续电路处理。

2. 整流电路

整流电路的作用是利用具有单向导电性的整流器件（如整流二极管、晶闸管），将正弦交流电变换成单向脉动的直流电。但这种单向脉动电压含有很大的纹波成分，距理想的直流电压还差得很远，一般不能直接作为电子电路的电源使用，除非负载本身具有很大的滤波作用，如直流电动机。

3. 滤波电路

滤波电路由电容、电感等储能元件组成。它的作用是将单向脉动电压中的脉动成分滤掉（或抹平），使输出电压成为平稳的直流电压。但是，当电网电压或负载电流发生变化时，滤波器输出直流电压的幅值也将随之变化，在要求比较高的电子设备中，这种情况是不符合要求的，这时需要稳压电路。

4. 稳压电路

稳压电路就是采取某些措施，使输出的直流电压在电网电压或负载电流发生变化时保持电压稳定。一般由电压检测和自动调整两部分组成。

5.3.2　直流稳压电源的主要特性指标

1. 性能指标

1）额定输出电流，即电源正常工作时的最大输出电流。

2）输出电压及其调节范围。

3）输入电压及其变化范围。

2. 质量指标

（1）稳压系数 S_u

稳压系数 S_u 是指负载电流 I_L 和环境温度 T 不变时，输出电压的相对变化量 $\dfrac{\Delta U_o}{U_o}$ 与输入电压相对变化量 $\dfrac{\Delta U_i}{U_i}$ 之比，即

$$S_u = \left. \frac{\dfrac{\Delta U_o}{U_o}}{\dfrac{\Delta U_i}{U_i}} \right|_{\Delta I_L = 0, \Delta T = 0} \tag{5-12}$$

它表明稳压电路对输入电压波动的抑制能力，即对电网电压波动的抑制能力，S_u 越小，直流稳压电源对输入电压波动的抑制能力越强，通常 S_u 为 $10^{-2} \sim 10^{-4}$ 数量级。

通常规定电网电压的相对变化量最大为 $\pm 1\%$，因此常将在此条件下，直流稳压电源输出直流电压的相对变化量称为电压调整率。

（2）输出电阻 R_o

输出电阻 R_o 为当输入电压 U_i 与环境温度 T 不变时，输出电压变化量 ΔU_o 与输出电流变化量 ΔI_o 之比值，即

$$R_o = \left. \frac{\Delta U_o}{\Delta I_o} \right|_{\Delta U_i = 0, \Delta T = 0} \tag{5-13}$$

它表明负载变化时，输出电压保持稳定的能力，R_o 越小，输出电流 I_o 变化时输出电压的变化越小。

（3）输出电压纹波因数 γ

输出电压纹波因数 γ 定义为输出电压交流成分有效值 U_{oR} 与平均值 U_o 之比，即

$$\gamma = \frac{U_{oR}}{U_o} \tag{5-14}$$

式中，U_{oR} 为输出电压中各次谐波电压有效值的总和，电压纹波因数 γ 是直流稳压电源的重要品质指标之一。

5.4　晶闸管整流电路

前面讨论的二极管整流电路在应用上有一个很大的局限性，就是在输入的交流电压一定时，输出的直流电压也是一个固定值，一般不能任意调节。但是，在许多情况下，都要求直流电压能够进行调节，即具有可控的特点。晶体闸流管（简称晶闸管）就是由于这种需要于 1957 年研制出来的。

5.4.1　晶闸管

1. 基本结构

晶闸管是具有三个 PN 结的四层结构，如图 5-15a 所示。引出的三个电极分别为阳极 A、阴极 K 和门极 G。图 5-15b 为晶闸管的图形符号。

图 5-16a 是一种晶闸管的结构示意图，图 5-16b 是它的外形图。从外形图看，晶闸管的一端带螺纹，这是阳极引出端，同时可以利用它固定散热片；另一端有两根引出线，其

中较粗的一根是阴极引线，较细的是门极引线。

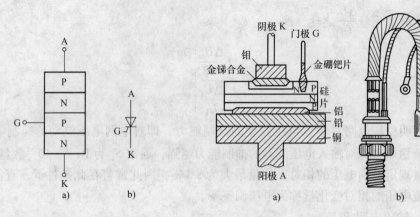

图 5-15　晶闸管的结构及其图形符号

图 5-16　晶闸管的结构和外形
a) 晶闸管的结构示意图　b) 外形

2. 工作原理

通过图 5-17 的实验电路可以说明晶闸管的工作原理。

1）晶闸管导通（表示灯亮）必须同时具备两个条件：第一，晶闸管的阳极与阴极之间要加正向电压；第二，门极与阴极之间也要加正向电压（实际上加正触发脉冲）。

2）晶闸管导通后，断开门极，如图 5-17b 所示，晶闸管继续导通，即晶闸管一旦导通后，门极就失去了控制作用。

3）要使晶闸管从导通转为阻断（截止），必须切断阳极电源，或在阳极与阴极之间加反向电压，或将阳极电流减小到某一数值以下。

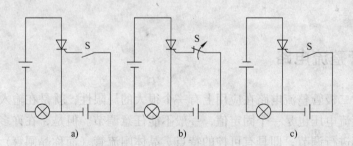

图 5-17　晶闸管导通实验
a) 导通门极　b) 断开门极　c) 由导通到截止

3. 伏安特性

晶闸管的导通与阻断是由阳极电流 I_A、阳极与阴极之间电压 U_A 及门极电流 I_G 等决定的，常用实验曲线来表示它们之间的关系，这就是晶闸管的伏安特性曲线 $I_A = f(U_A)$，如图 5-18 所示。

从正向特性看，当 $U_A < U_{BO}$ 时，晶闸管处于阻断状态，只有很小的正向漏电流通过。当 U_A 增大到某一数值时，晶闸管由阻断状态突然导通，所对应的电压称为正向转

折电压 U_{BO}。I_G 越大，U_{BO} 越低。晶闸管导通后，就有较大电流通过，但管压降只有 1V 左右。

从反向特性看，晶闸管处于阻断状态，只有很小的反向漏电流通过。当反向电压增大到某一数值时，使晶闸管反向导通（击穿），所对应的电压称为反向转折电压 U_{BR}。

目前我国生产的晶闸管的型号及其含义如下：

例如，KP5-7 表示额定正向平均电流为5A，额定电压为 700V 的普通晶闸管。

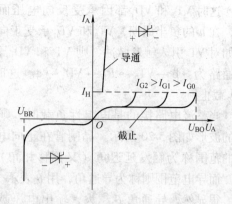

图 5-18　晶闸管的伏安特性曲线

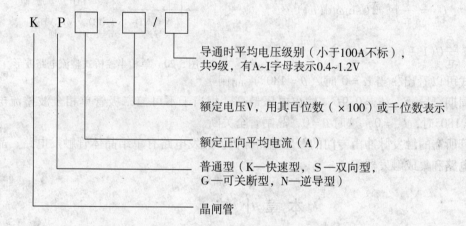

导通时平均电压级别（小于100A不标），共9级，有A~I字母表示0.4~1.2V

额定电压V，用其百位数（×100）或千位数表示

额定正向平均电流（A）

普通型（K—快速型，S—双向型，G—可关断型，N—逆导型）

晶闸管

5.4.2　可控整流电路

可控整流电路比较常用的是单相半控桥式整流电路，如图 5-19 所示。电路与图 5-4a 所示的二极管不可控桥式整流电路相似，只是其中两个臂中的二极管被晶闸管替换。

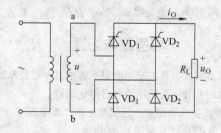

图 5-19　接电阻性负载的单相半控桥式整流电路

在电压 u 的正半周期，晶闸管 VT_1 和二极管 VD_2 承受正向电压。这时如对 VT_1 引入触发脉冲电压 u_g（即在门极与阴极之间加一正向脉冲），则 VT_1 和 VD_2 导通，电流的通路为：a→VT_1→R_L→VD_2→b。

这时 VT_2 和 VD_1 都因承受反向电压而截止。同样，在 u 的负半周期，VT_2 和 VD_1 承受正向电压，这时如对 VT_2 引入触发脉冲，则 VT_2 和 VD_1 导通，电流的通路为：$b \rightarrow VT_2 \rightarrow R_L \rightarrow VD_1 \rightarrow a$。这时，$VT_1$ 和 VD_2 截止。

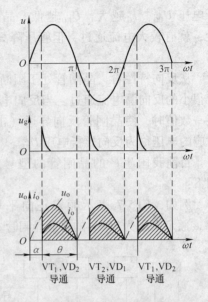

当整流电路接的是电阻性负载时，则电压与电流的波形如图 5-20 所示。晶闸管在正向电压下不导通的范围称为触发延迟角（又称移相角），用 α 表示。而导电范围则称为导通角，用 θ 表示。

很显然，导通角 θ 越大，输出电压越高。整流输出电压的平均值可以用触发延迟角表示，即

$$U_o = \frac{1}{\pi}\int_{\alpha}^{\pi}\sqrt{2}U\sin\omega t \, d(\omega t)$$

$$= \frac{\sqrt{2}}{\pi}U(1 + \cos\alpha) = 0.9U\frac{1 + \cos\alpha}{2}$$

图 5-20　单相半控桥式整流电路波形

由上式可以看出，当 $\alpha = 0$ 时（$\theta = 180°$）晶闸管在正半周期全导通，$U_o = 0.9U$，输出电压最高，相当于不可控二极管单相全波整流电压。当 $\alpha = 180°$ 时，$U_o = 0$，这时 $\theta = 0$，晶闸管全关断。

晶闸管所需的触发脉冲由专门的触发电路提供。触发电路有单结晶体管触发电路、晶体管触发电路和集成触发器等。

本 章 小 结

本章主要讲述了整流电路、滤波电路、稳压电路以及晶闸管整流电路的工作原理。在整流电路中，利用二极管的单向导电性将交流电转变为脉动的直流电。为抑制输出直流电压中的纹波，通常在整流电路后接有滤波环节。滤波电路一般可分为电容输入式和电感输入式两大类。在直流输出电流较小且负载几乎不变的场合，宜采用电容输入式滤波电路，而负载电流大的功率场合，采用电感输入式滤波电路。稳压电路是为了避免电网电压、负载和温度的变化对输出电压的影响。在小功率供电系统中，多采用串联反馈式稳压电路。

思考题与习题

5-1　整流二极管的反向电阻不够大，并且正向电阻不够小时，对整流效果有何影响？

5-2　试分别说明线性稳压电路和开关稳压电路各自的优缺点。

5-3　在图 5-21 所示的单相桥式整流电路中，已知变压器二次电压 $U_2 = 10U$（有效值）。试问：

(1) 正常工作时，直流输出电压 U_o，请标明 U_o 的极性；

(2) 如果二极管 VD_1 虚焊，将会出现什么现象？

(3) 如果 VD_1 极性接反，又可能出现什么问题？

(4) 如果 4 个二极管全都接反，则直流输出电压 U_o 如何变化？

5-4　电路如图 5-22 所示，试回答下列问题：

(1) 如果整流二极管 VD_2 断开，U_L 是否为正常情况的一半？如果变压器中心抽头断开，求这时的

输出电压 U_L；

（2）若 VD_2 正、负极接反，是否能正常工作？为什么？

（3）如果 VD_2 击穿短路，电路会出现什么现象？

（4）若输出端短路，即 $R_L = 0$ 时，会出现什么问题？

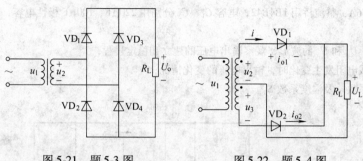

图 5-21　题 5-3 图　　　　　　　图 5-22　题 5-4 图

5-5　在图 5-21 所示的单相桥式整流电路中，已知变压器二次电压有效值 $U_2 = 100V$，$R_L = 1k\Omega$，试求 U_o、I_L，并选择整流二极管型号。

5-6　在图 5-23 所示电容滤波电路中，已知输出电压 $U_L = 40V$，负载电流 $I_L = 120mA$，交流电源频率 $f = 50Hz$。试求：

（1）确定变压器二次电压有效值；

（2）选择电容器参数（取标称值）。

5-7　在图 5-24 所示电路中，设 $u_2 = 24V$，试求：

（1）标出电容 C 的极性和输出电压 u_o 的方向，并求 u_o 的大小；

（2）对应画出 u_2 和 u_o 的波形；

（3）二极管 VD 上所加最大反向电压。

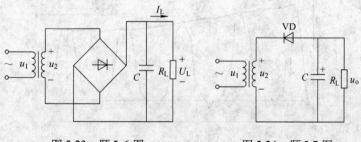

图 5-23　题 5-6 图　　　　　　　图 5-24　题 5-7 图

5-8　在图 5-25 所示稳压电路中，已知整流滤波电路的输出电压为 25V，电压波动范围为 ±10%，负载电压 $U_L = 10V$，负载电流 $I_L = 0 \sim 10mA$。试选择稳压管 VS 及限流电阻 R。

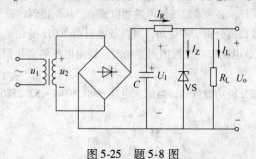

图 5-25　题 5-8 图

Multisim 例题及习题

1. Multisim 例题

【Mult 5-1】　　直流稳压电源电路如图 5-26 所示。电路中 BJT 选用 2N2222A，$\beta = 50$，$U_{BE} = 0.75V$，稳压管选用 1N4736A，整流桥用 1B4B42，电容 C_1、C_2 分别用 220μF、100μF 极性电容，试用 Multisim 软件仿真分析：

（1）绘出 u_i、U_a 和 U_o 的波形，观察输出电压的建立和稳定过程；

（2）分析负载电阻发生变化时，输出电压的变化情况；

（3）求稳压系数 γ 及温度系数 S_T。

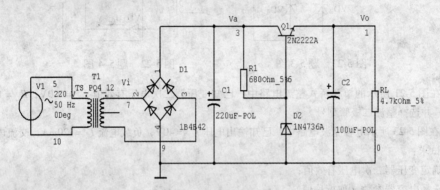

图 5-26　直流稳压电源电路

解：（1）利用 Multisim 的瞬态分析功能，得到 u_i、U_a 和 U_o 的波形如图 5-27 所示。

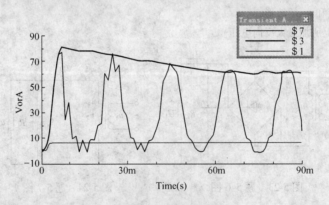

图 5-27　瞬态波形

其中，u_i 为经过变压器变压后的正弦电压，U_a 为经过整流电路整流的电压波形。由图 5-27 可以看出，整流后的电压还有一定的交流成分，必须通过滤波电路加以滤除，从而得到比较平滑的直流电压。

（2）利用 Multisim 的参数扫描分析功能可知，当负载电阻由 200Ω 变化至 4.7kΩ 时，输出电压变化为 6.8898 ~ 6.9002V。表明负载电流在一定范围内变动时，输出电压的变化很小，也就是稳压电路的负载特性好。如图 5-28 所示。

（3）利用 Multisim 的瞬态分析功能可知，当输入电压在 81.9744 ~ 82.2576V 变化时，输出电压变化为 6.8305 ~ 6.9002V。则

$$\gamma = \frac{\Delta V_o / V_o}{\Delta V_I / V_I} = 0.03$$

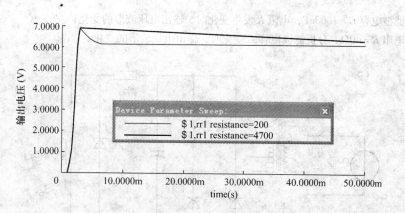

图 5-28　输出电压波形

利用 Multisim 的温度扫描分析功能可知：当温度由 − 30 ~ 200℃ 变化时，输出电压变化为 6.3066 ~ 7.4666V，如图 5-29、图 5-30 所示。则温度系数为

$$S_t = \frac{\Delta u_o}{\Delta T} = \frac{7.4666 - 6.3066}{200 - (-30)}V/℃ = 0.0504V/℃$$

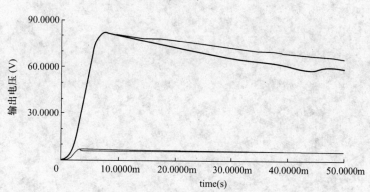

图 5-29　输出电压波形

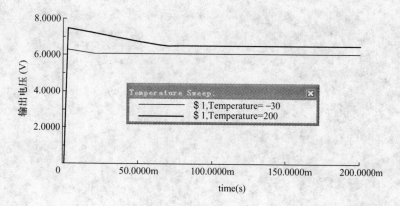

图 5-30　输出电压波形

2. Multisim 习题

【Mult 5-1】　已知稳压电路如图 5-31 所示，其中，二极管选用 1N4148，稳压管选用 1N750A，当负载 $R_L = 300Ω$ 时，试分析：

（1）当滤波电容 $C = 1000uF$，电阻 R 发生变化时，输出电压波形的变化；

（2）当电阻 $R = 40\Omega$，分析滤波电容 C 变化时，输出电压波形的变化。

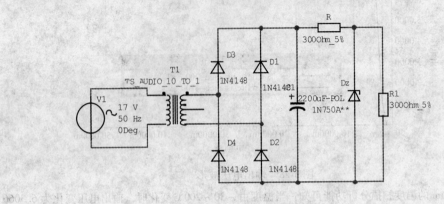

图 5-31　稳压电路仿真图

第6章 门电路与组合逻辑电路

本章首先介绍数字信号、数制、编码等基本概念；然后讲解逻辑代数的基本内容，包括常用逻辑关系、逻辑函数及其逻辑函数系列公式、代数法化简的规则和方法；最后介绍常用逻辑门电路的逻辑功能和工作原理；在此基础上讨论组合逻辑电路的分析和设计及常用组合逻辑部件的功能和应用，包括加法器、编码器、译码器等常用逻辑部件。

6.1 数字电路概述

数字电路是组成数字逻辑系统的硬件基础。现代电子电路可以分为模拟电路和数字电路两种。模拟电路处理的是模拟电压或模拟电流信号，数字电路是处理数字信号并能完成数字运算的电路，由于它具有逻辑运算和逻辑处理功能，所以又称数字逻辑电路。数字电路的应用极为广泛，利用数字电路的逻辑功能可以设计各种数字控制装置实现生产过程的自动控制；数字技术在通信领域的广泛应用，给信息传递、交换带来了方便和快捷；在近代测量仪表中也普遍采用了数字电路，利用数字电路进行采样、测量和数据分析并及时地显示分析结果；在数字电子技术基础上发展起来的计算机更是当代科学技术最杰出的成就之一，目前计算机技术已经渗透到各个领域，并引起了生产和生活的根本性变革。

6.1.1 数字电路与数字系统

自然界中存在的物理量可以分为模拟量和数字量。模拟量是指取值连续的物理量，如变化的温度、流失的时间、物体的质量等。数字量是指取值不连续的物理量，如元器件的个数、流水线上物品数等。与之类似，电信号也可以分为模拟信号和数字信号。

1. 模拟信号和数字信号

在连续的观测时间上，模拟信号在一定的取值范围内的其值是连续变化的，一般情况下的模拟信号的电压波形如图6-1所示。

数字信号是指对时间取值不连续的信号。图6-2所示是一个典型的数字信号电压的波形，信号只有0V和5V两种电压取值。

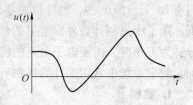

图6-1 模拟信号的电压波形图

图6-2所示电压信号的波形只有低电平和高电平两种有效电平0V和5V。在逻辑分析和设计中，通常用两个抽象的符号"0"和"1"表示。当用"0"表示低电平、用"1"表示高电平时，称为正逻辑表示法；若用"0"表示高电平、用"1"表示低电平，则称为负逻辑表示法。如不特别说明一般认为采用正逻辑表示法。

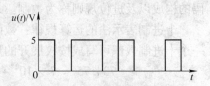

图6-2 数字信号的电压波形图

2. 数字电路的分类

按电路结构的不同可分为分立元件电路和集成电路两大类。根据集成密度不同，数字集成电路可分为小规模（每片数十个器件）、中规模（每片数百个器件）、大规模（每片数千个器件）和超大规模（每片器件数目大于 1 万）数字集成电路。集成电路从应用的角度又可分为通用型和专用型两大类型。按所用器件制作工艺的不同，数字电路可分为双极型（TTL 型）和单极型（MOS 型）两类。按照电路的结构和工作原理的不同，数字电路可分为组合逻辑电路和时序逻辑电路两类。组合逻辑电路没有记忆功能，其输出信号只与当时的输入信号有关，而与电路以前的状态无关。时序逻辑电路具有记忆功能，其输出信号不仅和当时的输入信号有关，而且与电路以前的状态有关。

3. 数字电路和数字系统的优点

处理模拟信号的电路是模拟电路，运算放大器是典型的模拟电路；处理数字信号的电路是数字电路，编码器、计数器是典型的数字电路。

相对于模拟电路，数字电路与系统具有以下特点：

1）便于高度集成化。各种不同逻辑功能的数字电路都是由最基本的逻辑运算元件——逻辑门构成的，该特征使数字电路便于实现大规模集成，从而可以有效地减小体积、降低功耗、提高可靠性。

2）工作可靠性高、抗干扰能力强。信息在传输、变换和处理时，不可避免地受到噪声的干扰并存在传输损耗。模拟信号由于其取值的连续性难以根除这种影响，而数字信号的离散取值特性有利于克服这种影响。数字通信系统中更可以采用各种检错和纠错编码，进一步提高信号传输的可靠性。

3）数字信息便于长期保存。

4）数字集成电路产品系列多、通用性强、成本低。

5）保密性好。

6.1.2　数制与码制

数制即计数体制。日常生活中常用的计数体制为十进制，其计数方法是：基本计数数码有 10 个，即 0 ~ 9，当计数对象个数超过 10 时，十进制计数采用"逢十进一"的计数规则。除了十进制计数外，常见的计数体制还有六十进制，如钟表常用 60 秒为 1 分钟，60 分钟为 1 小时。由于电子电路的特殊性，在数字电路中常用的计数体制与日常生活有所不同，数字系统中常用的计数体制有二进制、八进制、十六进制。

1. 数制

（1）数字电路常用的数制

表示数时，仅用一位数码往往不够用，必须用进位计数的方法组成多位数码。多位数码的构成以及进位规则称为数制。人们熟悉的计数体制是十进制计数法，简称十进制。

十进制表示法的运算规律：数码有 10 个分别为 0 ~ 9，称为基数 10，逢十进一，任何一个十进制数都可写成按权展开的形式，例如

$$734.75 = 7 \times 10^2 + 3 \times 10^1 + 4 \times 10^0 + 7 \times 10^{-1} + 5 \times 10^{-2} \tag{6-1}$$

式（6-1）中，10^2、10^1、10^0、10^{-1}、10^{-2} 称为十进制的权重，各数位的权是 10 的幂。显然，十进制数权的幂次以小数点的位置为基准，左边为正，按 0、1、2、…的顺序

增加；右边为负，按 -1、-2、…的顺序递减。在十进制数中，我们习惯地将小数点左边的位分别称为个位、十位、百位，小数点右边的位称为十分位、百分位，它们实际上就是各位的权值。一般地，对于十进制数 $d_2 d_1 d_0 d_{-1} d_{-2}$，其按权展开式为

$$D = d_2 \times 10^2 + d_1 \times 10^1 + d_0 \times 10^0 + d_{-1} \times 10^{-1} + d_{-2} \times 10^{-2} \tag{6-2}$$

一个有着 n 位整数、m 位小数的十进制数 D 可以表示为

$$D = \sum_{i=-m}^{n-1} d_i \times 10^i \tag{6-3}$$

套用十进制数表示法中归纳的按位计数法有关概念，二进制数表示法应该具有以下特性：基数是 2，只使用 0、1 两个字符，第 i 位的权是 2^i，计数时逢二进一。

二进制数的两种取值为 0 或 1，可以用数字系统中的高、低电平来表示，因此二进制是一种适用于硬件的数值表示法，在数字电路中有广泛的使用。常用下标表示数的计数体制，二进制数同样可以按权展开，例如

$$(101.01)_2 = 1 \times 2^2 + 0 \times 2^1 + 1 \times 2^0 + 0 \times 2^{-1} + 1 \times 2^{-2} = (5.25)_{10}$$

在数字系统中也经常使用和二进制数具有简单对应关系的八进制和十六进制。八进制数码为：0~7，基数是 8。运算规律：逢八进一，八进制数的权展开式，例如

$$(207.04)_8 = 2 \times 8^2 + 0 \times 8^1 + 7 \times 8^0 + 0 \times 8^{-1} + 4 \times 8^{-2} = (135.0625)_{10}$$

十六进制表示法具有以下特性：基数是 16，使用 0~9、A~F 共 16 个字符表示，其中字符 A、B、C、D、E、F 分别对应十进制数值 10、11、12、13、14、15。第 i 位的权是 16^i，计数时逢十六进一。十六进制数的权展开式，如

$$(D8.A)_2 = 13 \times 16^1 + 8 \times 16^0 + 10 \times 16^{-1} = (216.625)_{10}$$

（2）不同数制间的转换

在数字逻辑中，四种不同的进制之间常常需要进行互相转换，将 N 进制数按权展开即可转换为十进制数。

1）十进制数转换为二进制数。十进制数转换为二进制数时整数部分和小数部分要分别转换。整数部分的转换通常采用除 2 取余法。

【例 6-1】 将十进制数 218 转换为二进制数。

解 采用竖式连除法

		余数
2	218	0（LSB）
2	109	1
2	54	0
2	27	1
2	13	1
2	6	0
2	3	1
2	1	1（MSB）
	0	

最先产生的余数是最低有效位（LSB），最后产生的余数是最高有效位（MSB），转换

结果为：

$$(218)_{10} = (11011010)_2$$

小数部分采用乘 2 取整法。

【例 6-2】　将十进制数 0.6875 转换为二进制数。

解　采用乘 2 取整法

　　整数部分

$$0.6875 \times 2 = 1.375 \quad 1(\text{MSB})$$
$$0.375 \times 2 = 0.75 \quad 0$$
$$0.75 \times 2 = 1.5 \quad 1$$
$$0.5 \times 2 = 1.0 \quad 1(\text{LSB})$$

因此，$(0.6875)_{10} = (0.1011)_2$。

除 2 取余法和乘 2 取整法合称为基数乘除法，该方法可以推广到一般的十进制数转换为 R 进制数，称为除 R 取余法和乘 R 取整法。例如，将十进制数转换为十六进制数时，可以分别对整数和小数部分进行除以 16 取余和乘以 16 取整转换。

2）二进制、八进制、十六进制之间的转换。由于十六进制基数为 16，而 $16 = 2^4$，因此，4 位二进制数就相当于 1 位十六进制数。因此，可用"4 位分组"法将二进制数化为十六进制数。

【例 6-3】　将二进制数 1001101.100111 转换成十六进制数。

解：

$$(1001101.100111)_B = (0100 \quad 1101.1001 \quad 1100)_B = (4D.9C)_H$$

同理，若将二进制数转换为八进制数，可将二进制数分为 3 位一组，再将每组的 3 位二进制数转换成一位 8 进制即可。

由于每位十六进制数对应于 4 位二进制数，因此，十六进制数转换成二进制数，只要将每一位变成 4 位二进制数，按位的高低依次排列即可。

【例 6-4】　将十六进制数 6E.3A5 转换成二进制数。

解：

$$(6E.3A5)_H = (110 \quad 1110.0011 \quad 1010 \quad 0101)_B$$

同理，若将八进制数转换为二进制数，只需将每一位变成 3 位二进制数，按位的高低依次排列即可。

2. 码制

用文字、符号或者数码表示特定的事物或对象，则文字、符号或者数值称为特定对象的代码，如房间、运动员的编号等都是特定对象的代码。这些数码不再具有表示数量大小的含义，它们只是不同事物的代号。为了便于记忆和查找，编制代码时需要遵循一定的规则，这些规则称为码制。

用 4 位二进制数的 10 种组合表示十进制数 0~9，简称 BCD 码。4 位二进制码有 $2^4 = 16$ 种不同的组合，当用这些组合表示十进制数 0~9 时，有 6 种组合不用，由 16 种组合中选用 10 种组合作为 0~9 的代码。表 6-1 列出了几种常用的 BCD 码。

表 6-1　几种常用的 BCD 码

十进制数	8421 码	5421 码	2421 码	余 3 码
0	0000	0000	0000	0011
1	0001	0001	0001	0100
2	0010	0010	0010	0101
3	0011	0011	0011	0110
4	0100	0100	0100	0111
5	0101	1000	1011	1000
6	0110	1001	1100	1001
7	0111	1010	1101	1010
8	1000	1011	1110	1011
9	1001	1100	1111	1100

（1）8421 BCD 码

8421 BCD 码是最基本和最常用的 BCD 码，它和 4 位二进制数的前 10 个数对应，各位的权值为 8、4、2、1，故称为有权 BCD 码。它只选用了 4 位二进制码中前 10 组代码，即用 0000 ~ 1001 分别代表它所对应的十进制数，余下的 6 组 1010 ~ 1111 不用。

（2）5421 BCD 码和 2421 BCD 码

5421 BCD 码和 2421 BCD 码为有权 BCD 码，它们从高位到低位的权值分别为 5、4、2、1 和 2、4、2、1。

（3）余 3 码

余 3 码是 8421 BCD 码的每个码组加 3（0011）形成的。

用 BCD 码可以方便地表示多位十进制数，如十进制数 $(579.8)_{10}$ 可以分别用 8421 BCD 码、余 3 码表示为

$$(579.8)_{10} = (0101\quad 0111\quad 1001.1000)_{8421BCD码} = (1000\quad 1010\quad 1100.1011)_{余3码}$$

6.2　逻辑代数与逻辑函数

逻辑代数，又称为布尔代数，是英国数学家乔治·布尔于 1849 年提出的，用于研究逻辑变量和逻辑运算的代数系统。逻辑代数中的变量称为逻辑变量，一个逻辑变量只有两种可能的取值：0、1，这两个取值称为逻辑值，通常用来表示数字电路中信号的电平。例如，低电平表示为逻辑值"0"，高电平表示为逻辑值"1"。逻辑值不同于二进制数的数值，逻辑值"0"和"1"没有大小之分，只表示两种相对的状态。逻辑值可以用来表示开关的开和关、指示灯的亮和灭、命题的真与假这类只有两种取值的事件。数字系统中的信号被抽象为逻辑变量，信号之间的相互关系被抽象为逻辑运算。

6.2.1　基本逻辑运算

逻辑代数的基本运算类型有三种："与"逻辑、"或"逻辑、"非"逻辑。

当决定事件的诸变量全部存在，这件事才会发生，这样的因果关系称为"与"逻辑关

系。图 6-3 所示电路中，开关 A 与 B 都闭合时，灯 P 才亮，因此它们之间满足"与"逻辑关系。用 1 表示开关闭合，0 表示开关断开，同时用 P 表示灯的状态，0 表示灯灭，1 表示灯亮，则可以列出表 6-2，称为真值表。"与"逻辑关系可以用图 6-4 所示逻辑符号表示。

表 6-2　"与"逻辑真值表

变　　　量		与　逻　辑
A	B	AB
0	0	0
0	1	0
1	0	0
1	1	1

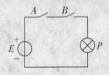

图 6-3　"与"逻辑关系　　　图 6-4　"与"逻辑符号

输出 P 与输入变量 A、B 间的逻辑关系记为

$$P = A \cdot B = AB \tag{6-4}$$

当决定该事件的诸变量中只要有一个存在，这件事就会发生，这样的因果关系称为"或"逻辑关系，也称为逻辑加，或者称为"或"运算，逻辑加运算。

例如，在图 6-5 所示电路中，灯 P 亮这个事件有两个条件决定，只要开关 A 与 B 中有一个闭合时，灯 P 就亮。因此灯 P 与开关 A 与 B 满足或逻辑关系，表示为

$$P = A + B \tag{6-5}$$

若以 A、B 表示开关的状态，"1"表示开关闭合，"0"表示开关断开；以 P 表示灯的状态，为"1"时，表示灯亮，为"0"时，表示灯灭。可列出"或"逻辑真值表 6-3。"或"逻辑关系可以用图 6-6 所示逻辑符号表示。

表 6-3　"或"逻辑真值表

变　　　量		或　逻　辑
A	B	$A + B$
0	0	0
0	1	1
1	0	1
1	1	1

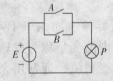

图 6-5　"或"逻辑关系　　　图 6-6　"或"逻辑符号

当某一条件满足时，事件不会发生，条件不满足时，才会发生，这样的因果关系称为"非"逻辑关系。图 6-7 所示电路中当开关闭合时灯灭，开关断开时灯亮，输入开关量 A 与灯的发光状态是一种"非"逻辑关系。可以列出"非"逻辑的真值表见表 6-4。图 6-8 为其逻辑符号，其逻辑表达式为

$$P = \overline{A} \tag{6-6}$$

表 6-4　"非"逻辑真值表

变　　　量	非　逻　辑
A	$\overline{A}$
0	1
1	0

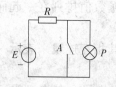
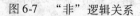

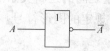

图 6-7　"非"逻辑关系　　　　　　图 6-8　"非"逻辑符号

6.2.2　复合逻辑运算

将基本逻辑运算进行各种组合，可以获得与非、或非、与或非、异或、同或等复合逻辑运算。其逻辑符号如图 6-9 所示。

"与非"逻辑运算逻辑表达式为

$$P = \overline{A \cdot B} \tag{6-7}$$

"或非"逻辑运算逻辑表达式为

$$P = \overline{A + B} \tag{6-8}$$

"与或非"逻辑运算逻辑表达式为

$$P = \overline{AB + CD} \tag{6-9}$$

"异或"逻辑运算逻辑表达式为

$$P = A \oplus B = \overline{A}B + A\overline{B} \tag{6-10}$$

"同或"逻辑运算逻辑表达式为

$$P = A \odot B = \overline{A}\,\overline{B} + AB \tag{6-11}$$

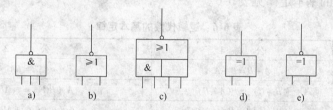

图 6-9　常用复合逻辑门逻辑符号

a）与非门　b）或非门　c）与或非门　d）异或门　e）同或门

6.2.3　逻辑变量和逻辑函数

式（6-6）~式（6-11）称为逻辑表达式。式中，A、B 称为逻辑变量，A、B 字母上面无反号的称为原变量，有反号的 $\overline{A}$、$\overline{B}$ 称为反变量，逻辑变量通过逻辑运算构成逻辑函数。

一般地说，如果输入逻辑变量 A、B、C、…的取值确定之后，输出变量的值 Z 也就唯一确定了，那么就称 Z 是 A、B、C、…的逻辑函数，写成

$$Z = F(A、B、C、\cdots) \tag{6-12}$$

逻辑函数中，每个自变量只能取 0、1 两种值，而逻辑函数的取值特征和自变量相同，也只能取 0 和 1 两种值。在数字电路中，逻辑代数中的自变量用于表示电路的输入信号，逻辑函数用于表示电路的输出信号。逻辑问题通常有以下四种表达方式：

1）真值表：将输入变量的各种可能取值和相应函数值排列在一起而组成的表格，是直观地描述逻辑变量之间的逻辑关系的有效方法。

2）逻辑符号：规定的图形符号。用逻辑符号及其相互连线来表示一定逻辑关系的电路图。

3）逻辑函数表达式：$F = f(A、B、\cdots)$，由逻辑变量和基本逻辑运算符所组成的表达式。

4）卡诺图：真值表的图形化表示方式。

真值表、逻辑表达式、卡诺图和逻辑图描述同一种逻辑关系，它们之间可以互相转换，知道其中的一个就可以推出其他几种表示方式。

6.2.4　逻辑代数的基本定律与运算规则

1. 基本定律与运算规则

1）常量与常量之间的关系见表6-5。任何变量乘"0"，恒等于"0"；任何变量乘"1"，等于变量自身；任何变量加"1"，恒等于"1"；任何变量加"0"，等于变量自身。

表6-5　常量与常量之间的关系

$0 \cdot 0 = 0$	$1 + 1 = 1$
$0 \cdot 1 = 0$	$0 + 1 = 1$
$1 \cdot 1 = 1$	$0 + 0 = 0$
$\bar{0} = 1$	$\bar{1} = 0$

2）逻辑代数的基本定律见表6-6。

表6-6　逻辑代数的基本定律

名　称	公　式　1	公　式　2
交换律	$A + B = B + A$	$AB = BA$
结合律	$A + (B + C) = (A + B) + C$	$A(BC) = (AB)C$
分配律	$A + BC = (A + B)(A + C)$	$A(B + C) = AB + AC$
互补律	$A + \bar{A} = 1$	$A \cdot \bar{A} = 0$
0 - 1 律	$A + 0 = A$	$A \cdot 1 = A$
	$A + 1 = 1$	$A \cdot 0 = 0$
还原律	$\bar{\bar{A}} = A$	$\bar{\bar{A}} = A$
重叠律	$A + A = A$	$A \cdot A = A$
吸收律	$A + AB = A$	$A(A + B) = A$
	$A + \bar{A}B = A + B$	$A(\bar{A} + B) = AB$
	$AB + A\bar{B} = A$	$(A + B)(A + \bar{B}) = A$
	$AB + \bar{A}C + BC = AB + \bar{A}C$	$(A + B)(\bar{A} + C)(B + C) = (A + B)(\bar{A} + C)$
反演律	$\overline{A + B} = \bar{A}\bar{B}$	$\overline{AB} = \bar{A} + \bar{B}$

证明逻辑等式有两种方法：一是真值表法，如果不论自变量取什么值，等式两边的函数值都相等，则等式成立；二是表达式变换法，又称公式法，通过运用逻辑代数的相关定

律和运算规则，对表达式进行恒等变换，若等式两边的函数表达式相同，则等式成立。下面通过实例对这两种方法加以说明。

【例 6-5】 用真值表证明分配律

$$A + BC = (A + B)(A + C)$$

解：设等式左边和右边的函数分别是

$$F_1 = A + BC$$
$$F_2 = (A + B)(A + C)$$

列出 F_1 和 F_2 的真值表，见表 6-7。由真值表可以看出，对于自变量 A、B、C 的任意一种取值，F_1 和 F_2 的值都相同。因此

$$F_1 = F_2$$

表 6-7　真值表

A	B	C	F_1	F_2
0	0	0	0	0
0	0	1	0	0
0	1	0	0	0
0	1	1	1	1
1	0	0	1	1
1	0	1	1	1
1	1	0	1	1
1	1	1	1	1

【例 6-6】 用真值表证明反演律 $\overline{AB} = \overline{A} + \overline{B}$。

证明：分别列出两公式等号两边函数的真值表即可得证，见表 6-8。

表 6-8　例 6-6 真值表

A	B	$\overline{AB}$	$\overline{A} + \overline{B}$
0	0	1	1
0	1	1	1
1	0	1	1
1	1	0	0

反演 $\overline{A + B} = \overline{A}\,\overline{B}$ 可以仿照上例得出，这里不再证明。反演律又称摩根定律，是非常重要又非常有用的公式，它经常用于逻辑函数的变换，需要熟练加以掌握。

【例 6-7】 用公式法证明吸收律公式：$AB + \overline{A}C + BC = AB + \overline{A}C$。

解：

$$
\begin{aligned}
AB + \overline{A}C + BC &= AB + \overline{A}C + (A + \overline{A})BC &\text{（添加项）}\\
&= AB + \overline{A}C + ABC + \overline{A}BC &\text{（去括号）}\\
&= (AB + ABC) + (\overline{A}C + \overline{A}BC) &\text{（重新合并）}\\
&= AB(1 + C) + \overline{A}C(1 + B) &\text{（提取公因子）}\\
&= AB + \overline{A}C &\text{（吸收）}
\end{aligned}
$$

左边 = 右边，等式得证。

3）基本规则。逻辑代数除上述公式和定理外，在运算时还有三个基本规则：代入规则、反演规则和对偶规则。

代入规则的基本内容是：对于任何一个逻辑等式，以某个逻辑变量或逻辑函数同时取代等式两端任何一个逻辑变量后，等式依然成立。

【例 6-8】　用代入规则将反演律公式 $A + B = \overline{A}\,\overline{B}$ 推广到三变量的形式。

解：由代入规则用 $(B + C)$ 取代等式中的变量 B，有

$$\overline{A + (B + C)} = \overline{A} \cdot \overline{(B + C)}$$

对等式右边的 $\overline{B + C}$ 运用反演律，可得

$$\overline{A + B + C} = \overline{A}\,\overline{B}\,\overline{C}$$

显然，这就是反演律的三变量形式。

对偶的概念：在一个逻辑函数式 P 中，实行加乘互换，"0"、"1" 互换，得到的新逻辑式记为 P'，则称 P' 为 P 的对偶式。

对偶规则：如果两个逻辑函数表达式相等，那么它们的对偶式也一定相等。

用对偶规则去考查公式和定理，从表 6-6 不难发现表中吸收率的公式 1 和公式 2 之间符合对偶规则。

反演规则：设 F 为逻辑函数，如果把式中的 "·" 号改为 "+" 号；"+" 号改为 "·" 号，"0" 换为 "1"，而 "1" 换为 "0"，原变量改为反变量，反变量改为原变量，则得到原变量的反函数 $\overline{F}$。实际上，在计算对偶表达式的基础上，再进行原变量和反变量的互换，就可以求得反函数了。例如：

$$Y = A\overline{B} + \overline{C}DE \qquad\qquad \overline{Y} = (\overline{A} + B)(\overline{C} + D + \overline{E})$$

$$\overline{Y} = \overline{A + \overline{B} + \overline{C} + D + \overline{E}} \qquad\qquad \overline{\overline{Y}} = \overline{A} \cdot \overline{B} \cdot \overline{C} \cdot \overline{D} \cdot \overline{E}$$

需要注意的是，在进行原反变量变换时只进行单个变量的变换，如果变量上的非号是两个或者两个以上变量公用的，保持原非号不变。

2. 逻辑函数表示方法及其相互转换

逻辑函数有五种表示方法，真值表法、函数表达式法、逻辑图法、卡诺图法和波形图法，它们之间的相互转换，是分析、设计逻辑电路的关键。

我们已经学习过三种最基本的逻辑运算：逻辑 "与"、逻辑 "或" 和逻辑 "非"。用它们可以解决所有的逻辑运算问题，因此可以称之为一个 "完备逻辑集"，用这个完备逻辑集的组合可以表示任意逻辑电路。同一个函数逻辑有多种表达形式，这里定义一种重要的逻辑函数形式，称为逻辑函数的标准形式。

（1）逻辑函数的标准形式

最小项的定义：对于 N 个变量，如果 P 是一个含有 N 个因子的乘积项，而且在 P 中每个变量都以原变量或反变量的形式作为一个因子出现，且仅出现一次，则称 P 是 N 个变量的一个最小项。

简单地说，最小项就是包含全部变量的 "与" 项。例如，$\overline{A}\,\overline{B}\,\overline{C}$、$\overline{A}\,\overline{B}C$、$\overline{A}B\overline{C}$、$\overline{A}BC$、$A\overline{B}\,\overline{C}$、$A\overline{B}C$、$AB\overline{C}$、$ABC$ 都是三个变量的最小项。而 $\overline{A}\,\overline{B}$、$\overline{A}B$、$A\overline{B}$、$AB$ 是两个变量的最小项。N 个变量共有 2^n 个最小项。

性质：1）每个最小项都对应了一组变量取值，对任一最小项，只有与之对应的那一组变量取值才使它的值为"1"。

例如，三个变量的最小项与使之为 1 的变量的取值组合有下列对应关系：

$$\bar{A}\,\bar{B}\,\bar{C}—000;\bar{A}\,\bar{B}C—001$$
$$\bar{A}B\bar{C}—010;\bar{A}BC—011$$
$$A\,\bar{B}\,\bar{C}—100;A\bar{B}C—101$$
$$AB\bar{C}—110;ABC—111$$

2）任意两个不同最小项之积恒为 0。

3）全体最小项的逻辑和恒为 1。

4）两个逻辑相邻的最小项可以合并为一项，从而消去一个因子。

任何一个逻辑函数都能表示成最小项之和的形式，而且这种表示形式是唯一的，这就是标准"与或"式，也叫最小项标准表达式。

【例 6-9】 写出 $F = \overline{AB} + \overline{\bar{B}C}$ 的标准"与或"式。

解： 首先把表达式化为"与或"式 $F = \overline{A}B + \overline{B}\,\overline{C}$，然后补齐所缺变量

$$F = \bar{A}B(C + \bar{C}) + \bar{B}\,\bar{C}(A + \bar{A}) = \bar{A}\,\bar{B}\,\bar{C} + \bar{A}B\,\bar{C} + \bar{A}BC + A\bar{B}\,\bar{C}$$

（2）真值表

定义：前面已提到过真值表的概念。输入变量各种可能的取值组合及其对应的函数值，排列在一起而组成的表格。

【例 6-10】 举重比赛，有三个裁判 A、B、C，如果有两个或者两个以上的裁判认为成功，则此次举重通过，列出逻辑问题的真值表。

解： 输入变量 A、B、C 表示裁判，同意取值为"1"，否则为"0"。

输出函数 F 表示举重裁判结果，结果通过，取值为"1"，否则为"0"。列出所有可能的情况，得到真值表，见表 6-9。

表 6-9　例 6-10 真值表

A	B	C	F
0	0	0	0
0	0	1	0
0	1	0	0
0	1	1	1
1	0	0	0
1	0	1	1
1	1	0	1
1	1	1	1

把表中为"1"的行对应的最小项相"或"，可以列出最小项表达式

$$F = \bar{A}BC + A\bar{B}C + AB\bar{C} + ABC$$

优点：直观明了，便于将实际逻辑问题抽象成数学表达式；缺点：难以用公式和定理进行运算和变换，变量较多时，列函数真值表较繁琐。

（3）卡诺图

图 6-10 为卡诺图法表示逻辑函数，表 6-9 的 8 个行对应图 6-10 所示卡诺图的 8 个方格，输入变量 A、B、C 的取值由表格两边的坐标决定，在空格中填入不同输入组合时函数 F 的取值，即可得到 F 的卡诺图。

优点：便于求出逻辑函数的最简"与或"表达式。

缺点：只适于表示和化简变量个数比较少的逻辑函数，不便于进行运算和变换。

（4）逻辑图

用基本逻辑单元和逻辑部件的逻辑符号构成的变量流程图。逐级画出逻辑表达式的逻

辑符号，并连接起来即可。图6-11所示为逻辑函数 $Y = AB + BC + CA$ 的逻辑图。

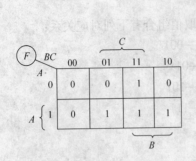

图6-10　卡诺图法表示逻辑函数

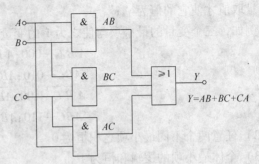

图6-11　用逻辑图表示逻辑函数

优点：最接近实际电路。

缺点：不能进行运算和变换，所表示的逻辑关系不直观。

（5）波形图

输入变量和对应的输出变量随时间变化的波形。图 6-12 所示为已知 A、B 的波形时逻辑函数 $Y = AB$ 的波形图。

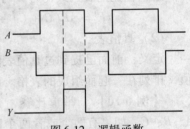

图6-12　逻辑函数 $Y = AB$ 的波形图

优点：形象直观地表示了变量取值与函数值在时间上的对应关系。

缺点：难以用公式和定理进行运算和变换，当变量个数增多时，画图较麻烦。

（6）逻辑函数表示方法间的相互转换

逻辑函数有四种表示方法，它们之间的相互转换是分析、设计逻辑电路的关键，下面举例说明转换方法。

真值表转换为函数表达式：

1）把表6-9中函数值为"1"的四种变量组合挑出来，011　101　110　111。

2）把取值为"1"的变量写成原变量，为"0"的写成反变量，得乘积项；$\overline{A}BC$　$A\overline{B}C$　$AB\overline{C}$　ABC。

3）把所得的乘积项加起来，即得标准的"与或"式。

$$F = \overline{A}BC + A\overline{B}C + AB\overline{C} + ABC$$

由逻辑表达式列真值表：把逻辑变量各种可能的取值组合分别代入式中计算，求出相应的函数值并填入表中。

【例6-11】已知 $F_1 = A\overline{B} + B\overline{C} + C\overline{A}$，$F_2 = \overline{A}B + \overline{B}C + \overline{C}A$，说明 F_1、F_2 的关系。

解：三个变量，将8种组合代入计算，得真值表，见表6-10。

由真值表可知：$F_1 = F_2$。

下面举例说明由逻辑图列写逻辑表达式。逻辑图也是逻辑函数的一种表示方法。已知逻辑图写逻辑表达式的方法很简单，从输入到输出逐级写出输出端的表达式或者反过来从后往前写出逻辑表达式即可。

表 6-10　例 6-11 的真值表

A	B	C	F_1	F_2
0	0	0	0	0
0	0	1	1	1
0	1	0	1	1
0	1	1	1	1
1	0	0	1	1
1	0	1	1	1
1	1	0	1	1
1	1	1	0	0

【例 6-12】　写出如图 6-13 所示逻辑图的表达式。

解：

$$F_1 = \overline{\overline{A} + B},\ F_3 = \overline{A + \overline{B}},\ F_2 = \overline{F_1 + F_2} = \overline{\overline{\overline{A} + B} + \overline{A + \overline{B}}}$$

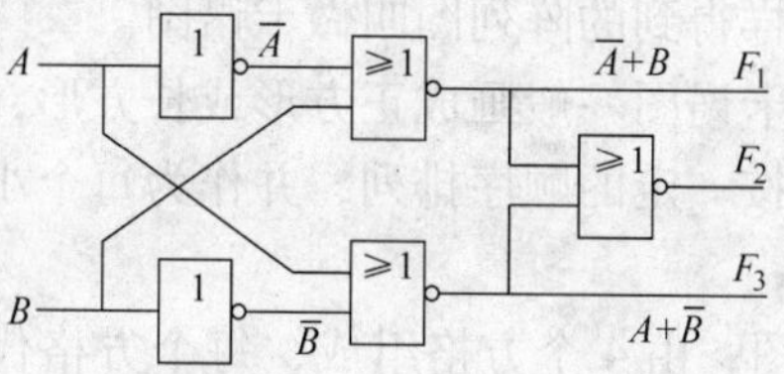

图 6-13　例 6-12 逻辑图

由逻辑表达式到逻辑图的转换比较简单。已知函数表达式，只要逐级画出由"与""或""非"等逻辑符号组成逻辑电路即可。

3. 逻辑的函数化简

最简"与或"式：在"与或"表达式中，若"与"项个数最少，且每个"与"项中变量的个数也最少，则该式就是最简"与或"式。

（1）逻辑函数的代数化简法

用基本公式和常用公式进行推演的化简方法叫做公式化简法。

能否快速准确地得到最简结果，与对公式掌握的熟练程度及化简经验密切相关。

化简法大致可归纳为以下几种方法。

1）并项法：利用 $A + \overline{A} = 1$，将两项合并为一项，消去一个变量（或者利用全体最小项之和恒为"1"的概念，把 2^n 项合并为一项，消去 n 个变量）。

【例 6-13】

$$F = (A\overline{B} + \overline{A}B)C + (AB + \overline{A}\,\overline{B})C = (\underbrace{A\overline{B} + \overline{A}B + AB + \overline{A}\,\overline{B}}_{\text{两个变量的全体最小项}})C = C$$

或者：$F = (A\,\overline{B} + \overline{A}B)C + (AB + \overline{A}\,\overline{B})C = (A \oplus B)C + (\overline{A \oplus B})C = C$

2）吸收法：利用 $A + AB = A$ 吸收多余项。

【例 6-14】　$F = A\,\overline{C} + AB\,\overline{C}D(E + F) = A\,\overline{C} + A\,\overline{C}BD(E + F)$。

3）消去法：利用 $A + \overline{A}B = A + B$ 消去多余的因子。

【例6-15】 $F = AB + \overline{A}C + \overline{B}C = AB + (\overline{A} + \overline{B})\,C = AB + \overline{AB}\,C = AB + C$。

4）消项法：利用 $AB + \overline{A}C + BC = AB + \overline{A}C$ 消去多余的项。

【例6-16】 $F = A\overline{B} + AC + \overline{C}D + ADE = A\overline{B} + AC + \overline{C}D$。

5）配项法：利用 $A = AB + A\overline{B}$ 将一项变为两项，或者增加冗余项，然后寻找新的组合关系进行化简。

【例6-17】
$$\begin{aligned}
F &= A\overline{B} + B\overline{C} + \overline{B}C + \overline{A}B \\
&= A\overline{B} + B\overline{C} + \overline{B}C + \overline{A}B + A\overline{C} &&（冗余定理）\\
&= A\overline{B} + \overline{A}C + B\overline{C} + \overline{B}C + \overline{A}B &&（后两项可以消去）\\
&= A\overline{B} + \overline{A}C + B\overline{C}
\end{aligned}$$

在实际化简时，上述方法要综合利用。公式法化简的优点是没有任何局限性，缺点是化简结果是否最简不易看出。

（2）逻辑函数的卡诺图化简法

卡诺图：把逻辑函数的最小项填入特定的方格内排列起来，让它们不仅几何位置相邻，而且逻辑上也相邻，这样得到的阵列图叫做卡诺图。

卡诺图的构成：①变量卡诺图一般画成正方形或长方形，对于 n 个变量，分割出 2^n 个小方格；②变量的取值顺序按一定的顺序排列，并作为每个小方格的编号。下面依次画出 2～4 变量的卡诺图。

图6-14a 为二变量卡诺图，由4个方格组成，每个方格代表一个最小项，每个最小项均对应一组使之为1的变量的取值组合，如最小项 $\overline{AB}$ 在 A、B 为 0、0 时，$\overline{AB} = 1$。通常把使最小项取值为1的取值组合所对应的十进制数作为该最小项的编号，记为 m_i。例如，$\overline{AB}$ 记为 m_0，$A\overline{B}$ 记为 m_2。图6-14b 为三变量卡诺图，图6-14c 为四变量卡诺图。

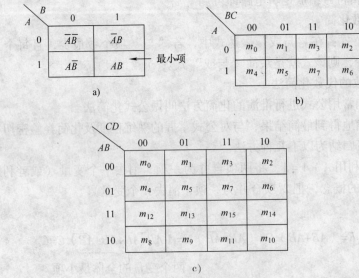

图6-14　逻辑电路常用卡诺图

a）二变量卡诺图　b）三变量卡诺图　c）四变量卡诺图

逻辑函数的卡诺图：卡诺图是真值表的阵列图形式，仅排列方式不同，从真值表 6-11 画出的卡诺图如图 6-15 所示。

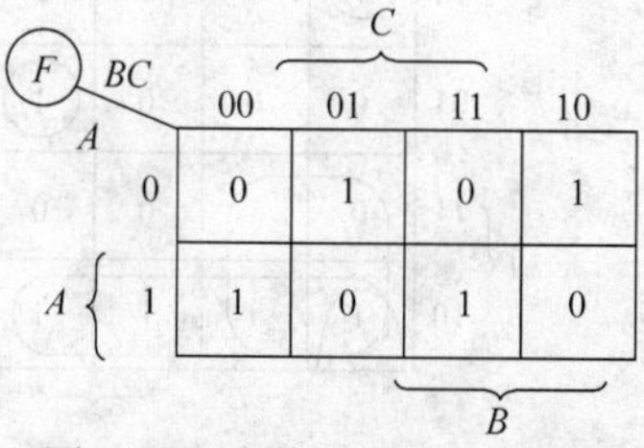

表 6-11 F 的真值表

A	B	C	F
0	0	0	0
0	0	1	1
0	1	0	1
0	1	1	0
1	0	0	1
1	0	1	0
1	1	0	0
1	1	1	1

图 6-15 真值表转化为卡诺图

由逻辑表达式画出卡诺图的步骤如下：

1）求函数的标准与或式，并编号；

2）画卡诺图；

3）在图中找到与函数所对应的最小项方格并填"1"，其余的添"0"。

【例 6-18】 将 $F = \overline{A}\,\overline{B}\,\overline{C} + \overline{A}B\overline{C} + A\overline{B}\,\overline{C} + AB\overline{C}$ 填入卡诺图。

解：

$$F = \overline{A}\,\overline{B}\,\overline{C} + \overline{A}B\overline{C} + A\overline{B}\,\overline{C} + AB\overline{C}$$
$$= \sum m(0,2,4,6)$$

画出卡诺图如图 6-16 所示。

利用卡诺图可以方便地化简逻辑函数，下面介绍其化简逻辑函数的原理。

逻辑相邻：相同变量的两个最小项只有一个因子不同，则它们在逻辑上相邻。逻辑相邻的最小项相加可以消去不相同的因子。例如，$ABC + AB\overline{C} = AB$；$\overline{A}\,\overline{B}CD + \overline{A}BCD + ABCD + A\overline{B}CD = CD$。

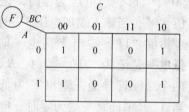

图 6-16 例 6-18 卡诺图

由于卡诺图特殊的排列规律，图中几何相邻的最小项一定是逻辑相邻的，因此卡诺图中几何相邻的几个最小项可以合并，最小项的合并规律如下：

1）相邻的两个最小项可以合并为一项，消去一个变量；

2）相邻的四个最小项可以合并为一项，消去两个变量；

3）相邻的八个最小项合并为一项，消去三个变量。

推而广之，逻辑相邻的 2^n 个最小项相加，能消去 n 个变量。

利用卡诺图法化简逻辑函数的步骤：

1）画函数 F 的卡诺图；

2）把可以合并的最小项的分别圈出，每个包围圈中的最小项可合并为一项；

3）把各个合并项加起来即可。

【例 6-19】 把 $F(A, B, C, D) = \sum m(0, 6, 8, 9, 10, 11, 12, 13)$ 化为最简"与或"式。

解： 函数所对应的卡诺图如图 6-17 所示，把四个包围圈对应的乘积项加起来

$$F(A,B,C,D) = A\overline{B} + A\overline{C} + \overline{B}\,\overline{C}\,\overline{D} + \overline{A}BC\overline{D}$$

注意：

1）所有为 1 的最小项必须在某一个包围圈中，且圈中 1 的个数必须是 2^n 个。

2）包围圈中 1 的个数越多越好（变量少），而包围圈的个数越少越好（乘积项少）。

3）卡诺图中的 1 可以重复使用（重叠律），但每个包围圈中应至少含一个新 1。否则，该乘积项就是多余的。

4）圈 1 得原函数，圈 0 得反函数。

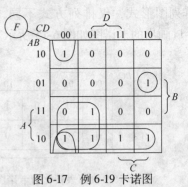

图 6-17　例 6-19 卡诺图

4. 逻辑门电路

数字电路中，用以实现一定逻辑关系的电路称为逻辑门电路，简称门电路。门电路可以用二极管、晶体管等分立器件组成，也可以用集成电路实现，称为集成门电路。数字电路中的基本逻辑关系有三种，即"与"、"或"、"非"。与其对应的基本门电路有"与门"、"或门"、"非门"三种。

（1）与门电路

图 6-18a 为实现与逻辑关系的电子电路称为"与门"电路，简称"与门"，输入 A、B 端加电压 0V、3V，对应两种逻辑值"0"、"1"，当电压为零时，记为输入逻辑值"0"，当输入端加电压 3V 时，记为输入逻辑值"1"，输出 Y 高电平时记为"1"，低电平时记为"0"，当 A、B 均为 0V 时，两个二极管导通，输出 Y 为低电平 0.7V，当 A、B 中任意一端为零时，电平为零的输入端将优先导通，输出仍为低电平，只有 A、B 均为高电平时，输出才为高电平。可以列出图 6-18 所示电路的真值表见表 6-12。

图 6-18b 为与门的逻辑符号，可以看出，"与逻辑门电路"的符号与"与逻辑"符号相同，实际上在数字系统中两者不再区分，此符号即表示逻辑关系也可以表示逻辑电路。与逻辑门电路的逻辑关系同样用下式表示

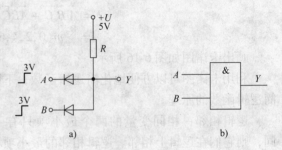

图 6-18　二极管与门电路及其符号
a）与门电路　b）逻辑符号

表 6-12　与门的真值表

A	B	Y
0	0	0
0	1	0
1	0	0
1	1	1

$$Y = A \cdot B = AB$$

与门电路一般用来控制信号的传送。例如，有一个两输入端与门，如果在 A 端输入一控制信号，B 端输入一个持续的脉冲信号，图 6-19 为与门电路的工作波形，图中只有当 $A = 1$ 时，B 信号才能通过，在 Y 端得到输出信号，此时相当于与门被打开；当 $A = 0$ 时，与门被封锁，信号 B 不能通过。

与门电路目前常用的集成电路有 74LS08，它的内部用 4 个两输入与门电路，图 6-20

为其外引脚图和逻辑图。

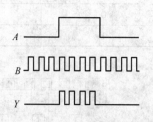

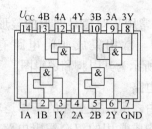

图 6-19 与门电路工作波形   图 6-20 集成与门 74LS08

（2）或门电路

图 6-21a 为由二极管组成的"或门"电路。图 6-21b 为或门的逻辑符号。

或门的真值表见表 6-13。可以写成二极管或门的逻辑表达式可以写成

$$Y = A + B$$

同样，或门输入变量可以是多个，如 $Y = A + B + C + \cdots$。

目前常用或门集成电路有 74LS32，它的内部有 4 个二输入或门电路，图 6-22 为其引脚和逻辑图符号。

表 6-13 或门的真值表

A	B	Y
0	0	0
0	1	1
1	0	1
1	1	1

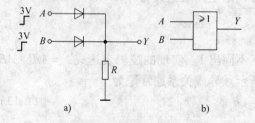

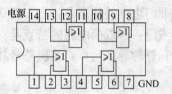

图 6-21 二极管与门电路及其符号
a）或门电路 b）符号

图 6-22 集成或门 74LS32 引脚和逻辑图

（3）非门逻辑电路

图 6-23a 为由晶体管组成的非门电路。在电路中，晶体管工作在饱和状态或截止状态。当 A 为低电平即 0V 时，晶体管截止，相当于开路，输出端 Y 为接近 U 的高电平，逻辑值为 1；当 A 为 1 即高电平（一般为 3V）时，晶体管处于饱和状态，饱和电压 $U_{CES} = 0.3V$，C、E 间相当于短路，输出端 Y 为 0。其逻辑关系表达式为

$$Y = \overline{A}$$

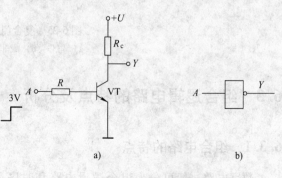

图 6-23 与门电路及其逻辑符号
a）非门电路 b）符号

图 6-23b 为非门逻辑符号。非门逻辑真值表见表 6-14。

"非门"电路常用于对信号波形的整形和倒相的电路中。常用集成非门电路有 74LS04，图 6-24 所示为其引脚和逻辑图。

（4）复合门电路

在实际使用中，可以将上述的基本逻辑门电路组合起来，构成常用的组合逻辑电路，以实现各种逻辑功能。例如，将与门、或门、非门经过简单组合，可构成另一些复合逻辑门。常用的复合逻辑门有"与非门"、"或非门"、"异或门"等。

表 6-14 非门的真值表	
A	Y
0	1
1	0

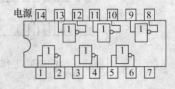

图 6-24　集成非门 74LS04 引脚和逻辑图

与非门：在一个"与门"的输出端接一个"非门"，就可完成"与"和"非"的复合运算（先求"与"，再求"非"）称"与非"运算。实现与非复合运算的电路称与非门。与非门逻辑符号如图 6-25a 所示。与非门的逻辑表达式为

$$Y = \overline{A \cdot B}$$

"与非"门电路的特点是：有 0 则 1，全 1 则 0。

或非门：在一个或门的输出端接一个非门，则可构成实现"或非"复合运算的电路称或非门。或非门逻辑符号如图 6-25b 所示。或非门的逻辑表达式为

$$Y = \overline{A + B}$$

或非门电路的特点是：有 1 则 0，全 0 则 1。

异或门：异或门电路的特点是：同则出 0，不同出 1。实现的逻辑表达式 $Y = A\overline{B} + \overline{A}B$ 的逻辑运算称异或运算。逻辑符号如图 6-25c 所示。异或关系通常记为

$$Y = A \oplus B \tag{6-13}$$

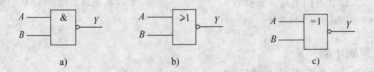

图 6-25　复合门逻辑符号

a）与非　b）或非　c）异或

6.3　组合逻辑电路的特点及分析

6.3.1　组合电路的特点

数字电路一般可分为组合逻辑电路和时序逻辑电路两种。组合逻辑电路具有下列特点：任何时刻的输出状态只取决于这一时刻的输入状态，而与电路的原来状态无关。图 6-26 为组合逻辑电路示意图，其中 F 表示输出，X 表示输入，则组合逻辑电路可以描述

为下列逻辑函数表达式

$$\begin{cases} F_1 = f_1(X_1, X_2, \cdots, X_n) \\ F_2 = f_2(X_1, X_2, \cdots, X_n) \\ \vdots \\ F_m = f_m(X_1, X_2, \cdots, X_n) \end{cases} \quad (6\text{-}14)$$

组合逻辑电路输出函数的特点决定了组合逻辑电路的结构特点：组合逻辑电路由逻辑门电路组成，没有记忆单元，也没有连接输入/输出的反馈支路。组合电路逻辑功能的表示方法常用的有逻辑函数表达式、真值表、逻辑图、卡诺图等。

图 6-26　组合逻辑电路示意图

6.3.2　组合逻辑电路分析

组合逻辑电路的分析是根据给定的逻辑图，确定电路的逻辑功能，即求出组合逻辑电路的逻辑表达式和真值表并根据真值表确定其逻辑功能。分析步骤是：

1）推导逻辑电路输出函数的逻辑表达式并化简。首先将逻辑图中各个逻辑门的输出标上字母，然后从输入级开始，逐级推导出逻辑电路的输出函数。

2）由逻辑表达式建立真值表。列写真值表的方法是首先将输入信号的所有组合按照二进制数从小到大的顺序列表，然后将各输入组合分别代入函数表达式得到输出信号的逻辑值。

3）分析真值表，判断逻辑电路的功能。

【例 6-20】　分析图 6-27 所示逻辑电路的功能。

解：（1）逐级写出输出逻辑函数表达式

$$Y_1 = \overline{AB}$$
$$Y_2 = \overline{BC}$$
$$Y_3 = \overline{AC}$$

$$Y = Y_1 Y_2 Y_3 = \overline{\overline{AB}\ \overline{BC}\ \overline{AC}} = AB + BC + AC \quad (6\text{-}15)$$

（2）列真值表。将 A、B、C 各种取值组合代入逻辑式（6-15）中，可列出真值表见表 6-15。

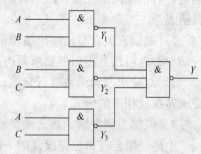

图 6-27　例 6-20 的逻辑电路

表 6-15　例 6-20 真值表

输　　入			输　　出
A	B	C	Y
0	0	0	0
0	0	1	0
0	1	0	0
0	1	1	1
1	0	0	0
1	0	1	1
1	1	0	1
1	1	1	1

（3）逻辑功能分析。由真值表可看出：在输入 A、B、C 三个变量中，有两个或两个以上的 1 时，输出 Y 为 1，否则 Y 为 0，因此，图 6-27 所示电路为多数表决电路。

【例 6-21】　试分析图 6-28 所示逻辑电路的功能。

解：（1）根据逻辑图写出逻辑函数式并化简

$$Y = \overline{\overline{\overline{A \cdot B} \cdot \overline{AB}}} = \overline{A} \cdot \overline{B} + AB \tag{6-16}$$

（2）列真值表见表 6-16。

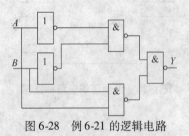

图 6-28　例 6-21 的逻辑电路

表 6-16　例 6-21 的真值表

A	B	Y
0	0	1
0	1	0
1	0	0
1	1	1

（3）分析逻辑功能。由真值表可知，A、B 相同时 $Y = 1$，A、B 相不相同时 $Y = 0$，所以该电路是"同或"逻辑电路。

6.3.3　组合逻辑电路的设计

组合逻辑电路设计是根据给定的逻辑功能，画出实现该功能的逻辑图。设计步骤与分析过程相反：

1）分析设计要求并列真值表。根据题意确定输入变量和输出函数并进行逻辑赋值，确定它们相互间的关系，然后将输入变量以自然二进制数顺序的各种取值组合排列，列出真值表。

2）根据真值表写出输出逻辑函数的"最小项之和"表达式。如果逻辑电路的设计比较简单，也可以直接根据要求写出逻辑函数表达式。

3）对输出逻辑函数进行化简。将得到的逻辑函数化成最简与或表达式，并根据具体要求转换成相应的形式。

4）根据最简逻辑函数式画逻辑图。

上述是组合逻辑电路设计的一般步骤，具体设计问题应根据实际情况进行取舍，灵活掌握，下面举例说明一般组合逻辑电路的设计方法。

【例 6-22】　设有甲、乙、丙三台电动机，它们运转时必须满足这样的条件，即任何时间必须有而且仅有一台电动机运行，如不满足该条件，就输出报警信号。试设计报警电路。

解：（1）分析设计要求，确定输入/输出变量。取甲、乙、丙三台电动机的状态为输入变量，分别用 A、B 和 C 表示，并且规定电动机运转为 1，停转为 0，取报警信号为输出变量，以 Y 表示，$Y = 0$ 表示正常状态，否则为报警状态。

（2）根据题意可列出表 6-17 所示真值表。

（3）写逻辑表达式。方法有两种：一是写 $Y = 1$ 的组合，二是写 $Y = 0$ 的组合，若 $Y = 0$ 的组合很少时，可写 $\overline{Y}$，然后再对 $\overline{Y}$ 求反。以下是对 $Y = 1$ 的情况写出的表达式

$$Y = \overline{A}\,\overline{B}\,\overline{C} + \overline{A}BC + A\overline{B}C + AB\overline{C} + ABC \tag{6-17}$$

化简后得

$$Y = \overline{A}\,\overline{B}\,\overline{C} + AC + AB + BC \tag{6-18}$$

（4）由逻辑表达式可画出图 6-29 所示的逻辑电路图

表 6-17　例 6-22 真值表

A	B	C	Y
0	0	0	1
0	0	1	0
0	1	0	0
0	1	1	1
1	0	0	0
1	0	1	1
1	1	0	1
1	1	1	1

从上述设计过程不难看出，列真值表是组合逻辑电路设计的关键。设计者必须对问题进行全面分析，弄清楚哪些量为输入变量，哪些量为输出函数，以及它们之间的相互关系，采用穷举法列出变量可能出现的所有输入组合，并用 0、1 表示输入变量和输出函数的相应状态，才能正确地列出真值表。

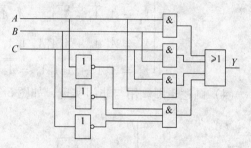

图 6-29　例 6-22 的逻辑电路图

【例 6-23】　设计一个将余 3 码变换为 8421 BCD 码的组合逻辑电路。

解：（1）确定输入/输出，列真值表。输入为余 3 码，用 A_3、A_2、A_1 和 A_0 表示，余 3 码有 6 个状态不用，不会出现，作任意项处理。输出为 8421 BCD 码，用 Y_3、Y_2、Y_1 和 Y_0 表示；

（2）将余 3 码变换为 8421 BCD 码的真值表见表 6-18。

表 6-18　例 6-23 的真值表

顺　序	输　入				输　出			
	A_3	A_2	A_1	A_0	Y_3	Y_2	Y_1	Y_0
0	0	0	1	1	0	0	0	0
1	0	1	0	0	0	0	0	1
2	0	1	0	1	0	0	1	0
3	0	1	1	0	0	0	1	1
4	0	1	1	1	0	1	0	0
5	1	0	0	0	0	1	0	1
6	1	0	0	1	0	1	1	0
7	1	0	1	0	0	1	1	1
8	1	0	1	1	1	0	0	0
9	1	1	0	0	1	0	0	1

（续）

顺序	输入				输出			
	A_3	A_2	A_1	A_0	Y_3	Y_2	Y_1	Y_0
	0	0	0	0				
	0	0	0	1				
伪码	0	0	1	0	不使用			
	1	1	0	1				
	1	1	1	0				
	1	1	1	1				

（3）卡诺图化简。分别画出 Y_3、Y_2、Y_1 和 Y_0 的卡诺图，由卡诺图可写出 Y_0、Y_1、Y_2 和 Y_3 的最简逻辑函数表达式

$$\begin{cases} Y_0 = \overline{A_0} \\ Y_1 = A_1\overline{A_0} + \overline{A_1}A_0 = \overline{\overline{A_1\overline{A_0}}\ \overline{\overline{A_1}A_0}} \\ Y_2 = \overline{A_2}\ \overline{A_0} + A_2A_1A_0 + A_3\ \overline{A_1}A_0 = \overline{\overline{\overline{A_2}\ \overline{A_0}}\ \overline{A_2A_1A_0}\ \overline{A_3\ \overline{A_1}A_0}} \\ Y_2 = A_3A_2 + A_3A_1A_0 = \overline{\overline{A_3A_2}\ \overline{A_3A_1A_0}} \end{cases} \qquad (6\text{-}19)$$

（4）画逻辑图。用与非门实现，如图 6-30 所示。

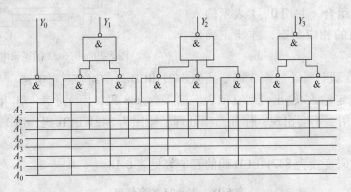

图 6-30　例 6-23 的逻辑图

6.4　加法器

随着电子技术的发展，单个芯片的功能大大提高，目前常用的一些电路已制作成目标非常明确的通用功能部件，如加法器、编码器、译码器、数据选择器、数据比较器等。其中，加法器的基本功能是完成数字系统中的加法运算。目前数字系统的二进制加、减、乘、除运算都是转化成加法运算完成的，因此加法器是构成数字电路的基本单元之一。

6.4.1　半加器

只考虑两个一位二进制数的相加，不考虑来自低位进位数的运算电路，称为半加器。

考虑第 i 位的两个加数 A_i 和 B_i 的加法运算，它除产生本位和数 S_i 之外，还有一个向高位的进位数。设输入信号：加数 A_i，被加数 B_i；输出信号：本位和 S_i，向高位的进位 C_i。根据二进制加法原则，得真值表见表 6-19。

写出逻辑函数表达式

$$S_i = \overline{A_i} B_i + A_i \overline{B_i} \tag{6-20}$$

$$C_i = A_i B_i \tag{6-21}$$

根据半加器的逻辑表达式可以画出其逻辑电路如图 6-31a 所示，半加器由一个异或门和一个与门组成，图 6-31b 为半加器的逻辑符号。

表 6-19　半加器真值表

A_i	B_i	S_i	C_i
0	0	0	1
1	1	0	0
0	1	1	1
0	1	0	1

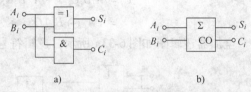

图 6-31　半加器的逻辑图和逻辑符号
a）半加器的逻辑图　b）半加器的逻辑符号

6.4.2　全加器

能对两个一位二进制数相加并考虑低位来的进位，得到和数及进位的逻辑电路称为全加器。例如，在第 i 位二进制数相加时，被加数、加数和来自低位的进位数分别为 A_i、B_i、C_{i-1}，输出本位和及其向相邻高位的进位数分别为 S_i、C_i，可列出全加器的真值表见表 6-20。

表 6-20　全加器真值表

输　　入			输　　出	
A_i	B_i	C_{i-1}	S_i	C_i
0	0	0	0	0
0	0	1	1	0
0	1	0	1	0
0	1	1	0	1
1	0	0	1	0
1	0	1	0	1
1	1	0	0	1
1	1	1	1	1

S_i 和 C_i 的卡诺图，如图 6-32 所示。由卡诺图可以写出逻辑函数表达式

$$S_i = \overline{A_i}\, \overline{B_i} C_{i-1} + \overline{A_i} B_i \overline{C_i} + A_i \overline{B_i}\, \overline{C_{i-1}} + A_i B_i C_{i-1}$$

$$= (\overline{A_i}\, \overline{B_i} + A_i B_i) C_{i-1} + (\overline{A_i} B_i + A_i \overline{B_i}) C_{i-1}$$

$$= \overline{A_i \oplus B_i} C_{i-1} + (A_i \oplus B_i) \overline{C_{i-1}}$$

$$= A_i \oplus B_i \oplus C_{i-1} \tag{6-22}$$

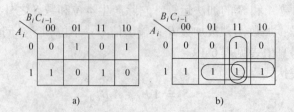

图 6-32　全加器卡诺图

a) 全加器本位和　b) 全加器进位位

$$C_i = \overline{A_i} B_i C_{i-1} + A_i \overline{B_i} C_{i-1} + A_i B_i \overline{C_{i-1}} + A_i B_i C_{i-1}$$

$$= (A_i \oplus B_i) C_{i-1} + A_i B_i \tag{6-23}$$

全加器逻辑图如图 6-33a 所示，逻辑符号如图 6-33b 所示。

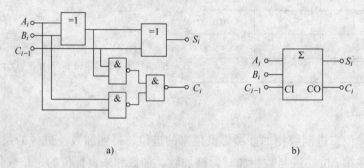

图 6-33　全加器的逻辑图和逻辑符号

a) 逻辑电路图　b) 逻辑符号

6.4.3　多位加法器

半加器和全加器均用来实现一位加法运算，由全加器可以构成多位加法器。根据进位方法的不同，多位加法器可以分为串行进位加法器和并行进位加法器两种，下面对串行加法器电路结构和工作原理进行介绍。

每个全加器表示一位二进制数据，由 n 位全加器的串联可构成 n 位加法器。构成方法是依次将低位全加器的进位 CO 输出端连接到高位全加器的进位输入端 CI，串行进位 4 位加法器的结构如图 6-34 所示。

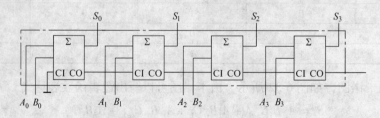

图 6-34　串行进位 4 位加法器

这种加法器的高位相加必须等到低位的进位产生之后才能形成，即进位在各级之间是串联关系，所以称为串行进位加法器。由于串行加法器逐级进位的运算特点，当加法器位数很多时，运算速度会比较慢。但串行加法器结构简单，在不要求运算速度的设备中可以使用。为了提高加法器的运算速度，出现了并行进位加法器，比起串行进位加法器，并行进位加法器电路结构较为复杂，本书不予详述，可参考有关资料。

6.5　编码器与译码器

6.5.1　编码器

将具有特定意义的信息编成相应二进制代码的过程，称为编码。实现编码功能的电路,称为编码器，其输入为被编信号，输出为二进制代码。编码器有二进制编码器、二-十进制编码器和优先编码器等。编码器的输入是被编码的信号，输出是与输入信号对应的一组二进制代码，如图 6-35 所示。当信号 $(x_1, x_2, \cdots, x_{m-1})$ 中有某个信号输入时，输出 $(z_1, z_2, \cdots, z_{n-1})$ 组成这个信号的编码。

在一组输入变量中，只要有一个变量的取值为"1"，则其他变量的取值必须为"0"，具有这种约束关

图 6-35　编码器功能框图

系的变量叫做互相排斥的变量；没有上述约束关系的称为非互相排斥的变量。按照输入变量的类型不同，编码器可分为普通编码器和优先编码器。普通编码器用来对互相排斥的变量进行编码，优先编码器对不具有约束关系的输入变量按照优先级别的高低进行编码。

1. 3 位二进制编码器

用 n 位二进制代码来表示 $N = 2^n$ 个信号的电路称为二进制编码器。3 位二进制编码器是把 8 个输入信号 $I_0 \sim I_7$ 编成对应的 3 位二进制代码输出，称为 8/3 线编码器。假定输入为互相排斥的 8 个信号 $I_0 \sim I_7$，可以列出真值表见表 6-21，逻辑表达式为

$$\begin{cases} Y_2 = I_4 + I_5 + I_6 + I_7 = \overline{\overline{I_4}\,\overline{I_5}\,\overline{I_6}\,\overline{I_7}} \\ Y_1 = I_2 + I_3 + I_6 + I_7 = \overline{\overline{I_2}\,\overline{I_3}\,\overline{I_6}\,\overline{I_7}} \\ Y_0 = I_1 + I_3 + I_5 + I_7 = \overline{\overline{I_1}\,\overline{I_3}\,\overline{I_5}\,\overline{I_7}} \end{cases} \qquad (6\text{-}24)$$

表 6-21　3 位二进制编码表

输　　入	输　　出		
	Y_2	Y_1	Y_0
I_0	0	0	0
I_1	0	0	1
I_2	0	1	0
I_3	0	1	1
I_4	1	0	0
I_5	1	0	1
I_6	1	1	0
I_7	1	1	1

逻辑图如图 6-36 所示。

2. 二-十进制编码器

将十进制的 10 个数码 0～9 编成二进制代码的逻辑电路称为二-十进制编码器,用于把 10 个输入信号 I_0～I_9(代表十进制的 10 个数码 0～9)编成对应的 4 位二进制代码输出,称为 10/4 线编码器。n 位二进制代码共有 2^n 种,可以对 $m \leqslant 2^n$ 个信号进行编码。因二-十进制编码器的输入是 10 个十进制数,故应使用 4 位二进制代码表示。从 $2^n = 16$ 种二进制代码中取 10 种来代表 0～9,这是十进制数码,这种编码器的设计方案很多,最常用的是 8421 BCD 码编码器。在二-

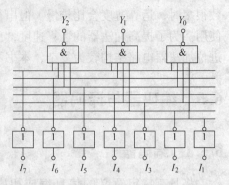

图 6-36　3 位二进制编码器的逻辑图

十进制编码器中,代表 0～9 的输入信号也是互相排斥的,其工作原理及设计过程与 3 位二进制编码器相似。8421 BCD 编码器的真值表见表 6-22,可以写出逻辑表达式为

$$\begin{cases} Y_3 = I_8 + I_9 = \overline{\overline{I_8}\,\overline{I_9}} \\ Y_2 = I_4 + I_5 + I_6 + I_7 = \overline{\overline{I_4}\,\overline{I_5}\,\overline{I_6}\,\overline{I_7}} \\ Y_1 = I_2 + I_3 + I_6 + I_7 = \overline{\overline{I_2}\,\overline{I_3}\,\overline{I_6}\,\overline{I_7}} \\ Y_0 = I_1 + I_3 + I_5 + I_7 + I_9 = \overline{\overline{I_1}\,\overline{I_3}\,\overline{I_5}\,\overline{I_7}} \end{cases} \qquad (6-25)$$

逻辑图如图 6-37 所示。

表 6-22　8421BCD 码编码器的真值表

I	Y_3	Y_2	Y_1	Y_0
0 (I_0)	0	0	0	0
1 (I_1)	0	0	0	1
2 (I_2)	0	0	1	0
3 (I_3)	0	0	1	1
4 (I_4)	0	1	0	0
5 (I_5)	0	1	0	1
6 (I_6)	0	1	1	0
7 (I_7)	0	1	1	1
8 (I_8)	1	0	0	0
9 (I_9)	1	0	0	1

3. 优先编码器

普通编码器电路结构比较简单,但同时两个或更多信号有效时,将造成输出状态混乱,采用优先编码器可以避免这种现象出现。优先编码器允许同时输入两个以上的编码信号,编码器对所有的输入信号规定了优先顺序,当多个输入信号同时出现时,只对其中优先级最高的一个进行编码。

(1)8/3 线优先编码器

能根据输入信号的优先级别进行编码的电路称

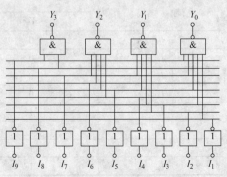

图 6-37　8421 BCD 码编码器逻辑图

为优先编码器。3 位二进制优先编码器的输入是 8 个要进行优先编码的信号 $I_0 \sim I_7$，设 I_7 的优先级别最高，I_6 次之，以此类推，I_0 最低，并分别用 000 ~ 111 表示 $I_0 \sim I_7$，优先编码器真值表见表 6-23，逻辑表达式为

表 6-23　3 位二进制优先编码表

I_7	I_6	I_5	I_4	I_3	I_2	I_1	I_0	Y_2	Y_1	Y_0
1	×	×	×	×	×	×	×	1	1	1
0	1	×	×	×	×	×	×	1	1	0
0	0	1	×	×	×	×	×	1	0	1
0	0	0	1	×	×	×	×	1	0	0
0	0	0	0	1	×	×	×	0	1	1
0	0	0	0	0	1	×	×	0	1	0
0	0	0	0	0	0	1	×	0	0	1
0	0	0	0	0	0	0	1	0	0	0

$$
\begin{cases}
Y_2 = I_7 + \bar{I}_7 I_6 + \bar{I}_7 \bar{I}_6 I_5 + \bar{I}_7 \bar{I}_6 \bar{I}_5 I_4 = I_7 + I_6 + I_5 + I_4 \\
Y_1 = I_7 + \bar{I}_7 I_6 + \bar{I}_7 \bar{I}_6 \bar{I}_5 \bar{I}_4 I_3 + \bar{I}_7 \bar{I}_6 \bar{I}_5 \bar{I}_4 I_3 I_2 = I_7 + I_6 + \bar{I}_5 \bar{I}_4 I_3 + \bar{I}_5 \bar{I}_4 I_2 \\
Y_0 = I_7 + \bar{I}_7 \bar{I}_6 I_5 + \bar{I}_7 \bar{I}_6 \bar{I}_5 \bar{I}_4 I_3 + \bar{I}_7 \bar{I}_6 \bar{I}_5 \bar{I}_4 \bar{I}_3 \bar{I}_2 I_1 \\
\quad = I_7 + \bar{I}_6 I_5 + \bar{I}_6 \bar{I}_4 I_3 + \bar{I}_6 \bar{I}_4 \bar{I}_2 I_1
\end{cases}
\tag{6-26}
$$

逻辑图如图 6-38 所示。

（2）10 / 4 线二进制优先编码器 74LS147

74LS147 优先编码器是一个中规模集成优先编码器。编码器输入信号有 10 个，输出为 4 位二进制码，编码器功能见表 6-24，符号如图 6-39 所示。74LS147 逻辑功能为：

1）数码输出端：$\bar{Y}_3$、$\bar{Y}_2$、$\bar{Y}_1$、$\bar{Y}_0$ 为 8421 BCD 码的反码。

2）编码器信号输入端：$\bar{I}_1 \sim \bar{I}_9$

编码器输入低电平 0 有效，输入高电

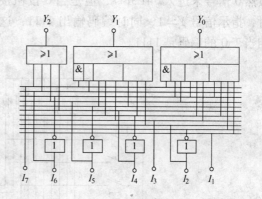

图 6-38　3 位二进制优先编码器

平 1 无效，表示无编码请求。编码器的优先级别：$\bar{I}_9$ 最高，$\bar{I}_8$ 次之，其余依次类推，$\bar{I}_0$ 的级别最低。当 $\bar{I}_9 = 0$ 时，依次输入信号不论是 0 还是 1 都不起作用，电路只对 $\bar{I}_9$ 进行编码，输出 $\bar{Y}_3 \bar{Y}_2 \bar{Y}_1 \bar{Y}_0 = 0110$，依次类推。编码器没有低电平 0 输入端，这是因为当 $\bar{I}_1 \sim \bar{I}_9$ 都为高电平 1 时，输出 $\bar{Y}_3 \bar{Y}_2 \bar{Y}_1 \bar{Y}_0 = 1111$，其原码为 0000，相当于输入 $\bar{I}_0$。因此，在逻辑功能示意图中没有输入端 $\bar{I}_0$。也就是说，编码器对输入进行优先编码，优先级为从 9 依次到 1，保证只编码最高位输入数据线，对 "0" 的编码是隐含的。

表 6-24 74LS147 优先编码器功能表

输 入									输 出			
$\bar{I_1}$	$\bar{I_2}$	$\bar{I_3}$	$\bar{I_4}$	$\bar{I_5}$	$\bar{I_6}$	$\bar{I_7}$	$\bar{I_8}$	$\bar{I_9}$	$\bar{Y_3}$	$\bar{Y_2}$	$\bar{Y_1}$	$\bar{Y_0}$
1	1	1	1	1	1	1	1	1	1	1	1	1
×	×	×	×	×	×	×	×	0	0	1	1	0
×	×	×	×	×	×	×	0	1	0	1	1	1
×	×	×	×	×	×	0	1	1	1	0	0	0
×	×	×	×	×	0	1	1	1	1	0	0	1
×	×	×	×	0	1	1	1	1	1	0	1	0
×	×	×	0	1	1	1	1	1	1	0	1	1
×	×	0	1	1	1	1	1	1	1	1	0	0
×	0	1	1	1	1	1	1	1	1	1	0	1
0	1	1	1	1	1	1	1	1	1	1	1	0

图 6-40 所示电路是 74LS147 的典型应用电路，该电路可以将 0~9 这 10 个按钮信号转换成编码。D、C、B、A 为编码输出信号，Y 为编码指示信号。当没有按钮接通时，输出信号 $DCBA$ = 1111，Y = 0；若 1~9 数码中有信号接通，D、C、B、A 中必然有一个为零，则输出信号 Y = 1。虽然 0 信号未进入 74LS147，但是当 0 按钮接通时，指示信号 Y = 1，同时编码输出 1111，这就相当于 0 的编码是 1111。

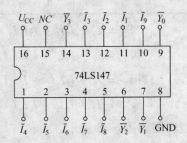

图 6-39 74LS147 优先编码器符号

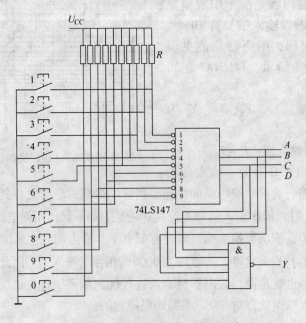

图 6-40 74LS147 的典型应用电路

6.5.2　译码器

将二进制代码或其他确定信号或对象的代码"翻译"出来，变换成另外的与之对应的输出信号（或另一种代码）的逻辑电路称为译码器。

1. 二进制译码器

N 位二进制译码器有 N 个输入端和 2^N 个输出端，即将 N 位二进制代码的组合状态翻译成对应的 2^N 个最小项。具有 N 个输入端 2^N 个输出端的通常称为 $N/2^N$ 线译码器。例如，3 位二进制译码器代码输入的是 3 位二进制代码 $A_2A_1A_0$，输出是 8 个译码信号 $Y_0 \sim Y_7$，称为 3/8 线译码器。其真值见表 6-25，逻辑表达式为

$$\begin{cases} Y_0 = \overline{A_2}\,\overline{A_1}\,\overline{A_0} & Y_1 = \overline{A_2}\,\overline{A_1}\,A_0 \\ Y_2 = \overline{A_2}\,A_1\,\overline{A_0} & Y_3 = \overline{A_2}\,A_1\,A_0 \\ Y_4 = A_2\,\overline{A_1}\,\overline{A_0} & Y_5 = A_2\,\overline{A_1}\,A_0 \\ Y_6 = A_2\,A_1\,\overline{A_0} & Y_7 = A_2\,A_1\,A_0 \end{cases} \tag{6-27}$$

表 6-25　3 位二进制译码器的真值表

A_2	A_1	A_0	Y_0	Y_1	Y_2	Y_3	Y_4	Y_5	Y_6	Y_7
0	0	0	1	0	0	0	0	0	0	0
0	0	1	0	1	0	0	0	0	0	0
0	1	0	0	0	1	0	0	0	0	0
0	1	1	0	0	0	1	0	0	0	0
1	0	0	0	0	0	0	1	0	0	0
1	0	1	0	0	0	0	0	1	0	0
1	1	0	0	0	0	0	0	0	1	0
1	1	1	0	0	0	0	0	0	0	1

常用的中规模集成电路译码器有双 2/4 线译码器 74LS139，3/8 线译码器 74LS138，4/16 线译码器 74LS154 和 4/10 线二-十进制译码器 74LS42 等。3 位二进制译码器如图 6-41 所示。

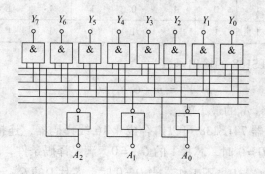

图 6-41　3 位二进制译码器

74LS138 的引脚排列如图 6-42 所示。其中，A_2、A_1 和 A_0 是输入端，$\overline{Y_0}$、$\overline{Y_1}$、$\overline{Y_2}$、$\overline{Y_3}$、$\overline{Y_4}$、$\overline{Y_5}$、$\overline{Y_6}$、$\overline{Y_7}$ 是输出端，G_1、$\overline{G_{2A}}$、$\overline{G_{2B}}$ 是控制端。集成译码器的真值表见表 6-26。真值表中 $G_2 = \overline{G_{2A}} + \overline{G_{2B}}$，从真值表可以看出，当 $G_1 = 1$、$G_2 = 0$ 时该译码器处于工作状态，否则输出被禁止，输出高电平。三个控制端又称为片选端，利用片选端可以将多片连接起来，扩展译码器的功能。

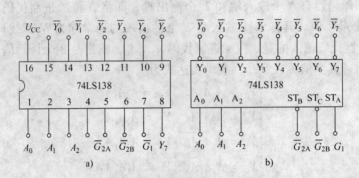

图 6-42　集成译码器 74LS138

表 6-26　集成译码器 74LS138 真值表

输　　入					输　　出							
使　能		选　择										
G_1	$\overline{G_2}$	A_2	A_1	A_0	$\overline{Y_7}$	$\overline{Y_6}$	$\overline{Y_5}$	$\overline{Y_4}$	$\overline{Y_3}$	$\overline{Y_2}$	$\overline{Y_1}$	$\overline{Y_0}$
×	1	×	×	×	1	1	1	1	1	1	1	1
0	×	×	×	×	1	1	1	1	1	1	1	1
1	0	0	0	0	1	1	1	1	1	1	1	0
1	0	0	0	1	1	1	1	1	1	1	0	1
1	0	0	1	0	1	1	1	1	1	0	1	1
1	0	0	1	1	1	1	1	1	0	1	1	1
1	0	1	0	0	1	1	1	0	1	1	1	1
1	0	1	0	1	1	1	0	1	1	1	1	1
1	0	1	1	0	1	0	1	1	1	1	1	1
1	0	1	1	1	0	1	1	1	1	1	1	1

从真值表可知，74LS138 的输出函数为

$$Y_i = \overline{m_i (G_1 \, \overline{G_{2A}} \, \overline{G_{2B}})} \tag{6-28}$$

式中，m_i 为输入 A_2、A_1、A_0 的最小项。

用两片 3/8 线译码器 74LS138 可以组合成 4/16 线译码器，连接方法如图 6-43 所示。输入代码为 $DCBA$，当 $D = 0$ 时，芯片 1 的 $\overline{G_{2A}} = 0$，满足译码条件，芯片 1 对 $DCBA$ 的低三位进行译码，芯片 2 的 $G_1 = 0$，不工作；当 $D = 0$ 时，芯片 1 的 $\overline{G_{2A}} = 1$，不工作，芯片 2 的 $G_1 = 0$，满足译码条件，芯片 2 对 $DCBA$ 的高三位进行译码。通过两个芯片的控制端，控制芯片分别工作在低 8 位和高 8 位，实现了 4/16 线译码功能。

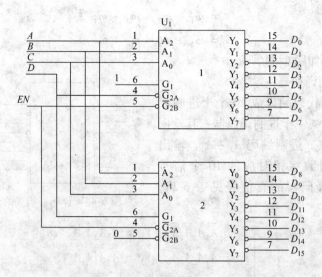

图 6-43　用 74LS138 实现 4/16 线译码

　　集成二进制译码器和门电路配合可实现组合逻辑函数功能。一个二进制译码器，可以提供 n 个输入变量的 2^n 个最小项输出，而任何逻辑函数式都可以用最小项之和的形式来表示。因此任何一个具有 n 个输入、m 个输出的组合电路，都可以用译码器和"或门"实现。其方法是：首先将函数值为 1 时输入变量的各种取值组合表示成"与或"表达式，其中每个"与"项必须包含函数的全部变量，即写成最小项之和的形式，由于集成二进制译码器大多输出为低电平有效，所以还需将"与或"表达式转换为"与非"表达式，最后按照"与非"表达式在二进制译码器后面接上相应的"与非门"即可。

　　【例 6-24】　试用一个 3/8 译码器和门电路组成一个全加器。

　　解：全加器有 $n=3$ 个输入变量，$m=2$ 个输出函数，3/8 译码器能产生三变量的 8 个最小项，所以，可以用一片 3/8 译码器和两个"或门"实现，其真值表见表 6-27。

表 6-27　全加器真值表

A_i	B_i	C_{i-1}	S_i	C_i
0	0	0	0	0
0	0	1	1	0
0	1	0	1	0
0	1	1	0	1
1	0	0	1	0
1	0	1	0	1
1	1	0	0	1
1	1	1	1	1

　　根据全加器的真值表，写出逻辑表达式

$$S_i = \overline{A_i}\,\overline{B_i}C_{i-1} + \overline{A_i}B_i\overline{C_{i-1}} + A_i\overline{B_i}\,\overline{C_{i-1}} + A_iB_iC_{i-1}$$

$$= m_1 + m_2 + m_4 + m_7 \tag{6-29}$$

$$C_i = m_3 + m_5 + m_6 + m_7 \tag{6-30}$$

电路的逻辑图如图 6-44 所示。

2. 二 – 十进制译码器

把二 – 十进制代码翻译成 10 个十进制数字信号的电路称为二 – 十进制译码器，其输入是十进制数的 4 位二进制编码 $A_3 \sim A_0$，输出是与 10 个十进制数字相对应的 10 个信号 $Y_9 \sim Y_0$。8421 码译码器的真值表见表 6-28，逻辑表达式为

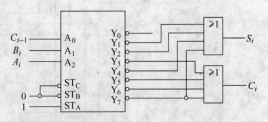

图 6-44　译码器构成的全加器逻辑图

$$\begin{cases} Y_0 = \overline{A_3}\,\overline{A_2}\,\overline{A_1}\,\overline{A_0} & Y_1 = \overline{A_3}\,\overline{A_2}\,\overline{A_1}\,A_0 \\ Y_2 = \overline{A_3}\,\overline{A_2}\,A_1\,\overline{A_0} & Y_3 = \overline{A_3}\,\overline{A_2}\,A_1\,A_0 \\ Y_4 = \overline{A_3}\,A_2\,\overline{A_1}\,\overline{A_0} & Y_5 = \overline{A_3}\,A_2\,\overline{A_1}\,A_0 \\ Y_6 = \overline{A_3}\,A_2\,A_1\,\overline{A_0} & Y_7 = \overline{A_3}\,A_2\,A_1\,A_0 \\ Y_8 = A_3\,\overline{A_2}\,\overline{A_1}\,\overline{A_0} & Y_9 = A_3\,\overline{A_2}\,\overline{A_1}\,A_0 \end{cases} \tag{6-31}$$

表 6-28　8421 码译码器的真值表

A_3	A_2	A_1	A_0	Y_9	Y_8	Y_7	Y_6	Y_5	Y_4	Y_3	Y_2	Y_1	Y_0
0	0	0	0	0	0	0	0	0	0	0	0	0	1
0	0	0	1	0	0	0	0	0	0	0	0	1	0
0	0	1	0	0	0	0	0	0	0	0	1	0	0
0	0	1	1	0	0	0	0	0	0	1	0	0	0
0	1	0	0	0	0	0	0	0	1	0	0	0	0
0	1	0	1	0	0	0	0	1	0	0	0	0	0
0	1	1	0	0	0	0	1	0	0	0	0	0	0
0	1	1	1	0	0	1	0	0	0	0	0	0	0
1	0	0	0	0	1	0	0	0	0	0	0	0	0
1	0	0	1	1	0	0	0	0	0	0	0	0	0

逻辑图如图 6-45 所示。

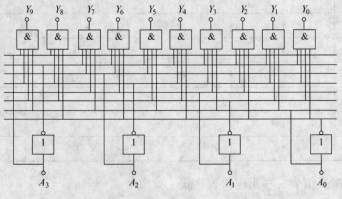

图 6-45　8421 码译码器的逻辑图

3. 显示译码器

在数字系统中，常需要将测量结果或运算结果用十进制的形式显示出来。数字系统的显示由两部分组成：显示器和显示译码器。

显示器的种类很多，不同类型的显示器要有不同的译码器与之配合。目前比较常用的是 LED 显示器。图 6-46a 所示为七段数码显示器的外形图，七段 LED 数码显示器是将要显示的十进制数码分成 7 段，每段为一个发光二极管，利用不同发光段的组合来显示不同的数字，有共阴极和共阳极两种接法，如图 6-46b、c 所示。发光二极管 $a \sim g$ 用于显示十进制的 10 个数字 $0 \sim 9$，h 用于显示小数点。对于共阴极的显示器，某一段接高电平时发光；对于共阳极的显示器，接低电平时发光。使用时每个二极管要串联一个约 100Ω 的限流电阻。

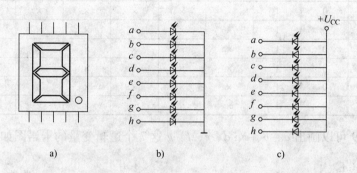

图 6-46 LED 七段显示器的外形图及二极管的连接方式
a) 外形图 b) 共阴极 c) 共阳极

图 6-46b、c 为显示译码器控制七段显示器发光原理图，显示译码器输入端为 8421 BCD 码，输入端 $abcdefg$ 与显示器之间通过 7 个电阻相连，对于共阴极接法的显示器，当译码器的输出为高电平 1 时驱动数码管发光，控制 $abcdefg$ 的输出电平就可以显示出不同的字形。因此二-十进制译码器的功能是输出控制信号使数码管的字段发光，显示出相应的十进制代码，如图 6-47 所示。

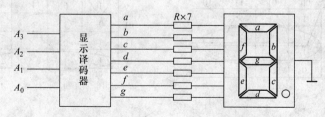

图 6-47 LED 七段显示器工作原理图

设 4 个输入 $A_3 \sim A_0$ 采用 8421 码，驱动共阴极的七段发光二极管的二-十进制译码器真值表见表 6-29。

表 6-29 七段译码显示器真值表

A_3	A_2	A_1	A_0	a	b	c	d	e	f	g
0	0	0	0	1	1	1	1	1	1	0
0	0	0	1	0	1	1	0	0	0	0

（续）

A_3	A_2	A_1	A_0	a	b	c	d	e	f	g
0	0	1	0	1	1	0	1	1	0	1
0	0	1	1	1	1	1	1	0	0	1
0	1	0	0	1	0	1	1	0	1	1
0	1	0	1	1	0	1	1	0	1	1
0	1	1	0	0	0	1	1	1	1	0
0	1	1	1	1	1	1	0	0	0	0
1	0	0	0	1	1	1	1	1	1	1
1	0	0	1	1	1	1	1	0	1	1
1	0	0	1	×	×	×	×	×	×	×
1	0	0	1	×	×	×	×	×	×	×
1	0	0	1	×	×	×	×	×	×	×
1	0	0	1	×	×	×	×	×	×	×
1	0	0	1	×	×	×	×	×	×	×
1	0	0	1	×	×	×	×	×	×	×

根据表 6-29 可以画出 a、b、c、d、e、f、g 这 7 个逻辑变量的卡诺图如图 6-48 所示。

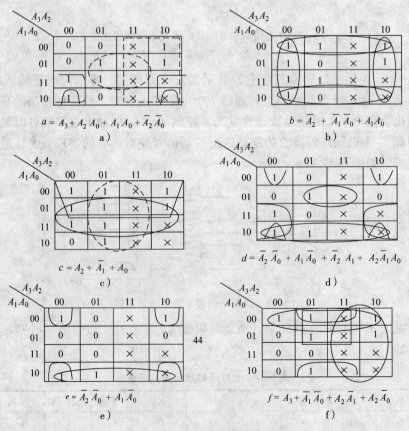

图 6-48 七段显示译码器卡诺图

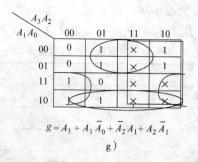

$$g = A_3 + A_1\overline{A}_0 + \overline{A}_2 A_1 + A_2 \overline{A}_1$$

g)

图 6-48 七段显示译码器卡诺图（续）

由卡诺图可以写出其逻辑函数表达式

$$\begin{cases} a = A_3 + A_2 A_0 + A_1 A_0 + \overline{A}_2 \overline{A}_0 \\ b = \overline{A}_2 + \overline{A}_1 \overline{A}_0 + A_1 A_0 \\ c = A_2 + \overline{A}_1 + A_0 \\ d = \overline{A}_2 \overline{A}_0 + A_1 \overline{A}_0 + \overline{A}_2 A_1 + A_2 \overline{A}_1 A_0 \\ e = \overline{A}_2 \overline{A}_0 + A_1 \overline{A}_0 \\ f = A_3 + \overline{A}_1 \overline{A}_0 + A_2 \overline{A}_1 + A_2 \overline{A}_0 \\ g = A_3 + A_1 \overline{A}_0 + \overline{A}_2 A_1 + A_2 \overline{A}_1 \end{cases} \tag{6-32}$$

根据上面逻辑函数表达式，可以画出七段显示译码器的逻辑图如图 6-49 所示。

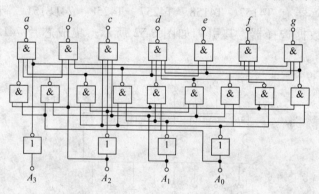

图 6-49 七段显示译码器逻辑图

6.6 数据选择器与数据分配器

6.6.1 数据选择器

能根据选择控制信号从多路数据中任意选出所需要的一路数据作为输出的逻辑电路称为数据选择器。图 6-50 是四选一数据选择器的功能示意图。A_1、A_0 为选择信号，D_3、D_2、D_1、D_0 为数据输入端，数据开关受到选择信号的控制，当开关接通不同的选择信号时，Y 输出端接通 4 个输入数据中的其中之一。

四选一数据选择器真值表见表6-30，逻辑表达式为

$$Y = D_0\overline{A_1}\,\overline{A_0} + D_1\overline{A_1}A_0 + D_2A_1\overline{A_0} + D_3A_1A_0 \tag{6-33}$$

表 6-30 数据选择器的真值表

D	A_1	A_0	Y
D_0	0	0	D_0
D_1	0	1	D_1
D_2	1	0	D_2
D_3	1	1	D_3

由逻辑表达式，可以画出其逻辑图如图6-51所示。

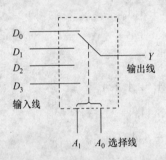

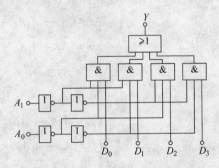

图 6-50 数据选择器功能示意图　　图 6-51 四选一数据选择器逻辑图

集成数据选择器有 T4157、T4158、T4257、T4258、74LS151 等许多型号，其中 74LS151 为八选一数据选择器，其引脚如图6-52所示。集成芯片74LS151的功能见表6-31。

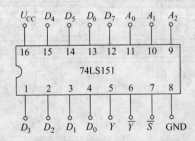

图 6-52 数选器芯片引脚图

表 6-31 集成芯片 74LS151 功能表

输　　入					输　　出	
D	A_2	A_1	A_0	$\overline{S}$	Y	$\overline{Y}$
×	×	×	×	1	0	1
D_0	0	0	0	0	D_0	$\overline{D_0}$
D_1	0	0	1	0	D_1	$\overline{D_1}$
D_2	0	1	0	0	D_2	$\overline{D_2}$
D_3	0	1	1	0	D_3	$\overline{D_3}$

（续）

输　　入					输　　出	
D	A_2	A_1	A_0	$\bar{S}$	Y	$\bar{Y}$
D_4	1	0	0	0	D_4	$\bar{D_4}$
D_5	1	0	1	0	D_5	$\bar{D_5}$
D_6	1	1	0	0	D_6	$\bar{D_6}$
D_7	1	1	1	0	D_7	$\bar{D_7}$

当 $\bar{S}=1$ 时，选择器被禁止，无论地址码是什么，Y 总是等于零。当 $\bar{S}=0$ 时，可以写出逻辑表达式

$$Y = D_0\bar{A_2}\bar{A_1}\bar{A_0} + D_1\bar{A_2}\bar{A_1}A_0 + \cdots + D_7A_2A_1A_0 = \sum_{i=0}^{7} D_i m_i \tag{6-34}$$

6.6.2　数据分配器

数据分配器又称为多路分配器，它只有一个数据输入端，但有 2^n 个数据输出端。根据 n 个选择输入的不同组合，把数据送到 2^n 个数据输出端中的一个输出端。其作用与多位开关很相似，其功能与数据选择器恰好相反，如图 6-53 所示。

1-4 路数据分配器有一路输入数据，2 个输入选择控制信号 A_1、A_0，4 个数据输出端 Y_0、Y_1、Y_2、Y_3，真值表见表 6-32，逻辑表达式为

$$\begin{cases} Y_0 = D\bar{A_1}\bar{A_0} & Y_1 = D\bar{A_1}A_0 \\ Y_2 = DA_1\bar{A_0} & Y_3 = DA_1A_0 \end{cases} \tag{6-35}$$

由逻辑函数可以画出逻辑图如图 6-54 所示。

表 6-32　数据分配器真值表

A_1	A_0	Y_0	Y_1	Y_2	Y_3
0	0	D	0	0	0
0	1	0	D	0	0
1	0	0	0	D	0
1	1	0	0	0	D

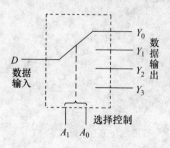

图 6-53　数据分配器功能示意图

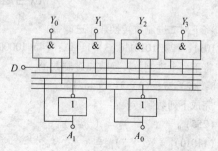

图 6-54　1-4 路数据分配器逻辑图

应用数据选择器和数据分配器可以实现多路信号的分时传送。图 6-55 为分时传送示

意图。

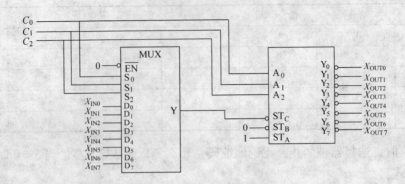

图 6-55　多路信号分时传送示意图

多路信号传递的基本原理：以输入 111 为例，当 $C_2C_1C_0 = 111$ 时，数据选择器把 X_{IN7} 的状态送到输出端，对数据分配器而言，则是把送来的 X_{IN7} 分配到 X_{OUT1} 端。这种分时传送的多路数据传送，传输线数目明显减少，设备复杂度降低。

本 章 小 结

数字电路是处理数字信号的电路。数字电路的研究对象是电路的输入与输出之间的逻辑关系；分析工具是逻辑代数；表达电路的功能主要用真值表、逻辑函数表达式及波形图等。

逻辑运算中的三种基本运算是"与"、"或"、"非"运算。利用公式法和卡诺图法可以对逻辑函数化简，以获得最简逻辑函数式。最基本的门电路有与门、或门、非门电路。基本门电路可以组成与非、或非、与或非、异或等常用逻辑门电路。

组合逻辑电路是由门电路组合而成的，其特点是电路在任何时刻的输出只取决于当时的输入信号，而与电路原来所处的状态无关。常用的组合逻辑电路有加法器、数值比较器、编码器、译码器、数据选择器、数据分配器等。这些组合逻辑电路已被广泛用于数字电子计算机和其他数字系统中，并都已制作成集成电路，必须熟悉它们的逻辑功能才能灵活应用。

思考题与习题

6-1　将下列二进制数转换成十进制数：

(1) 1011；(2) 10101；(3) 11111；(4) 100001。

6-2　将下列十进制数转换成二进制数：

(1) 8；(2) 27；(3) 31；(4) 100。

6-3　完成下列数制转换：

(1) $(255)_{10} = ($ 　　　$)_2 = ($ 　　　$)_{16}$；

(2) $(11010)_2 = ($ 　　　$)_{16} = ($ 　　　$)_{10}$；

(3) $(3FF)_{16} = ($ 　　　$)_2 = ($ 　　　$)_{10}$；

(4) $(1000\ 0011\ 0111)_2 = ($ 　　　$)_{10} = ($ 　　　$)_{16}$。

6-4　完成下列二进制数的算术运算

（1）$1011 + 111$；（2）$1000 - 11$；

（3）1101×101；（4）$1100 \div 100$。

6-5 利用真值表证明下列等式。

（1）$A\bar{B} + \bar{A}B = (\bar{A} + \bar{B})(A + B)$；

（2）$A + \bar{A}(B + C) = A + \bar{B} + \bar{C}$；

（3）$ABC + AB\bar{C} + A\bar{B}C + A\bar{B}\bar{C} + \bar{A}BC + \bar{A}\bar{B}C + \bar{A}B\bar{C} + \bar{A}\bar{B}\bar{C} = 1$；

（4）$A\bar{B} + B\bar{C} + C\bar{A} = \bar{A}B + \bar{B}C + \bar{C}A$。

6-6 在下列各个逻辑函数表达式中，变量 A、B、C 为哪些种取值时函数值为1？

（1）$F = AB + BC + AC$；

（2）$F = \overline{(A + B)\overline{AB + B\bar{C}}}$；

（3）$F = ABC + A\bar{B}\bar{C} + \bar{A}\bar{B}C + \bar{A}B\bar{C}$；

（4）$F = \bar{A}\bar{B} + B\bar{C} + \bar{A}\bar{C}$。

6-7 利用公式和定理证明下列等式：

（1）$ABC + A\bar{B}C + AB\bar{C} = AB + AC$；

（2）$A + A\bar{B}\bar{C} + \bar{A}CD + (\bar{C} + \bar{D})E = A + CD + E$；

（3）$AB(C + D) + D + \bar{D}(A + B)(\bar{B} + \bar{C}) = A + B\bar{C} + D$；

（4）$ABCD + \bar{A}\bar{B}\bar{C}D = \overline{\bar{A}B + B\bar{C} + C\bar{D} + D\bar{A}}$。

6-8 用卡诺图法将下列各逻辑函数化简为最简"与或"表达式，然后转换为"与非"表达式，并画出用与非门组成的逻辑电路图。

（1）$F = AC + B\bar{C} + \bar{A}B$；

（2）$F = A\bar{B} + B\bar{C} + \bar{B}C + \bar{A}B + AB$；

（3）$F = A + \bar{A}B + \bar{A}\bar{B}C + \bar{A}\bar{B}\bar{C}D$；

（4）$F = \bar{A}\bar{C} + AC + A\bar{B}\bar{C}\bar{D} + \bar{A}BC\bar{D}$。

6-9 已知 A、B 的波形如图 6-56 所示。试画出 F_1、F_2、F_3 对应 A、B 的波形。

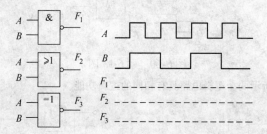

图 6-56　题 6-9 图

6-10 二极管门电路如图 6-57a、b 所示，输入信号 A、B、C 的高电平为3V，低电平为0V，画出 F_1、F_2 波形。

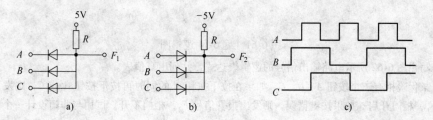

图 6-57　题 6-10 图

6-11　写出如图 6-58 所示各个电路输出信号的逻辑表达式，并对应 A、B 的给定波形画出各个输出信号的波形。

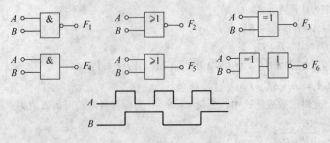

图 6-58　题 6-11 图

6-12　已知逻辑门及其输入波形如图 6-59 所示，试分别画出输出 F_1、F_2、F_3 的波形，并写出逻辑表达式。

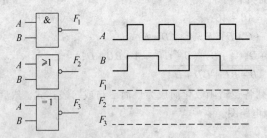

图 6-59　题 6-12 图

6-13　分析图 6-60 所示电路的逻辑功能。

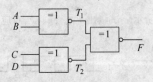

图 6-60　题 6-13 图

6-14　证明如图 6-61 所示两个逻辑电路具有相同的逻辑功能。

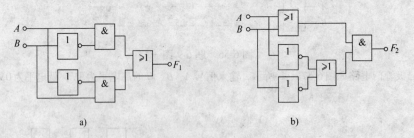

图 6-61　题 6-14 逻辑图

6-15　写出图 6-62 所示电路输出信号的逻辑表达式，并列出真值表。

6-16　某保险柜有三个按钮 A、B、C，如果在按下按钮 B 的同时再按下按钮 A 或 C，则发出开启柜门的信号 F_1，柜门开启；如果按键错误，则发出报警信号 F_2，柜门不开。试用与非门设计一个能满足这一要求的组合逻辑电路。

6-17　分别设计能够实现下列要求的组合逻辑电路，输入的是 4 位二进制正整数。

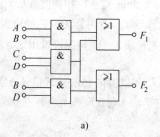
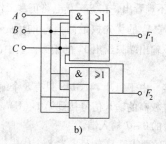

图 6-62　题 6-15 逻辑图

（1）能被 2 整除时输出为 1，否则输出为 0；

（2）能被 5 整除时输出为 1，否则输出为 0；

（3）大于或等于 5 时输出为 1，否则输出为 0；

（4）小于或等于 10 时输出为 1，否则输出为 0。

6-18　某工厂用两个灯显示三台设备的故障情况，当一台设备有故障时黄灯亮，当两台设备同时有故障时红灯亮，当三台设备同时有故障时黄、红两灯都亮，设计该逻辑电路。

6-19　某工程进行检测验收，在 4 项验收指标中，A、B、C 多数合格则验收通过，但前提条件是 D 必须合格，否则检测验收不予通过。试用与非门设计一个能满足此要求的组合逻辑电路。

6-20　试用 3/8 线译码器构成 4/16 线译码器。

6-21　试用数据选择器和门电路实现下列逻辑函数：

（1）$Y_1 = AB + AC + BC$；（2）$Y_2 = \sum m(1,3,5)$。

Multisim 例题及习题

1. Multisim 例题

【**Mult 6-1**】　用两片 74LS148 构成 4/16 线优先编码器。

解：（1）74LS148 功能表见表 6-33。

表 6-33　74LS148 功能表

输　入									输　出				
V18 $(\bar{S}_1)$	$\bar{Y}_0$	$\bar{Y}_1$	$\bar{Y}_2$	$\bar{Y}_3$	$\bar{Y}_4$	$\bar{Y}_5$	$\bar{Y}_6$	$\bar{Y}_7$	$\bar{A}_2$	$\bar{A}_1$	$\bar{A}_0$	EO $(\bar{S}_0)$	GS (G_S)
1	×	×	×	×	×	×	×	×	1	1	1	1	1
0	1	1	1	1	1	1	1	1	1	1	1	0	1
0	×	×	×	×	×	×	×	0	0	0	0	1	0
0	×	×	×	×	×	×	0	1	0	0	1	1	0
0	×	×	×	×	×	0	1	1	0	1	0	1	0
0	×	×	×	×	0	1	1	1	0	1	1	1	0
0	×	×	×	0	1	1	1	1	1	0	0	1	0
0	×	×	0	1	1	1	1	1	1	0	1	1	0
0	×	0	1	1	1	1	1	1	1	1	0	1	0
0	1	1	1	1	1	1	1	1	1	1	1	1	0

从表6-33中不难看出，在$\bar{S}_1=0$电路正常工作状态下，允许$\bar{Y}_0\sim\bar{Y}_7$中同时有几个输入端为低电平，即有编码输入信号。$\bar{Y}_7$的优先权最高，$\bar{Y}_0$的优先权最低。当$\bar{Y}_7=0$时，无论其他输入端有无输入信号（表中以×表示），输出端只给出$\bar{Y}_7$的编码。表中出现的三种输入111情况可以用$\bar{S}_1$、GS的不同状态加以区分。

（2）芯片连接。由于每片74LS148只有8个编码输入，所以需将16个输入信号分别接到两片上。现将$\bar{Y}_8\sim\bar{Y}_{15}$8个优先权高的输入信号接到第1（U）片的0～7输入端，而将$\bar{Y}_0\sim\bar{Y}_7$个优先权低的输入信号接到第2（U1）片的0～7输入端。

按照优先顺序的要求，只有$\bar{Y}_8\sim\bar{Y}_{15}$8个优先权高的信号均无输入时，才允许对$\bar{Y}_0\sim\bar{Y}_7$的输入信号编码。因此，只要把第1片的"无编码信号输入"信号EO作为第2片的选通输入信号就行了。此外，当第1片有编码信号输入时它的GS=0，无编码信号输入时GS=1，正好可以用它作为输出编码的第4位，以区分8个高优先权输入信号和8个低优先权输入信号的编码。因此可得图6-63仿真图。

当$\bar{Y}_8\sim\bar{Y}_{15}$中有低电平时，如$\bar{Y}_{12}=0$时，高位芯片U的GS=0，$A_2A_1A_0=100$，同时EO=1，将低位芯片U1封锁，低位芯片的输出$A_2A_1A_0=111$，通过与门的输出端为$Z_3Z_2Z_1Z_0=1100$，即为$\bar{Y}_{12}$的编码。如果同时有几个低电平输入则只对其中优先级别高的信号进行编码。

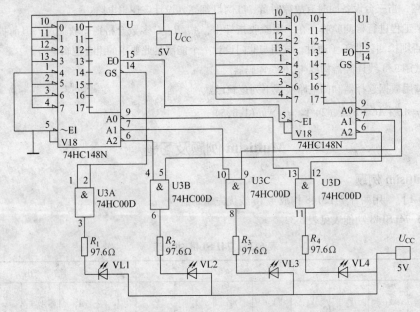

图6-63　Multisim 例题仿真图

2. Multisim 习题

【Mult 6-1】　使用集成芯片双四选一数据选择器74LS153设计全加器，并用Multisim验证。

【Mult 6-2】　设计一个将余3码转化为8421 BCD码的电路。

第7章　时序逻辑电路

时序逻辑电路在任何时刻的输出信号，不仅取决于当时的输入信号，而且和电路原来的状态有关，即具有存储记忆功能。本章首先介绍具有存储记忆功能的单元电路触发器，它是构成各种计数器和寄存器等时序电路的基本单元；然后介绍数字系统中广泛使用的一些时序电路的组成和原理；最后介绍目前广泛应用的中规模集成块——555 定时器。

7.1　双稳态触发器

触发器按其稳定工作状态可分为双稳态触发器、单稳态触发器和无稳态触发器（多谐振荡器）等。双稳态触发器具有记忆功能，可用于存放一位二进制信息，所以它是数字电路中重要的基本逻辑单元。

双稳态触发器有两个稳定状态，即"0"状态和"1"状态。在不同输入的情况下，能由一个稳定状态转变为另一个稳定状态（称为翻转）。在输入信号消失后，它能保持状态不变。下面介绍几种常用触发器。

7.1.1　RS 触发器

1. 基本 RS 触发器

（1）电路结构

基本 RS 触发器是由两个与非门交叉耦合组成的，其逻辑图及逻辑符号如图 7-1 所示。图中，Q 和 $\bar{Q}$ 是两个互补的输出端，通常以 Q 端的逻辑电平表示触发器的状态。当 $Q=0$、$\bar{Q}=1$ 时，称触发器处于"0"状态；当 $Q=1$、$\bar{Q}=0$ 时，称触发器处于"1"状态。S_D 和 R_D 是两个信号输入端；S_D 端称为直接置位端或直接置"1"端；R_D 端称为直接复位端或直接置"0"端。

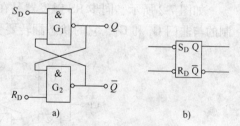

（2）工作原理及逻辑功能

1）当 $S_D=1$、$R_D=0$ 时，触发器清"0"。设

图 7-1　基本 RS 触发器

a）逻辑图　b）逻辑符号

触发器初始状态为"1"，即 $Q=1$、$\bar{Q}=0$。当 S_D 端保持高电平，R_D 端输入低电平（加负脉冲）时，与非门 G_2 一个输入端为"0"，输出端 $\bar{Q}=$"1"，并且直接反馈到 G_1 的输入端，这时与非门的两个输入端全为"1"，使输出端 $Q=$"0"。因此，R_D 端加负脉冲时，触发器由"1"态翻转为"0"态，即 $Q=0$、$\bar{Q}=1$。显然，如果初始状态为"0"态，触发器仍保持"0"态不变。

2）当 $S_D=0$、$R_D=1$ 时，触发器置"1"。

设触发器初始状态为"0"，即 $Q=0$、$\bar{Q}=1$。在 S_D 端加负脉冲、R_D 端保持高电平时，

与非门 G_1 的输入端为低电平，其输出端 Q 为"1"，这个高电平直接反馈到与非门 G_2 的输入端，这时与非门 G_2 输入端全为"1"，输出端 $\overline{Q} = 0$。因此，S 端加负脉冲后，触发器由"0"态翻转为"1"态，即 $Q = 1$、$\overline{Q} = 0$，显然，如果初始状态为"1"，触发器仍保持"1"状态不变。

3）当 $S_D = 1$、$R_D = 1$ 时，触发器保持原状态不变。两个输入端同时为高电平时，假设触发器初始状态为"0"，即 $Q = 0$、$\overline{Q} = 1$，则与非门 G_2 有一个输入端为"0"。其输出端 $\overline{Q}$ 可保持为"1"，这时与非门 G_1 的两个输入端全为"1"，使输出端 Q 保持"0"。可见，此时触发器保持"0"态不变。同理，如果触发器初始状态为"1"，当 $S_D = 1$、$R_D = 1$ 时，触发器将保持"1"态不变。

4）当 $S_D = 0$、$R_D = 0$ 时，触发器状态不定。当输入端同时加负脉冲时，两个与非门 G_1 和 G_2 各有一输入端为"0"，所以输出都为"1"。

这既不是"0"态，也不是"1"态，而在输入端同时由"0"变为"1"时，此刻输出状态无法预知，可能是"0"，也可能是"1"。所以在实际中，这种状态是不允许的。

由以上分析可知，基本 RS 触发器有"0"和"1"两个稳定状态，具有清"0"（复位）、置"1"（置位）和存储记忆三种逻辑功能，其真值表见表 7-1。由以上分析还可看出，基本 RS 触发器采用负脉冲清"0"（复位）或置"1"（置位），S_D 端为直接置位端或直接置"1"端；R_D 端为直接复位端或直接清"0"端。图 7-1b 所示的逻辑符号中两个输入端处各加一个小圆圈，表示低电平有效。

表 7-1　基本 RS 触发器真值表

S_D	R_D	Q
1	0	0
0	1	1
1	1	不变
0	0	不定

2. 同步 RS 触发器

（1）电路结构

如图 7-2 所示，同步 RS 触发器是在基本 RS 触发器的基础上增加了两个由时钟 CP 控制的与非门 G_3 和 G_4，它的状态翻转要受时钟脉冲的控制，所以又称为时钟控制触发器。

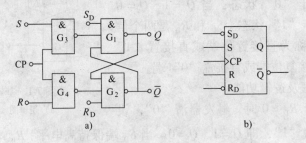

图 7-2　同步 RS 触发器
a）逻辑图　b）逻辑符号

R 和 S 分别是清"0"和置"1"信号输入端，输入信号通过与非门 G_3 和 G_4 引导到基本 RS 触发器。CP 是时钟脉冲（又称控制脉冲）输入端，S_D 和 R_D 是直接清"0"和直接置"1"端，不受时钟脉冲 CP 的控制就可以对基本触发器清"0"或置"1"。它们预置触发器的初始状态，工作过程中均处于高电平，对电路的工作状态无影响。

（2）逻辑功能分析

当 CP = 0 时，即时钟脉冲 CP 没有来到之前，与非门 G_3 和 G_4 输出均为 "1"，这时无论 R 端和 S 端输入的电平如何变化，对输出都不起作用（称与非门被封锁），基本 RS 触发器保持原来的状态不变。只有当 CP = 1 时，即时钟脉冲 CP 到来之后，与非门 G_3 和 G_4 打开，基本 RS 触发器将由 R 端和 S 端的输入状态来决定其输出状态。时钟脉冲过去后，输出状态不变。同步 RS 触发器逻辑符号如图 7-2b 所示，其真值表见表 7-2。其中，Q^n 表示时钟脉冲到来之前触发器的输出状态（又称现态），Q^{n+1} 表示时钟脉冲到来之后的状态（又称次态）。其逻辑功能分析如下：

1）$S = 0$、$R = 0$。在时钟脉冲 CP 到来后，与非门 G_3 和 G_4 输出均为 "1"，基本 RS 触发器的状态不变，即 $Q^{n+1} = Q^n$。

2）$S = 0$、$R = 1$。在 CP 到来后，与非门 G_4 输出变为 "0"，向与非门 G_2 送清 "0" 负脉冲，使基本 RS 触发器清 "0"，所以，触发器的次态 $Q^{n+1} = 0$。

3）$S = 1$、$R = 0$。在 CP 到来后，与非门 G_3 输出变为 "0"，向与非门 G_1 送清 "0" 负脉冲，使基本 RS 触发器置 "1"。所以，触发器的次态 $Q^{n+1} = 1$。

4）$S = 1$、$R = 1$。时钟脉冲 CP 到来后，与非门 G_3 和 G_4 输出均为 "0"，与非门 G_1 和 G_2 输出均为 "1"；而在脉冲除去后，触发器的状态不稳定。所以 S 和 R 同时为 "1" 的情况应禁止出现。

表 7-2　同步 RS 触发器真值表

S	R	Q^n	Q^{n+1}
0	0	0	0
0	0	1	1
0	1	0	0
0	1	1	0
1	0	0	1
1	0	1	1
1	1	0	不允许
1	1	1	

如果已知时钟脉冲 CP 输入信号的波形，并假定触发器初始状态为 $Q = 0$、$\overline{Q} = 1$，根据触发器的逻辑功能画出 Q 和 $\overline{Q}$ 的波形如图 7-3 所示。不难看出，同步 RS 触发器是在 CP 到来时翻转，即时钟脉冲输入端 CP 控制触发器翻转的时刻，而输出端波形的翻转状态，由 R 和 S 的输入状态决定。

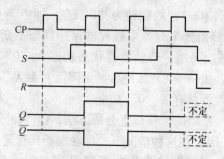

图 7-3　同步 RS 触发器工作波形

7.1.2　JK 触发器

（1）电路结构

JK 触发器是一种逻辑功能很强的触发器，主从型 JK 触发器逻辑图如图 7-4a 所示。它由两个不同的 RS 触发器串接而成，两者分别称为主触发器和从触发器。I 门是一个非门，对时钟脉冲起倒相作用。时钟脉冲 CP 直接控制主触发器，而从触发器则由倒相后的时钟脉冲 CP 来控制。

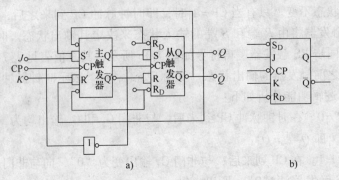

图 7-4　主从型 JK 触发器
a）逻辑图　b）逻辑符号

（2）逻辑功能分析

主从型 JK 触发器工作分两步进行，当时钟脉冲到来（CP = 1）时，主触发器状态由输入端 J、K 状态决定（在图中 $S' = J\overline{Q}$，$R' = KQ$），而从触发器状态保持不变；当时钟脉冲下降沿到来时（CP 由 1 跳变为 0 时），主触发器状态保持不变，并将暂存的输入信号送到从触发器中，使主、从触发器状态一致，主从之名由此而来。

1）当 $J = 1$、$K = 1$ 时，翻转。设触发器初始状态为"0"，在时钟到来之前，即 CP = 0 时，主触发器 $S' = J\overline{Q} = 1$ 而 $R' = KQ = 0$。当时钟脉冲到来后，即 CP = 1，由同步 RS 触发器真值表可知，这时主触发器翻转为"1"态，即 $\overline{Q}' = 1$、$Q' = 0$。当 CP 由 1 跳变为 0 时，主触发器状态不变，而从触发器因 $S = Q' = 1$、$R = \overline{Q}' = 0$ 而翻转为"1"态。反之，若触发器初态为"1"，则从触发器翻转为"0"态。分析可知，在 $J = K = 1$ 的情况下，来一个 CP 脉冲，JK 触发器就翻转一次。因此，在这种情况下，JK 触发器具有计数功能。

2）当 $J = 0$、$K = 1$ 时，清"0"。设触发器的初始状态为"1"。当 CP = 1 时，由于主触发器的 $S' = J\overline{Q} = 0$、$R' = KQ = 1$，故翻转为"0"态，即 $Q' = 0$、$\overline{Q}' = 1$，而从触发器保持原态不变。当 CP 脉冲下降沿到来时，主触发器保持状态不变，从触发器因 $S = Q' = 0$、$R = \overline{Q}' = 1$ 而翻转为"0"态。同理，若触发器状态初态为"0"，则从触发器保持原态不变。因此只要 $J = 0$、$K = 1$，来一个 CP 脉冲后（下降沿）触发器清"0"，即 $Q^{n+1} = 0$。因此，在这种情况下，JK 触发器具有清"0"功能。

3）当 $J = 1$、$K = 0$ 时，置"1"。按以上分析方法，CP 脉冲下降沿到来时，可使 JK 触发器置"1"，即 $Q^{n+1} = 1$。因此在这种情况下，称触发器具有置"1"功能。

4）当 $J = 0$、$K = 0$ 时，保持。CP 脉冲下降沿到来时，触发器保持原态不变，即 $Q^{n+1} = Q^n$。因此，在这种情况下，称触发器具有保持功能。

由上述分析得出主从型 JK 触发器的真值表见表 7-3。主从型 JK 触发器是在 CP 脉冲下降沿（后沿）触发翻转，故在其逻辑符号（见图 7-4b）中 CP 端有一个小圆圈，若无小圆圈表示上升沿触发。JK 触发器的工作波形如图 7-5 所示。

表 7-3　主从型 JK 触发器真值表

J	K	Q^{n+1}
0	0	Q^n
0	1	0
1	0	1
1	1	$\overline{Q^n}$

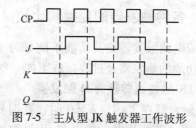

图 7-5　主从型 JK 触发器工作波形

　　需要指出，主从型 JK 触发器在 CP = 1 期间 J、K 端的状态必须保持不变，否则可能使触发器的逻辑功能产生错误。电路中的干扰常会造成 J、K 端不规则的变化，因此，主从型 JK 触发器抗干扰能力差。在国产集成 JK 触发器系列产品中，主从型 JK 触发器有 T2072、T1111 和 CC4013、CC4027 等，本书不再详细介绍。

7.1.3　D 触发器

　　国产 D 触发器多采用维持阻塞型，它可以由多个门电路反馈电路组成，也可直接采用集成触发器。图 7-6 是维持阻塞 D 触发器的逻辑符号，它有两个输出端 Q 和 $\overline{Q}$，有一个信号输入端 D，一个时钟脉冲输入端以及直接清"0"端和直接置"1"端 R_D 和 S_D。

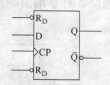

图 7-6　维持阻塞 D 触发器逻辑符号

　　D 触发器的特点是，在 CP 由 0 跳变为 1 时，即时钟脉冲上升沿到来瞬间，触发器的状态仅由输入端 D 的状态决定，而在 CP = 0，CP = 1 期间，由于触发器内部有维持阻塞反馈线，输入信号 D 不再起作用，触发器保持状态不变。

　　D 触发器的逻辑功能真值表见表 7-4。当 D 端为"1"时，触发器在时钟脉冲上升沿翻转为"1"态（置"1"）；如果 D 端的信号为"0"，将翻转为"0"态（清"0"），即触发器的状态始终与加到 D 端的信号是一致的。

表 7-4　D 触发器真值表

D	Q^{n+1}
0	0
1	1

　　由于 D 触发器只有一个输入端，接线简单、工作可靠，因而广泛用于寄存器等逻辑部件中。

　　国产集成触发器的型号有 T076、T106、T107、T1074 等。

7.1.4　T 和 T′触发器

　　把 JK 触发器的 J、K 两个输入端连在一起，成为一个输入端 T，JK 触发器就转换为 T 触发器。T 触发器真值表见表 7-5。根据 JK 触发器的逻辑功能，当 $T = J = K = 1$ 时，触发器状态翻转，具有计数功能，即 $Q^{n+1} = \overline{Q^n}$，此时构成 T′触发器。

表 7-5　T 触发器真值表

T	Q^{n+1}
0	Q^n
1	$\overline{Q^n}$

7.1.5　各种触发器的变换和比较

集成电路触发器按其功能不同分为 RS、JK、D、T、T′五种类型。根据需要，可将某种逻辑功能的触发器经过改接或附加一些逻辑门，就可转换成另一种功能的触发器。

1. JK 触发器转换为 D 触发器

JK 触发器在 $J=1$、$K=0$ 时，在时钟脉冲下降沿到来时触发器置"1"，而在 $J=0$、$K=1$ 时清"0"。因此，如果在 JK 触发器的 K 输入端接上一个非门，再和 J 端接在一起作为 D 输入端，就得到了 D 触发器，如图 7-7 所示。

显然，当 $D=0$ 时，即 $J=0$、$K=1$，在时钟脉冲 CP 下降沿触发器清"0"（"0"态）；而当 $D=1$ 时，即 $J=1$、$K=0$，在时钟脉冲 CP 下降沿触发器置"1"（"1"态），即 $Q^{n+1}=D$。

2. D 触发器转换成 T′触发器

T′触发器仅有计数功能，即每来一个时钟脉冲，触发器状态翻转一次。为此只要把 D 触发器的 $\bar{Q}$ 输出端和 D 输入端直接连在一起，就构成了一个 T′触发器，如图 7-8 所示。

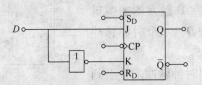
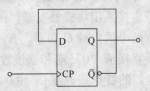

图 7-7　JK 触发器转换成 D 触发器　　　　图 7-8　D 触发器转换成 T′触发器

3. 各类触发器的比较

JK 触发器功能齐全，它既能清"0"、置"1"，又具有保持和计数功能，因此在数字电路中得到广泛应用。D 触发器只有一个输入端，具有清"0"、置"1"功能，并能很方便地变换为其他类型的触发器，所以常用于数据寄存器、移位寄存器和计数器中，T 触发器具有保持和计数功能，多接成计数形式用于计数电路中。

7.2　计数器

计数器是数字电路和计算机中广泛应用的一种逻辑部件。它不仅可以用于累计脉冲的数目，还可以用于分频、定时、数学运算和时序控制等。

计数器按其计数功能的不同分为加法计数器、减法计数器和可逆计数器（可加、可减计数器）；按其计数体制的不同可分为二进制计数器、十进制计数器和 N 进制计数器；按计数脉冲引入方式的不同可分为同步计数器和异步计数器。本节主要讨论常用的二进制加法计数器和十进制加法计数器。

7.2.1　二进制计数器

二进制计数器能按二进制的规律累计脉冲的数目。二进制计数器同时也是构成其他进制计数器的基础。

1. 异步二进制加法计数器

双稳态触发器有"1"和"0"两个状态，所以一个触发器可以表示一位二进制数。

若要组成 n 位二进制计数器，必须采用 n 个触发器。

用 4 个 JK 触发器所组成的 4 位二进制加法计数器如图 7-9 所示。图中，每个 JK 触发器的 J、K 端接高电平，具有计数功能。计数脉冲只接到最低位触发器 F_0 的 CP 端，而高位触发器 CP 端接相邻低位的 Q 端。因此，当低位触发器由 "1" 变 "0" 时，Q 端就输出一个脉冲（负跳变），使高位触发器翻转。其工作原理如下：

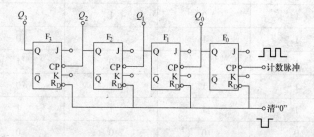

图 7-9　4 位二进制异步加法计数器

计数前，R_D 端加清 "0" 负脉冲，使计数器初始状态为 0000，在计数过程中 R_D 恢复到高电平。

第一个计数脉冲下降沿来到时，触发器 F_0，由 "0" 状态翻转为 "1"，即 $Q_0 = 1$，其他三个触发器由于没有进位脉冲输入（时钟下降沿），所以状态保持不变，即计数器状态输出 $Q_3Q_2Q_1Q_0 = 0001$。

当输入第二个脉冲的下降沿时，F_0 由 "1" 状态翻转为 "0" 状态，即送出一个脉冲下降沿作为触发器 F_1 的进位信号，使 Q_1 由 "0" 状态翻转为 "1" 状态，于是计数器状态输出 $Q_3Q_2Q_1Q_0 = 0010$。

随着计数脉冲的不断输入，各触发器的状态按表 7-6 的规律变化，直到第 15 个脉冲后，4 个触发器均翻转为 "1" 状态，计数器变为 1111，第 16 个脉冲又使计数器重新回到 0000 状态。因此，4 位二进制加法计数器能累积的最大十进制数为 $2^4 - 1 = 15$。这个 4 位二进制加法计数器可以看成是一个十六进制的计数器（逢十六进一）。对于 n 位二进制加法计数器，能累计的最大十进制数为 $2^n - 1$。

表 7-6　二进制加法计数器的状态表

计数脉冲数	二进制数				十进制数
	Q_3	Q_2	Q_1	Q_0	
0	0	0	0	0	0
1	0	0	0	1	1
2	0	0	1	0	2
3	0	0	1	1	3
4	0	1	0	0	4
5	0	1	0	1	5
6	0	1	1	0	6
7	0	1	1	1	7
8	1	0	0	0	7

（续）

计数脉冲数	二进制数				十进制数
	Q_3	Q_2	Q_1	Q_0	
9	1	0	0	1	9
10	1	0	1	0	10
11	1	0	1	1	11
12	1	1	0	0	12
13	1	1	0	1	13
14	1	1	1	0	14
15	1	1	1	1	15
16	0	0	0	0	16

图 7-10 所示为计数器各级触发器的工作波形。由图可知，脉冲的周期每经一位，触发器就增加了一倍，或频率降为原来的 1/2。因此，一位二进制计数器是一个二分频器，那么 n 位二进制计数器就能实现 2^n 分频。

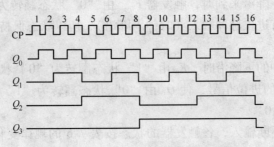

图 7-10　4 位二进制加法计数器工作波形

2. 同步二进制加法计数器

异步二进制加法计数器电路连接简单，但由于各触发器是逐级翻转的，因而工作速度较慢。同步计数器是把计数脉冲同时送入各触发器的 CP 端，使应翻转的触发器同时翻转。若计数器仍用 4 个主从型 JK 触发器组成，分析表 7-6 可得出下列逻辑关系：

第一位触发器 F_0：每来一个计数脉冲的下降沿，触发器状态翻转一次，故翻转条件为 $J_0 = K_0 = 1$。

第二位触发器 F_1：每当 $Q_0 = 1$ 时，在下一个计数脉冲的下降沿触发器状态翻转，故翻转条件为 $J_1 = K_1 = Q_0$。

第三位触发器 F_2：每当 $Q_1 = Q_0 = 1$ 时，在下一个计数脉冲下降沿，触发器状态翻转，故翻转条件为 $J_2 = K_2 = Q_1 Q_0$。

第四位触发器 F_3：每当 $Q_2 = Q_1 = Q_0 = 1$ 时，在下一个计数脉冲的下降沿触发器状态翻转，故翻转条件为 $J_3 = K_3 = Q_2 Q_1 Q_0$。

由上述逻辑关系可画出 4 位同步二进制加法计数器的逻辑图如图 7-11 所示。由于各触发器的翻转同时受 CP 脉冲控制，故得"同步"之名。同步计数器与异步计数器工作波形是相同的。

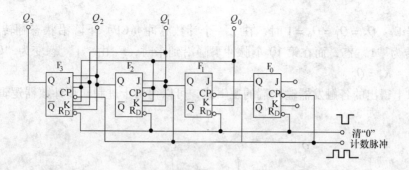

图 7-11 4 位二进制同步加法计数器

7.2.2 十进制计数器

二进制计数器结构简单，但是读数不直观，因此在有些场合常采用十进制计数器。十进制计数器是在二进制计数器的基础上得出的，它用 4 位二进制数表示对应的十进制数，所以又称二-十进制计数器。

4 位二进制计数器共有 16 种状态，对应十进制数 0~15。最常用的 8421 BCD 编码方式，用 0000~1001 表示十进制的 0~9 这 10 个数码，而去掉后面的 1010~1111 这 6 个状态，即在计数至 9 后，再输入一个计数脉冲，4 位触发器的状态必须翻转成 0000，并送出一个进位信号，实现十进制计数。表 7-7 是 8421 BCD 码十进制加法计数器的状态表。

表 7-7　8421 BCD 码十进制加法计数器的状态表

计数脉冲数	二进制数				十进制数
	Q_3	Q_2	Q_1	Q_0	
0	0	0	0	0	0
1	0	0	0	1	1
2	0	0	1	0	2
3	0	0	1	1	3
4	0	1	0	0	4
5	0	1	0	1	5
6	0	1	1	0	6
7	0	1	1	1	7
8	1	0	0	0	7
9	1	0	0	1	9
10	0	0	0	0	进位

若选用 4 个 JK 触发器构成十进制计数器，根据表 7-7 可总结出各位触发器的 J、K 端应满足以下逻辑关系：

触发器 F_0：每来一个计数脉冲下降沿状态就翻转一次，故 $J_0 = K_0 = 1$。

触发器 F_1：在 $Q_1 = 1$、$Q_3 = 0$ 时，在下一个计数脉冲下降沿状态翻转，但在 $Q_0 = 1$、$Q_3 = 1$ 时状态不得翻转，故 $J_1 = Q_0 \overline{Q_3}$，$K_1 = Q_0$。

触发器 F_2：$Q_1 = Q_0 = 1$ 时，在下一个计数脉冲下降沿状态翻转，故 $J_2 = Q_1 Q_0$，

$K_2 = Q_1 Q_0$。

触发器 F_3：$Q_2 = Q_1 = Q_0 = 1$ 时，在下一个计数脉冲（CP）下降沿状态翻转，即 F_3 由 "0" 态翻转为 "1" 态，而在第 10 个脉冲下降沿到来时，F_3 由 "1" 态变为 "0" 态，故 $J_3 = Q_2 Q_1 Q_0$，$K_3 = Q_0$。

根据以上得出的各触发器输入端的逻辑式，可以得出十进制同步计数器逻辑图如图 7-12 所示。

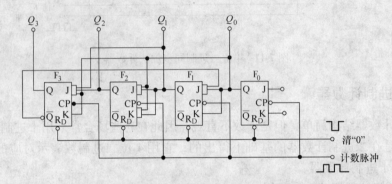

图 7-12　十进制同步加法计数器

十进制加法计数器的工作波形如图 7-13 所示。由图可知，CP 端输入 10 个脉冲，输出端才输出一个脉冲，所以一位十进制计数器就是一个十分频器。

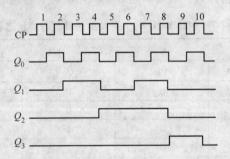

图 7-13　十进制加法计数器工作波形

7.2.3　CT74LS290 集成计数器

计数器虽可以用触发器按一定要求连接而成，但使用较多的还是集成电路计数器。因为无论从可靠性、体积、成本等各方面考虑，集成计数器都比单个触发器组成的计数器优越。集成电路计数器不需要外加任何门电路，只要通过本身各反馈输入端的不同连接即可得到任意进制计数功能，使用起来非常方便灵活。

国产集成 TTL 及 MOS 计数器有多个系列，几十个品种。下面以 CT74LS290（T4290）集成电路计数器为例对集成电路计数器的使用作一介绍。

CT74LS290（T4290）数字集成组件的逻辑原理图和外引线排列如图 7-14 所示。它是一种通用的中规模集成电路计数器，无需附加电路，可由它组成 N 进制计数器，使用非常方便。整个电路分两部分，F_0 是独立的二进制计数器，CP_0 是它的时钟脉冲输入端。F_1、F_2、F_3 构成一个异步五进制计数器，CP_1 是五进制计数器的输入脉冲。

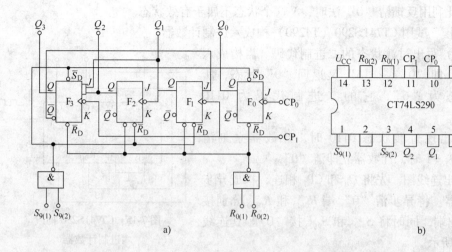

图 7-14 CT74LS290 型计数器

a）逻辑图 b）外引线排列

芯片内有两个独立的计数器可以单独使用，也可以串接起来构成一个十进制计数器。

由功能表 7-8 可知，它具有以下特性：

（1）异步清"0"功能

当 $R_{0(1)}R_{0(2)} = 1$ 且 $S_{9(1)}S_{9(2)} = 0$ 时，计数器清"0"，即 $Q_3Q_2Q_1Q_0 = 0000$，与时钟脉冲无关，因此称为异步清"0"。

（2）异步置"9"功能

当 $S_{9(1)}S_{9(2)} = 1$ 时，计数器置"9"，即 $Q_3Q_2Q_1Q_0 = 1001$。

（3）计数功能

当 $R_{0(1)}R_{0(2)} = 0$ 且 $S_{9(1)}S_{9(2)} = 0$ 时，CT74LS290 处于计数状态，可分为下列 4 种情况：

1）计数脉冲由 CP_0 输入，从 Q_0 输出，构成一位二进制计数器。

2）计数脉冲由 CP_1 输入，输出为 $Q_3Q_2Q_1$ 时，则构成异步五进制计数器。

3）如将 Q_0 和 CP_1 相连，计数脉冲由 CP_0 输入，输出为 $Q_3Q_2Q_1Q_0$ 时，则构成 8421 BCD 码异步十进制计数器。

4）如将 Q_3 和 CP_0 相连，计数脉冲由 CP_1 输入，从高位到低位的输出为 $Q_0Q_3Q_2Q_1$ 时，则构成 5421 BCD 码异步十进制加法计数器。

表 7-8 CT74LS290 功能表

$R_{0(1)}$	$R_{0(2)}$	$S_{9(1)}$	$S_{9(2)}$	$Q_3Q_2Q_1Q_0$
1	1	0	×	0000
1	1	×	0	0000
×	×	1	1	1001
×	0	×	0	计 数
0	×	0	×	计 数
0	×	×	0	计 数
×	0	0	×	计 数

由此可知，CT74LS290（T4290）具有置"0"、"9"和计数等功能。

另外，利用计数器的异步清"0"功能可获得任意进制计数器。因为异步清"0"与时钟脉冲无关，只要异步清"0"输入端出现清"0"信号，计数器便立刻被清"0"。因此，利用异步清"0"端获得 N 进制计数器（有效状态为 $0 \sim N-1$）时，应在计数器计到 N 时，异步清"0"，N 这个状态只出现一瞬间（称过渡状态），便被计数器的"0"状态所代替，因此利用反馈清"0"法时，N 这个状态不属于有效状态。

【例 7-1】　试用 CT74LS290（T4290）构成六进制计数器。

解：（1）写出过渡状态的二进制代码。需构成六进制计数器，即"0"～"5"又返回"0"状态，所以过渡状态为"6"，它的二进制代码为 0110（$Q_3Q_2Q_1Q_0$）。

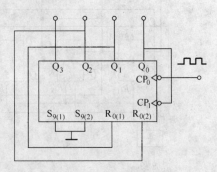

（2）当出现过渡状态 0110 时，计数器立刻清"0"，即 $Q_1Q_2 = 1$ 时，计数器立即清"0"。

（3）画出连线图。先将 Q_0 和 CP_1 相连，构成异步十进制计数器。将异步清"0"端 $R_{0(1)}$ 和 $R_{0(2)}$ 分别接 Q_1 和 Q_2 输出端，同时将 $S_{9(1)}$ 和 $S_{9(2)}$ 接"0"。其连线图如图 7-15 所示。

图 7-15　CT74LS290 构成
六进制计数器

用 CT74LS290 实现多种计数器非常方便。图 7-16 分别为九进制和六十进制计数器连接图。对于九进制计数器，当第 9 个脉冲作用后，计数器状态为 $Q_3Q_2Q_1Q_0 = 1001$，利用 Q_3、Q_0 为 1 反馈的方式使计数器清"0"。

用两块 CT74LS290 组成的六十进制计数器如图 7-16b 所示。个位（1）为十进制，十位（2）为六进制。

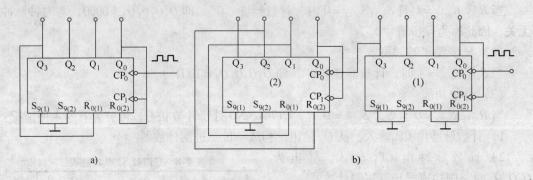

图 7-16　CT74LS290 计数器构成其他进制计数器

a）九进制计数器　b）六十进制计数器

7.3　寄存器

寄存器是数字系统中用来暂时存放数码和指令的主要部件。它由触发器和门电路组成。一个触发器可存放一位二进制数。存放 n 位二进制数时，就要用 n 个触发器。常用的有 4 位、8 位、16 位等寄存器。寄存器按其功能的不同可分为数码寄存器和移位寄存器两种，其区别在于有无移位功能。

7.3.1　数码寄存器

数码寄存器仅有寄存数码的功能，它通常由 RS 触发器或 D 触发器组成。由 4 个 D 触发器组成的 4 位数码寄存器如图 7-17 所示。$D_0 \sim D_3$ 为并行数码输入端，CP 为时钟控制端，控制数码的接收和发送，R_D 为清零端。

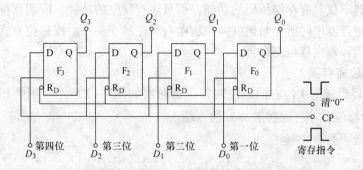

图 7-17 4 位数码寄存器

当 R_D 端加低电平 "0" 时，触发器全部被清 "0"，寄存器数码清 "0"。寄存器工作时 R_D 为高电平。因为 $D_0 \sim D_3$ 分别为触发器 $F_0 \sim F_3$ 的输入端，当 CP 脉冲上升沿到来时，$D_0 \sim D_3$ 被并行置入到 4 个触发器中，这时输出 $Q_0 Q_1 Q_2 Q_3 = D_0 D_1 D_2 D_3$。CP = 1，则寄存器中的数码保持不变。

7.3.2 三态输出寄存器

在数码寄存器的输出端增加一个三态门便构成三态输出寄存器，如图 7-18 所示。三态寄存器的特点在于输出端由三态门控制。当三态门控制端 $C = 0$ 时，寄存器的输出端与它的输出线 Y 断开，呈高阻状态，信息暂存于寄存器中；当 $C = 1$ 时，寄存器输出端与输出线 Y 接通，寄存器所存储的信息传送到输出线。采用三态门控制，可以将许多寄存器并联在同一条输出线上，这样就大大减少了输出线的数目，这样的输出线称为输出总线。在微型计算机中普遍采用这样的总线型结构。

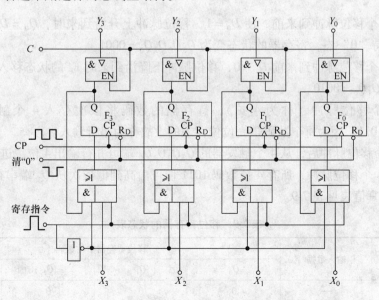

图 7-18 三态输出寄存器

7.3.3　移位寄存器

移位寄存器不仅具有存储数码的功能，而且还有移位的功能。所谓移位，就是每来一次移位命令，寄存器中的所存数码就向左或向右顺序移动一位。按移位方式分类，可分为单向移位寄存器和双向移位寄存器。

1. 单向移位寄存器

由 D 触发器组成的 4 位右向、左向移位寄存器如图 7-19 所示。图 7-19a 中数码从 D_i 端输入，CP 为移位脉冲（时钟脉冲）输入端。

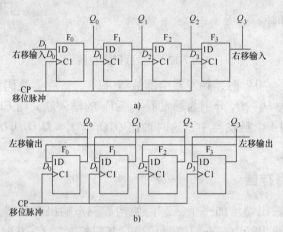

图 7-19　4 位单向移位寄存器

a）右移位寄存器　b）左移位寄存器

工作原理如下：

1）首先将寄存器清"0"，4 个触发器输出端 Q 均为 0。设串行输入数码 D_i 依次为 1、0、1、1。

2）第一个移位脉冲到来前，使 $D_0 = 1$，移位脉冲上升沿到来时，$Q_0 = D_0 = 1$，而 F_1、F_2、F_3 均保持"0"态，寄存器的状态变为 $Q_3Q_2Q_1Q_0 = 0001$。

3）第二个移位脉冲到来前 $D_1 = 0$，移位脉冲下降沿到来时 F_0 的状态移入 F_1，而 $Q_0 = D_1$，即 $Q_3Q_2Q_1Q_0 = 0010$。

经过 4 个移位脉冲（称为 4 拍），待存储的数码将依次存入 4 个触发器中，即 $Q_3Q_2Q_1Q_0 = 1011$。因为每个数码是一位位存入的，故称为串行输入。

在第 4 个移位脉冲后，从 4 个触发器的 $Q_3Q_2Q_1Q_0$ 端可并行输出 4 位二进制数码 1011。再继续输入 4 个移位脉冲，所存 4 位数码 1011 便可由高到低依次从 Q_3 端串行输出。其输入/输出状态真值表见表 7-9。

表 7-9　移位寄存器的状态表

移位脉冲	输入数据	移位寄存器中的数码			
		Q_0	Q_1	Q_2	Q_3
0	—	0	0	0	0
1	1	1	0	0	0

（续）

移位脉冲	输入数据	移位寄存器中的数码			
		Q_0	Q_1	Q_2	Q_3
2	0	0	1	0	0
3	1	1	0	1	0
4	1	1	1	0	1

由 4 个 D 触发器组成的 4 位左移位寄存器如图 7-19b 所示。其工作原理的分析与右移位寄存器类同，不再重复。

2. 双向移位寄存器

除了单方向移位寄存器外，根据需要还可以组成既能左移也能右移的双向移位寄存器。4 位串行输入-并行输出双向移位寄存器的电路如图 7-20 所示。图中，与或门用来控制左移和右移，移位方向取决于控制端 M 的状态。

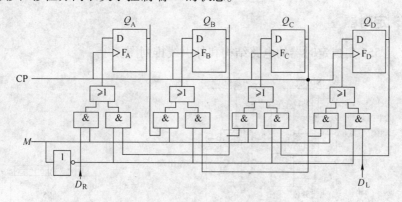

图 7-20　4 位双向移位寄存器

当 $M = 1$ 时，则 $Q_A^{n+1} = D_R$，$Q_B^{n+1} = Q_A^n$，$Q_C^{n+1} = Q_B^n$，$Q_D^{n+1} = Q_C^n$，电路为右移寄存器。

当 $M = 0$ 时，则 $Q_D^{n+1} = D_L$，$Q_C^{n+1} = Q_D^n$，$Q_B^{n+1} = Q_C^n$，$Q_A^{n+1} = Q_B^n$，电路为左移寄存器。

移位寄存器的用途广泛，在电子计算机中，常利用移位功能，实现二进制的乘除运算。例如，送入移位寄存器的二进制数左移一位，相当于将此数乘 2，右移一位则除以 2；也可用做数据转换，如把串行数据转换成并行数据或把并行数据转换成串行数据。另外，移位寄存器可构成顺序脉冲发生器、串行累加器等。

3. 应用举例

寄存器和移位寄存器是电子计算机中重要的逻辑部件，用于存储信息代码符号以及实现各种运算。图 7-21 是一个二进制加法运算逻辑电路图，A 和 B 是两个并入串出移位寄存器。电路工作过程如下：

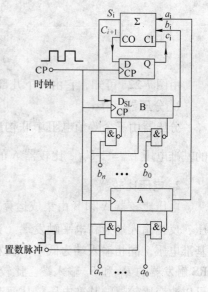

图 7-21　二进制加法运算电路

电路开始工作前，寄存器首先清"0"，并将需要运算的两个 $n+1$ 位二进制数 $a_n \sim a_0$、$b_n \sim b_0$ 并行送入 A 和 B 移位寄存器的数据输入端。在时钟脉冲到来后，两个二进制数码均从最低位（a_0、b_0）开始逐位从移位寄存器移出，进入全加器作加法运算，运算结果再送回移位寄存器 B 中保存。D 触发器用来存放进位信号。

7.4　555 定时器及其应用

555 定时器是一种能够产生时间延迟和多种脉冲信号的中规模集成电路，用它可以构成单稳态触发器、多谐振荡器和施密特触发器等多种电路，在工业自动控制、定时、检测、报警等方面有广泛应用。

在集成定时器产品中，双极型有 5G555、CMOS 有 CC7555、CC7556 等。下面以双极型 5G 555 定时器为例，介绍其内部结构、原理及应用。

7.4.1　555 定时器

图 7-22 是 555 集成定时器的电路结构和外引线排列图。

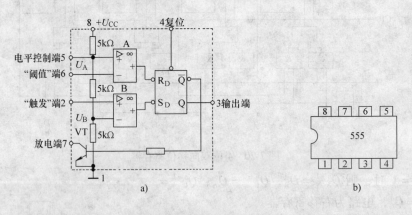

图 7-22　555 集成定时器

a）电路结构　b）外引线排列

由图 7-22a 可知，它由以下几部分组成：

1. 分压器

分压器由三个等值电阻串联构成。它向电压比较器 A 和 B 提供基准电压。比较器 B 的基准电压 $U_B = \frac{1}{3} U_{CC}$，比较器 A 的基准电压 $U_A = \frac{2}{3} U_{CC}$。

2. 电压比较器

电压比较器 A 和 B 由集成运算放大器组成。比较器 A 的同相输入端由 U_A 提供基准电压，反相输入端为高电平触发端（又称"阈值"端），比较器 B 的反相输入端由 U_B 提供基准电压，同相输入端为低电平触发器（又称"触发"端）。它们的输出端分别作为基本 RS 触发器的 R_D 和 S_D 输入端。比较器 A 的同相输入端为电平控制端，在此端外加一电压，可以改变比较器的基准电压，从而改变定时时间。此端不用时，可接一个 $0.01\mu F$ 电容将其旁路接地，以防干扰的引入。

3. RS 触发器

它的状态受两个比较器输出的控制。当"阈值"端电压低于 U_A（A 输出为"1"，使 $R_D=1$），而"触发"端电压低于 U_B（B 输出为"0"，使 $S_D=0$）时，RS 触发器置"1"；当"阈值"端电压高于 U_A（$R_D=0$），而"触发"端电压高于 U_B（$S_D=1$）时，RS 触发器清"0"；当"阈值"端电压低于 U_A（$R_D=1$），而"触发"端电压高于 U_B（$S_D=1$）时，触发器状态则保持不变。

4. 放电开关管

放电开关管 VT 工作在开关状态。当 RS 触发器复位（清"0"）时，VT 导通，外接电容元件通过 VT 放电。第 4 个引脚为复位端，平时接高电平，复位时接低电平，使 RS 触发器复位。

7.4.2 定时器电路的应用

1. 单稳态触发器

单稳态触发器与双稳态触发器不同，它只有一个稳定状态。在未加触发脉冲前，电路处于稳定状态；在触发脉冲作用下，电路由稳定状态翻转到暂稳态，停留一段时间后，电路又自动返回到稳定状态。暂稳态的长短，取决于电路的参数，与触发脉冲无关。

在数字系统中，单稳态触发器一般用做定时、整形以及延时等。它可以用集成逻辑门电路组成，也可用中规模定时器构成。本书只介绍用集成电路定时器构成的单稳态触发器。

用 555 定时器构成的单稳态触发器电路如图 7-23a 所示。R 和 C 是外接元件，"触发"端 2 接输入信号，"阈值"端 6 接在外接 R、C 电路中。

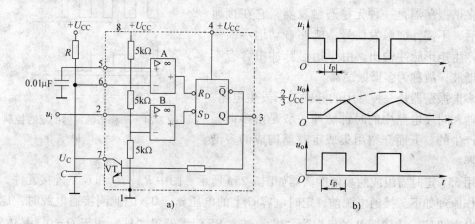

图 7-23 单稳态触发器

a）电路 b）工作波形

电源接通后 U_{CC} 经电阻 R 向电容器充电，当 U_C 上升到 $\frac{2}{3}U_{CC}$ 时，比较器 A 输出为"0"（$R_D=0$）；当触发脉冲尚未输入时，u_i 为"1"，其值大于 $\frac{1}{3}U_{CC}$，故比较器的输出为"1"（$S_D=1$），所以基本 RS 触发器清"0"，即 $Q=0$、$\overline{Q}=1$。由于 $\overline{Q}=1$，晶体管 VT 导通，定时电容器 C 通过 VT 放电，$u_C=u_{CES}\approx 0$，使比较器 A 输出"1"，基本 RS 触发器维持"0"

不变，这就是电路的稳定状态。可见，稳定状态时 $Q = 0$，即输出电压 u_o 为 0。

当输入触发负脉冲时，其幅值小于 $\frac{1}{3}U_{CC}$，故比较器 B 的输出为 "0"，将触发器置 "1"，u_o 由 "0" 变为 "1"，电路进入暂稳定状态。这时由于 $\overline{Q} = 0$，使 VT 截止，电源 U_{CC} 经 R 和 C 充电，U_C 升至 $\frac{2}{3}U_{CC}$ 时，比较器 A 的输出为 "0"，从而使触发器自动翻转到 $Q = 0$、$\overline{Q} = 1$ 的稳定状态。此后，电容 C 迅速放电，其工作波形如图 7-23b 所示。

单稳态触发器输出脉冲宽度 t_p 即为电容器 C 的电压从零升至 $\frac{2}{3}U_{CC}$ 所需的时间，也即暂稳态时间，可按下式计算

$$t_p = RC\ln 3 = 1.1RC$$

对于输入负脉冲，要求其脉冲宽度 t_n 小于 t_p。如果大于 t_p 可在输入端加 RC 微分电路进行处理。

由上述公式可知，改变 RC 值，可改变脉冲宽度 t_p。因此，这种电路的脉冲宽度可以从几微秒到数分钟，可用做定时检测。例如，在图 7-24 中，单稳态触发器发出的是一宽度为 t_p 的矩形脉冲，将它作为与门 A 的一输入信号，只有在 t_p 存在的时间内（如 100ms），u_A 信号才能通过与门输出。

2. 多谐振荡器

多谐振荡器是一种无稳态触发器，它在接通电源后，不需外加触发信号，能够自动地不断翻转，产生矩形脉冲输出。由于矩形脉冲中含有丰富的谐波，故称为多谐振荡器。

多谐振荡器是一种常用的脉冲波形发生电路。触发器和时序电路中的时钟脉冲一般是由多谐振荡器产生的。下面介绍用集成定时器构成的多谐振荡器。

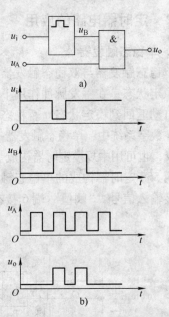

图 7-24　单稳态触发器的定时控制
a) 电路示意图　b) 工作波形

用 555 定时器组成的多谐振荡器如图 7-25a 所示。图中 R_1、R_2 和 C 是外接元件，电路的工作原理如下：接通电源前，定时电容 C 上的电压 $u_C = 0$。因此刚接通电源时，比较器 A 输出为 "1"，比较器 B 的输出为 "0"，基本 RS 触发器置 "1"。由于 $\overline{Q} = 0$，晶体管 VT 截止，电源通过 R_1、R_2 向 C 充电。当上升到略高于 $\frac{2}{3}U_{CC}$ 时，比较器 A 的输出为 "0"，使 RS 触发器清 "0"，这时 $\overline{Q} = 1$，使 VT 导通，电容 C 通过电阻 R 和 VT 放电，u_C 下降。当 u_C 下降略低于 $\frac{U_{CC}}{3}$ 时，比较器 B 的输出为 "0"，RS 触发器又置 "1"，u_C 又由 "0" 变为 "1"。由于 $\overline{Q} = 0$，VT 截止，U_{CC} 又经 R_1 和 R_2 对电容 C 充电。以此类推，形成无稳态多谐振荡，输出端得到矩形脉冲波形，如图 7-25b 所示。

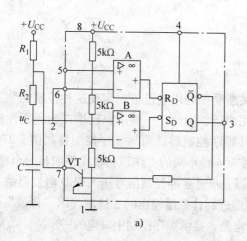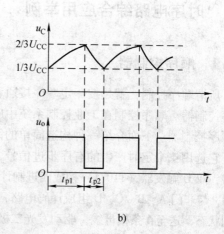

图 7-25　多谐振荡器

a）电路　b）工作波形

振荡周期和振荡频率的近似计算公式如下：

1）暂稳定状态的脉冲宽 t_{p1}（充电时间），即 u_C 从 $\frac{1}{3}U_{CC}$ 充电至 $\frac{2}{3}U_{CC}$ 所需的时间为

$$t_{p1} = (R_1 + R_2)C\ln 2 = 0.7(R_1 + R_2)C$$

2）暂稳定状态的脉冲宽度 t_{p2}（放电时间），即 u_C 从 $\frac{2}{3}U_{CC}$ 放电至 $\frac{1}{3}U_{CC}$ 时所需的时间为

$$t_{p2} \approx R_2 C\ln 2 = 0.7 R_2 C$$

振荡周期为

$$T = t_{p1} + t_{p2} \approx 0.7(R_1 + 2R_2)C$$

振荡频率为

$$f = \frac{1}{T} = \frac{1.43}{(R_1 + 2R_2)C}$$

由 555 集成定时器组成的振荡器，最高工作频率可达 300kHz。

如果在图 7-26 所示多谐振荡器电路中的定时电容两端接一对探测电极，就可以构成一水位监控报警电路。图中，定时器接成振荡电路，在水位正常情况下，两探测电极浸于水中而导通，定时电容被短路不能充电，故扬声器不发音。一旦水位下降到探测极以下时，两探测电极断开，电源 U_{CC} 经电阻 R_1 和 R_2 向电容 C 充电，多谐振荡器开始振荡，扬声器发出警报声。

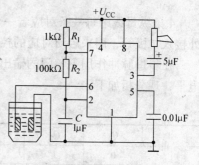

图 7-26　水位监控报警电路

7.5　时序电路综合应用举例

7.5.1　顺序控制器

所谓顺序控制，就是按一定顺序接通和关断受控的用电设备，实现这种控制的装置称顺序控制器。顺序控制在工业控制系统中应用广泛，因此，一些厂家已生产出通用性较强的顺序控制器。下面介绍一种构造简单的简易顺序控制器。简易顺序控制器如图 7-27a 所示。它选用 4 个定时产生的有序步进信号，控制 4 种不同的工作设备，实现四步一个循环。图中，双 D 触发器（T1074）构成四进制计数器，步进脉冲控制信号送入双 D 触发器的一个 C 端，与非门 A、B、C、D 组成译码电路，把四进制计数器输出的二进制代码"译成"4 种不同状态，送至 4 条横母线，驱动发光二极管电路，显示顺序控制中对应的一步。

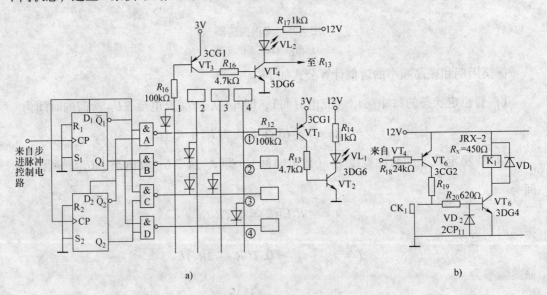

图 7-27　简易顺序控制器

a）电路图　b）驱动电路

4 条纵母线中每一条对应着一个特定的控制设备，如 1、2、3、4。纵、横母线的交叉处接入二极管，用来启动对应的控制设备。

在步进脉冲作用下各门的输出状态见表 7-10。由表 7-10 可知，4 条横母线依次出现低电平，现分析如下。

表 7-10　译码输出表

CP	Q_2	$\overline{Q_2}$	Q_1	$\overline{Q_1}$	G_A	G_B	G_C	G_D
1	0	1	0	1	0	1	1	1
2	0	1	1	0	1	0	1	1
3	1	0	0	1	1	1	0	1
4	1	0	1	0	1	1	1	0

第一条横母线低电平时（$\overline{Q_1 Q_2} = 11$，门电路 A 输出为"0"），VT$_1$、VT$_2$ 饱和导通，发光二极管 VL$_1$ 发光，指示顺序控制处于第一步（电路图中仅画出一套）。此时，规定第一号设备工作，因此需要在第一条横母线与第一条纵母线之间接入二极管，这样纵母线 1 处于低电平，使 VT$_3$、VT$_4$ 饱和导通。发光二极管 VL$_2$ 也发光（也仅画一套），指示纵母线的工作状态，即哪台设备在工作。驱动工作设备的工作原理如图 7-27b 所示。由于 VT$_4$ 导通输出低电平，使 VT$_5$、VT$_6$ 导通，继电器 K$_1$ 吸合，其触点接通被控制的设备。另外，从插口 CK$_1$ 还可以引入一个动作完成信号，使工作设备自动停止工作。

7.5.2　计数译码显示电路

图 7-28 是数字集成电路构成的二位二—十进制计数、译码、显示电路。计算器采用 T4290 型集成块，并接成 8421 码十进制计数器，译码器采用 T4248 型七段显示（共阴极）译码器，显示器采用 BSR202 型共阴极数码管。

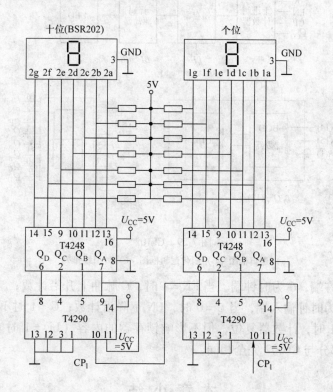

图 7-28　二位二—十进制计数译码显示电路

现有的数字集成电路把计数、译码、显示电路集成在一块芯片上，使用起来更为方便。

国产 CL102 型 CMOS-LED 组合件由计数器、锁存器、译码器和 LED 显示器 4 部分组成，其框图如图 7-29a 所示。它实际上是把 CL002 和计数器组合在一起，如图 7-29b 所示。

CL002 型功能块已在译码器中介绍，CL102 计数器功能见表 7-11，其外引线排列如图 7-29c 所示。计数器引脚功能如下：

表 7-11　　CL102 计数器功能表

C	EN	R	功　能
×	×	1	清 "0"
↑	1	0	计数
0	↓	0	计数
↓	×	0	保持
×	↑	0	保持
↑	0	0	保持
1	↓	0	保持

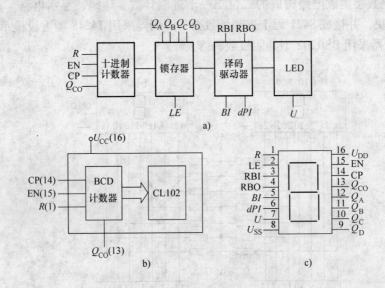

图 7-29　CL102

a) 逻辑框图　b) 简化逻辑框图　c) 外引线排列

EN 为时钟允许端，C 为时钟端。当 EN = 1 时，C 脉冲上升沿计数；当 EN = 0 时，不计数。EN 也可作为时钟输入端，当 C = 0 时，EN 下降沿计数；C = 1 时不计数。R：计数器的复位端，R = 1 时，计数器复位，但不影响锁存器的内容（LE = 1 时）。Q_{CO} 为计数器的进位端，其他部分与 CL002 完全相同。

本 章 小 结

本章主要从以下几个方面对时序逻辑电路进行讨论：

1. 触发器是构成时序逻辑电路的核心部件。根据逻辑功能的不同，触发器可分为 RS 触发器、JK 触发器、T 触发器和 D 触发器。不同功能的触发器之间可以互相转换。

2. 时序逻辑电路通常包括组合逻辑电路和记忆电路两部分，组合逻辑电路常由基本门电路组成，记忆电路由不同功能的触发器构成。

3. 计数器是最为重要的时序逻辑器件。按照时钟脉冲工作的不同，计数器可分为同步计数器和异步计数器：同步计数器的全部触发器采用同一时钟，异步计数器不同的触发器时钟脉冲不同。按照计数体制的不同，计数器可分为二进制计数器、八进制计数器、十进制计数器、十六进制计数器和任意进制计数器。

4. 寄存器是用来存储数码的数字器件。按照移位方向的不同寄存器分为右移寄存器、左移寄存器和双向移位寄存器。按照输入/输出方式的不同，分为串行寄存器和并行寄存器。

思考题与习题

7-1 同步 RS 触发器和基本 RS 触发器的主要区别是什么？

7-2 设同步 RS 触发器的初始状态为"0"，R、S 端和 CP 端输入波形如图 7-30 所示。试画出 Q 和 $\overline{Q}$ 的波形。

7-3 设主从型 JK 触发器的初始状态为"0"，CP、J、K 的波形如图 7-31 所示，试画出 Q 和 $\overline{Q}$ 的波形。

7-4 由与或非门构成的同步 RS 触发器如图 7-32 所示，试分析其工作原理并列出功能表。

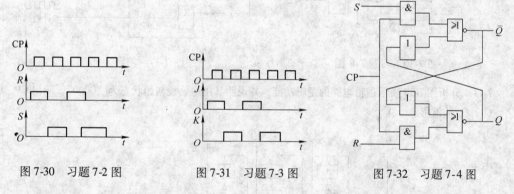

图 7-30　习题 7-2 图　　　　图 7-31　习题 7-3 图　　　　图 7-32　习题 7-4 图

7-5 在图 7-33 中，设每个触发器的初始状态为"0"，试画出在时钟脉冲 CP 作用下 Q 的波形。

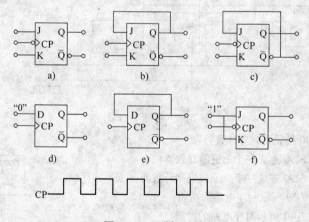

图 7-33　习题 7-5 图

7-6 电路如图 7-34 所示，设初始状态为 $Q_1 = Q_2 = 0$，试画出在 CP 作用下 Q_1、Q_2 的波形。

7-7 电路如图 7-35 所示，设初始状态为 $Q_1 = Q_2 = 0$，试画出在 CP 作用下 Q_1、Q_2 的波形。

7-8 图 7-36 为 TTL 维持阻塞 D 触发器，试分析其逻辑功能，列出真值表，并说明图中①～④连线的作用。

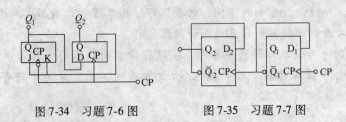

图 7-34　习题 7-6 图　　　　　　　图 7-35　习题 7-7 图

7-9　试用主从型 JK 触发器组成一个三位异步减法计数器，并画出 CP、Q_0、Q_1、Q_2 的波形。

7-10　试列出图 7-37 所示计数器的状态表，说明它是几进制计数器。

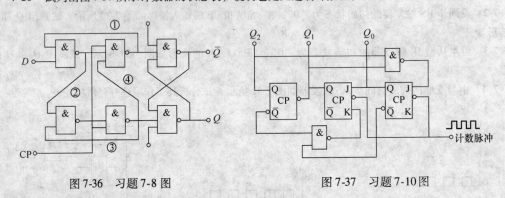

图 7-36　习题 7-8 图　　　　　　　图 7-37　习题 7-10 图

7-11　分析图 7-38 所示逻辑电路的逻辑功能，并说明其用途。设初始状态为"0000"，画出 CP、Q_0、Q_1、Q_2、Q_3 的波形。

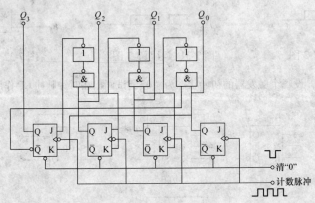

图 7-38　习题 7-11 图

7-12　用 CT74LS290 构成下列各计数器：

（1）用一片 CT74LS290 连成一个七进制计数器；

（2）用二片 CT74LS290 连成一个二十四进制计数器。

7-13　试分析如图 7-39 所示时序电路的功能：

7-14　试分析如图 7-40 所示时序电路的功能。

7-15　图 7-41 是一个防盗报警电路。a、b 两端被一根铜丝接通，此铜丝置于盗窃者必经之处。当盗窃者闯入室内将铜丝碰断后，扬声器即发出报警声（扬声器电压为 1.2V，通过电流为 40mA）。

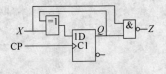

图 7-39　习题 7-13 图

试问：（1）555 定时器接成何种电路；

（2）说明本报警电路的工作原理。

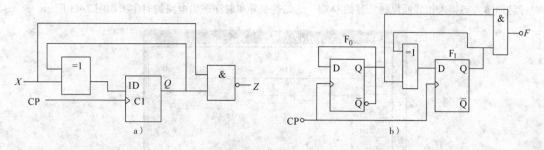

图 7-40　习题 7-14 图

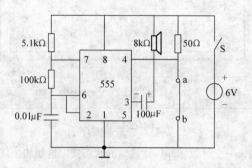

图 7-41　习题 7-15 图

Multisim 例题及习题

1. Multisim 例题

用 JK 触发器制作二进制计数器，并用 Multisim 软件来仿真实现电路的功能。

图 7-42 是在 Multisim 7 环境下创建的二进制异步时序逻辑电路，电路由 4 个 JK 触发器，1 个函数发生器，1 个逻辑分析仪和 4 个数字显示器组成。

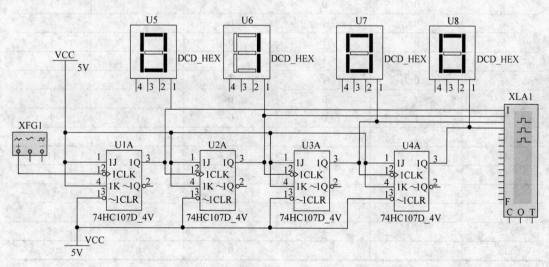

图 7-42　二进制异步时序逻辑电路图

以上所示由 4 个下降沿触发的 JK 触发器组成的二进制异步加法器电路的逻辑图。图中，JK 触发器都接成 T 触发器（即 $J = K = 1$）。最低位触发器 U1 的时钟脉冲输入端接计数脉冲 XFG1，其他触发器的时钟脉冲输入端接入相邻低位触发器的 Q 端。此二进制异步时序逻辑电路的时序图如图 7-43 所示。

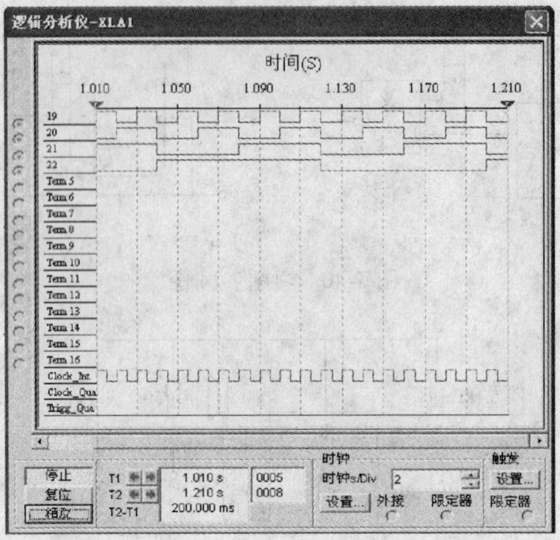

图 7-43　二进制时序图

从图 7-43 可以看出每输入一个计数脉冲，计数器的状态按二进制加法规律加 1，所以是二进制加法计数器（4 位）。其逻辑真值表见表 7-12。

表 7-12　逻辑真值表

计数脉冲序号	电 路 状 态				等效十进制数
	Q_3	Q_2	Q_1	Q_0	
0	0	0	0	0	0
1	0	0	0	1	1
2	0	0	1	0	2
3	0	0	1	1	3
4	0	1	0	0	4
5	0	1	0	1	5
6	0	1	1	0	6
7	0	1	1	1	7
8	1	0	0	0	8
9	1	0	0	0	9
10	1	0	0	1	0	10
11	1	0	1	1	11
12	1	1	0	0	12
13	1	1	0	1	13
14	1	1	1	0	14
15	1	1	1	1	15
16	0	0	0	0	0

2. Multisim 习题

用 JK 触发器组成右移移位寄存器。了解 74LS161 计数器各引脚的功能，用 74LS161 组成分频电路使输出频率为输入频率的 1/8。

第8章 D/A 及 A/D 转换电路

本章主要讲述数/模（D/A）和模/数（A/D）转换的基本概念和基本原理，并介绍几个常用的芯片。D/A 转换器和 A/D 转换器是数字系统的极其重要的接口器件，是连接数字系统和模拟系统的桥梁，在计算机、数字式仪器仪表、数字通信等方面具有十分广泛的应用。

8.1 D/A 转换器

D/A 转换器是用来将数字系统输出的数字量（数码）转换成与该数字量成正比的模拟量（电压或电流）的专门电路。计算机输出的二进制数是由各位代码组合起来的，每一位代码都有一定的权。为了把数字量转换成模拟量，就应该将每一位代码按权的大小转换成相应的模拟量（电压或电流），然后根据叠加原理将各位代码所对应的模拟量相加，所得的叠加结果就是与数字量成正比的模拟量。

8.1.1 T 形解码网络

为了完成代码的按权转换和叠加求和两项任务，就要用专门设计的解码网络。解码网络一般由电阻组成。D/A 转换器的类型较多，各种类型的转换器所使用的解码网络各不相同，这里只介绍其中的一种——T 形解码网络。

T 形解码网络的电路原理如图 8-1 所示。在这个电路中，只有 R 和 $2R$ 两种阻值的电阻。整个解码网络是由数个相同的电路环节构成的，电路环节的个数等于二进制数码的位数。每个电路环节有两个电阻和一个模拟开关，每个电路环节相当于二进制数的一位。各环节的模拟开关与左方接通还是与右方接通，由该环节对应的二进制代码控制。由于电路中每个节点所连接的两个 R 电阻和一个 $2R$ 电阻呈 T 形结构，故称这个电阻网络为 T 形解码网络。从图 8-1 中可以看出 T 形网络的特点：从网络上方任意一个节点向右看，等效电阻都是 $2R$。所以由参考电压 U_{REF} 在 T 形解码网络产生的电流从左向右流动时，每经过一个节点便分成两个相等的支路电流。由于 a 点为"虚地"点，$U_a = 0$，各开关无论向左合

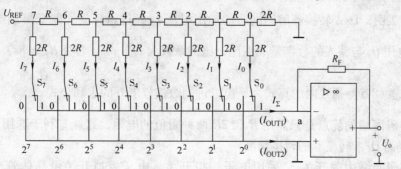

图 8-1 T 形解码网络

还是向右合都不影响所在支路的电流数值，因此可求得

$$I_0 = \frac{1}{2}I_1, I_1 = \frac{1}{2}I_2, I_2 = \frac{1}{2}I_3, \cdots, I_6 = \frac{1}{2}I_7 \tag{8-1}$$

每条 $2R$ 支路的电流从左到右以 $\frac{1}{2}$ 的系数递减。

由 T 形解码网络可求出

$$\begin{cases} I_7 = \dfrac{U_{REF}}{2R} = \dfrac{U_{REF}}{R} \times \dfrac{1}{2^1} \\[2mm] I_6 = \dfrac{1}{2}I_7 = \dfrac{U_{REF}}{R} \times \dfrac{1}{2^2} \\[2mm] \qquad\qquad \vdots \\[2mm] I_1 = \dfrac{1}{2}I_2 = \dfrac{U_{REF}}{R} \times \dfrac{1}{2^7} \\[2mm] I_0 = \dfrac{1}{2}I_1 = \dfrac{U_{REF}}{R} \times \dfrac{1}{2^8} \end{cases} \tag{8-2}$$

设模拟开关 S_0，S_1，S_2，S_3，$\cdots$，S_7 分别代表各位二进制代码的变量。令 $S_i = 1$ 时，模拟开关合在 "1" 位置；$S_i = 0$ 时，模拟开关合在 "0" 位置，T 形解码网络的输出电流为

$$\begin{aligned} I_\Sigma &= \frac{U_{REF}}{2R}\left(\frac{S_7}{2^1} + \frac{S_6}{2^2} + \frac{S_5}{2^3} + \cdots + \frac{S_1}{2^7} + \frac{S_0}{2^8}\right) \\[2mm] &= \frac{U_{REF}}{2^8 R}(S_7 2^7 + S_6 2^6 + S_5 2^5 + \cdots + S_1 2^1 + S_0 2^0) \end{aligned} \tag{8-3}$$

推广到 n 位二进制码的情况，则有

$$I_\Sigma = \frac{U_{REF}}{2^n R}(S_{n-1} 2^{n-1} + S_{n-2} 2^{n-2} + \cdots + S_1 2^1 + S_0 2^0) \tag{8-4}$$

在 T 形解码网络的输出端接一个运算放大器，可将模拟输出电流变成模拟输出电压，其电压为

$$\begin{aligned} U_0 &= -I_\Sigma R_F \\[2mm] &= -\frac{U_{REF} R_F}{2^n R}(S_{n-1} 2^{n-1} + S_{n-2} 2^{n-2} + \cdots + S_1 2^1 + S_0 2^0) \end{aligned} \tag{8-5}$$

式 8-5 表明，D/A 转换器解码网络的输出电流 I_Σ 经过运算放大器变换成电压信号 U_0 后，模拟电压 U_0 与编入的数字量成正比，比例系数为 $\frac{U_{REF} R_F}{2^n R}$。若令 $R_F = R$，比例系数则为 $\frac{U_{REF}}{2^n}$。式（8-5）括号内的算式为 n 位二进制数按权展开的求和公式。

T 形解码网络的优点是只需用 R 和 $2R$ 两种阻值的电阻，这就有利于选用高精度的电阻，从而提高 D/A 转换器的转换精度。

T 形解码网络中的开关 S_i 采用电子模拟开关。电子模拟开关由晶体管或场效应管构成。

8.1.2　D/A 转换器的主要技术指标

1. 精度

精度是指 D/A 转换器输出模拟电压实际数值与理论数值之差。该差值一般应低于 $\frac{1}{2}$ LSB 的权值。例如，对于图 8-1 所示的转换电路，在 8 位二进制数全为 1 时，理论输出电压值应为 $-\frac{U_{REF}}{256R} \times 255$，而电路的实际输出电压不应超过 $-\frac{U_{REF}}{256R} \times 255 \pm \frac{1}{2} \frac{U_{REF}R_F}{256R}$。

2. 分辨率

D/A 转换器的分辨率是指理论的最小输出电压（对应的输入二进制数为 1）与理论的最大输出电压（对应的输入二进制数所有位全为 1）之比。例如，对于一个 8 位 D/A 转换器，其分辨率应为

$$\frac{-\dfrac{U_{REF}R_F}{2^8 R} \times 1}{-\dfrac{U_{REF}R_F}{2^8 R} \times 256} = \frac{1}{256} = \frac{1}{2^8} \tag{8-6}$$

由此可知，一个 n 位 D/A 转换器的分辨率为 2^{-n}。由于分辨率与 D/A 转换器的位数有关，故通常总是用位数（bit）来表明其分辨率的大小，位数越多，分辨率也越高。

3. 非线性度

在理想的情况下，对于一个 n 位的 D/A 转换器，若每两个相邻的数码所对应的模拟输出电压之差是一常数，其绝对值为 $\left| \dfrac{U_{REF}R_F}{2^n R} \right|$，这时二进制数码与输出电压成线性关系。由于各种因素的影响，通常 D/A 转换器的实际输出电压总是稍稍偏离线性特性，所偏离的最大值称为非线性误差。非线性误差与 D/A 转换器输出的理论最大输出电压之比称为非线性度。

4. 输出电压（或电流）的建立时间

在 $t = 0$ 时刻给 D/A 转换器输入 n 位二进制数全为 1 的数码，经过 K 秒，转换器输出的模拟量达到稳定值，所用的时间 K 称为建立时间，也叫做 D/A 转换器的转换时间。通常 D/A 转换器的建立时间不大于 $1\mu s$。

除去上述几项指标外，其他还有工作电压、参考电压、输出方式、输入逻辑电平等，可查阅有关的技术手册。

8.2　A/D 转换器

A/D 转换器是将输入的模拟电压转换成与其大小成正比的数字量（二进制数码）的电路。常用的转换器有并行式 A/D 转换器、逐次逼近式 A/D 转换器以及双积分式 A/D 转换器。在这一节里只研究逐次逼近式 A/D 转换器

8.2.1　逐次逼近式 A/D 转换器

逐次逼近式 A/D 转换器的转换原理与天平称重的原理相似。用天平称某物体的质量

时，从最重的砝码开始试放，与被称物体的质量进行比较。若被称物的质量大于该砝码，就保留这个砝码；若被称物体的质量小于该砝码，则去掉这个砝码，换一个小一些的砝码继续试称。直至加到最小一个砝码，最后将留在天平上的所有砝码的质量相加，其和就是被称物体的质量。例如，用 4 个分别重 8g、4g、2g、1g 的砝码去称量一个 13g 的物体，称量过程见表 8-1。

表 8-1　逐次逼近称量过程

顺序	砝码质量/g	比较、判别/g	该砝码保留还是去掉
1	8	8 < 13	保留
2	8 + 4	12 < 13	保留
3	8 + 4 + 2	14 > 13	去掉
4	8 + 4 + 1	13 = 13	保留

图 8-2 所示是一个 4 位逐次逼近式 A/D 转换器的电路原理图。把待转换的模拟电压 U_i 和一个"试探"电压 U' 送至比较器进行比较，根据试探电压 U' 大于还是小于输入电压 U_i 来决定增大还是减小该试探信号，以便使试探电压向输入的模拟电压逼近。试探电压信号由 D/A 转换器的输出获得。当试探电压 U' 与输入电压信号相等时，逼近过程就结束，这时 D/A 转换器的输入数码就是与待转换的模拟输入电压 U' 所对应的数字量。

图 8-2 所示电路的转换过程如下：给 A/D 转换器输入模拟信号电压 U_i，启动转换器进入转换过程。控制逻辑首先使输出锁存器清"0"（$D_0 \sim D_3$ 全为 0），然后通过移位寄存器使输出锁存器最高位置"1"，即 $D_3 = 1$。这里 D/A 转换器将锁存器输出的数码转换成相应的电压 U'，与输入电压 U_i 比较。若 $U_i > U'$，比较器输出高电平，控制逻辑命令输出锁存器保留 $D_3 = 1$；若 $U_i < U'$，比较器输出低电平，控制逻辑命令输出锁存器 D_3 位清"0"，即 $D_3 = 0$。接着，控制逻辑又使输出锁存器 D_2 位置"1"，再与 U_i 比较，依此类推。控制逻辑控制输出锁存器的各位输出端从高位到低位依次置"1"，每置一位，都要进行试探。若 $U_i > U'$，该位保留；若 $U_i < U'$，该位清"0"。一直进行到锁存器的最低位，转换结束。这时，输出锁存器输出的二进制数码就是与输入模拟电压相对应的数字量。

设输入电压 $U_i = \dfrac{11}{16} U_{REF}$。图 8-3 所示是一个 4 位逐次逼近式 A/D 转换器转换过程的示意图。在 $t = 0$ 时刻，控制逻辑发出指令，进入转换过程，然后分别在 t_0、t_1、t_2、t_3 时刻使输出锁存器的 D_3、D_2、D_1、D_0 位依次置"1"。从 D/A 转换电路输出对应的试探电压 U' 比较，转换完毕，从输出锁存器获得与输入模拟电压 $U_i = \dfrac{11}{16} U_{REF}$ 相对应的数码为 $D_3 D_2 D_1 D_0 = 1011$。

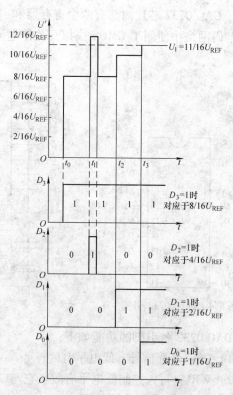

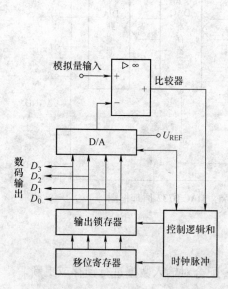

图 8-2　4 位逐次逼近式 A/D 转换器　　　　图 8-3　4 位逐次逼近式 A/D 转换器转换过程示意图

8.2.2　A/D 转换器的主要技术指标

1. 转换时间

转换时间是指 A/D 转换器从接到转换命令开始，到输出端获得稳定的数字量信号所经过的时间，不同类型的 A/D 转换器的转换时间也不相同。

速度快的为几十纳秒，速度慢的则需几十毫秒。并行式 A/D 转换器速度最快，逐次逼近式 A/D 转换器次之，双积分 A/D 转换器最慢。

2. 绝对精度

理想情况下，A/D 转换器输出的数字量与输入的模拟量呈线性关系；实际情况下，两者之间与理想特性略有偏差。绝对精度（绝对误差）就是指对应于某个数字量的理论模拟输入值与实际模拟输入值之差。

其他指标，如分辨率、非线性度等，与 D/A 转换器类似，这里就不再一一介绍。

8.3　典型 D/A、A/D 芯片简介

8.3.1　DAC 0732 8 位 D/A 转换器

DAC 0732 是 CMOS 单片 8 位 D/A 转换器，采用 20 脚双列直插式封装。它可以直接与 51、AVR、PIC 等常用微处理器连接。它的引脚图和内部原理框图分别如图 8-4 和图 8-5

所示。DAC 0732 芯片内部有两个寄存器和一个 8 位 D/A 转换器（R – 2RT 型电阻网络）。T 形解码网络中使用了 CMOS 模拟开关作电流开关。

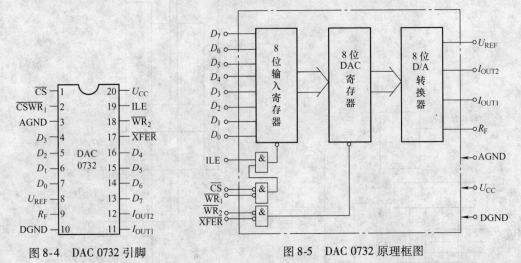

图 8-4　DAC 0732 引脚　　　　　　　图 8-5　DAC 0732 原理框图

DAC 0732 各引脚的功能如下：

1）$\overline{CS}$：片选信号，低电平有效。

2）$\overline{WR_1}$：写入控制低电平有效。它与$\overline{CS}$、ILE 配合对输入数据进行锁存或更新。

3）AGND：模拟地端。

4）$D_0 \sim D_7$：数字量输入端。

5）U_{REF}：参考电压。

6）R_F：反馈电极外接端。

7）DGND：数字地端。

8）I_{OUT2}：电流输出端。在单极性输出时，I_{OUT2} 端应接模拟地端。

9）$\overline{XFER}$：传送控制低电平有效，它与$\overline{WR_2}$配合使用。

10）$\overline{WR_2}$：写入控制低电平有效，它与$\overline{XFER}$配合，可将输入寄存器的数字量传送到 DAC 寄存器。

11）U_{CC}：芯片工作电压输入端。

DAC 0732 芯片的主要技术指标如下：

1）分辨率：8 位。

2）电流建立时间：$1\mu s$。

3）工作电压：单电源 5 ~ 15V。

4）功耗：20mW。

8.3.2　ADC 0809 8 位 A/D 转换器

ADC 0809 是 CMOS 单片 8 位 A/D 转换器，它采用 27 脚双列直插式封装。它的引脚图和内部原理图分别如图 8-6 和图 8-7 所示。

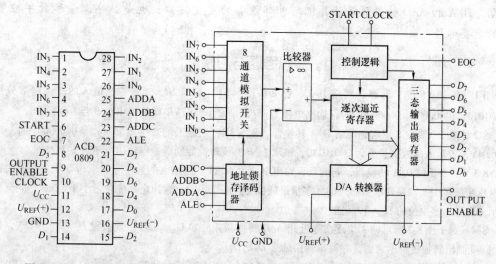

图 8-6　ADC 0809 引脚　　　　　　　图 8-7　ADC 0809 原理框图

ADC 0809 芯片内含有 8 通道模拟开关、电压比较器、D/A 转换器、逐次逼近寄存器、三态输出锁存器等。一块芯片可同时输入 8 路模拟电压，由地址译码器选通其中一路进行 A/D 转换。

ADC 0809 芯片各引脚的功能如下：

1）IN$_0$ ~ IN$_7$：模拟电压输入端。

2）START：转换启运信号。

3）EOC：转换结束信号。

4）OUTPUTENABLE：输出允许信号。

5）CLOCK：时钟脉冲输入端。

6）U_{CC}：芯片工作电压输入端。

7）$U_{REF}(+)$、$U_{REF}(-)$：参考电压输入端。

8）GND：接地端。

9）D_0 ~ D_7：数字量输入端。

10）ALE：地址锁存信号。

11）ADDA、ADDB、ADDC：通道选择地址码输入端。

ADC 0809 芯片的主要技术指标如下：

1）分辨率：8 位。

2）未经调整的误差：1LSB。

3）转换时间：100μs。

4）工作电压：单电源 5V。

5）功耗：15mW。

本 章 小 结

D/A 转换器是将数字量转换为模拟量的电路，A/D 转换器是将模拟量转换为数字量的电路。D/A 和 A/D 转换器是计算机与外部设备的重要接口，也是数字测量和数字控制系统的重要部件。

思考题与习题

8-1　有一个 8 位 T 形解码网络 DAC，已知 $U_{REF} = 5V$，$R_F = 2R$。试求：当输入的二进制数分别为 10101010、10000000、00000001 时，输出电压 U_o 分别是多少？（结果精确到小数点后 7 位）。

8-2　有一个 8 位 T 形解码网络 D/A 转换器，$R_F = 3R$，当输入的数字量 $d_7 \sim d_0 = 00000001$ 时，$U_o = -0.04V$，若输入的数字量变为 00010110，试求 $U_o = ?$ 该转换器的满量程输出电压为多大？

8-3　一个 8 位 D/A 转换器，若满量程输出电压为 $-12V$，当输入的数字量最低位变化一个码时，输出电压变化多少？如果要求当输入的数字量最低位变化一个码时，输出电压变化量小于 12mV，问至少应选用分辨率为多少位的 D/A 转换器？

8-4　对于图 8-2 所示的 4 位逐次逼近式 A/D 转换器，已知 $U_{REF} = 5V$。现假设 $U_i = 2.7125V$，试仿照图 8-3 画出转换过程示意图，并写出转换结果 $D_3 D_2 D_1 D_0 = ?$

8-5　现有 7 位、10 位、12 位的 A/D 转换器各一个，它们的满量程输入电压均为 5V。现有一电路需要使用对输入模拟电压分辨能力达 5mV 以下的 A/D 转换器（$|\Delta U_i| \geqslant 5mV$ 就能使输出数字量的最低位发生变化）。试问：哪一种 A/D 转换器能满足要求？

Multisim 例题及习题

1. Multisim 例题

【Mult 8-1】　　在倒 T 形电阻网络 D/A 转换器中，令 $R = 1K\Omega = R_f$，$U_{REF} = 10V$，其数字量手动输入倒 T 形电阻网络实现 D/A 转换器仿真电路如图 8-8 所示。求：开始时开关 S1、S2、S3、S4 切换到左触点，然后反复按 〈A〉、〈S〉、〈D〉、〈F〉 键时的输出波形。

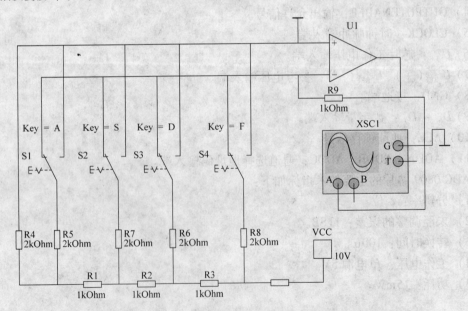

图 8-8　数字量手动输入倒 T 形电阻网络实现 D/A 转换器仿真电路

解：在 Multisim 7 中创建电路，如图 8-8 所示。

观测仿真结果。单击仿真按钮，双击虚拟示波器 XSC1 图标，通过切换开关 S1、S2、S3、S4（仿真是分别用〈A〉、〈S〉、〈D〉、〈F〉键控制）可观察仿真结果。若开关切换到左触点，相当于对应的数字量为 1；若开关切换到右触点，相当于对应的数字量为 0。开始时〈A〉、〈S〉、〈D〉、〈F〉键在左边，然后反复按〈A〉、〈S〉、〈D〉、〈F〉键时的输出波形如图 8-9 所示。

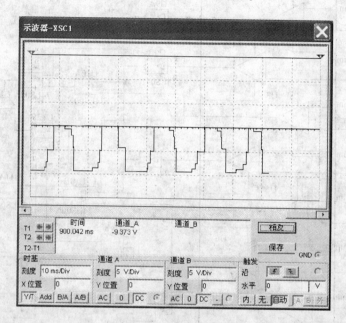

图 8-9 电路的仿真输出波

2. Multisim 习题

【Mult 8-1】 用 Multisim 对图 8-10 进行仿真，设置模拟量输入信号为交流信号源，设置其幅值为 2V，直流偏置为 2V；设置逻辑分析仪 XLA1 的触发时钟频率为 1.6kHz，求逻辑分析仪 XLA1 的输出波形。

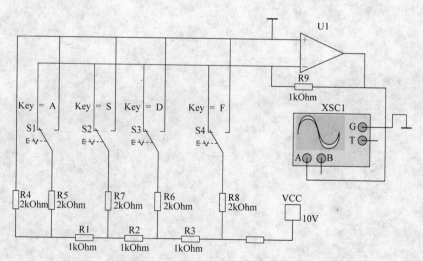

图 8-10 数字量手动输入倒 T 形电阻网络实现 D/A 转换器

【Mult 8-2】 A/D 转换器仿真电路如图 8-11 所示，用 Multisim 对其仿真。求：当电位器电阻大小分别为总阻值的 50%、45%、40%、35%、30%、25%、20%、15%、10%、5%、0% 时，仿真电路输出端数字的显示。

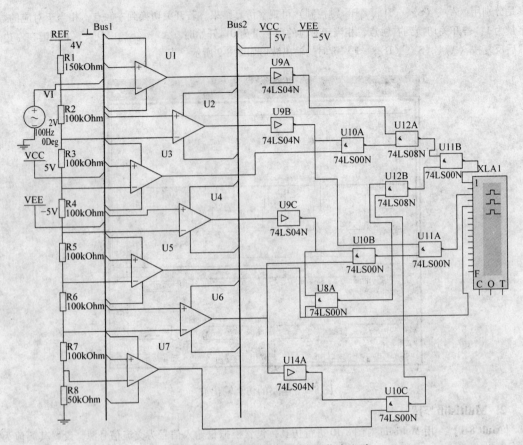

图 8-11 并联比较型 A/D 转换器仿真电路

第 9 章　存储器和可编程逻辑器件

本章主要分析只读存储器（ROM）和随机存储器（RAM）的基本结构和工作原理，其次介绍可编程逻辑器件（PLD）的结构原理和主要类型，并简要介绍复杂可编程逻辑器件和现场可编程门阵列。通过本章的学习应该了解半导体存储器的性能指标，并能够按照电路需要扩展存储器的容量。

9.1　半导体存储器

半导体存储器是一种用来存储大量二进制信息的大规模集成电路（LSI）。它可以用来存储不同的操作指令及各种需要计算、处理的数据，具有集成度高、体积小、容量大、可靠性高、价格低、工作速度快、外围电路简单等特点，在微型计算机和数字系统中得到了广泛应用。根据功能不同，半导体存储器可分为只读存储器（Read – Only Memory，ROM）和随机存取存储器（Random Access Memory，RAM）两种。随机存储器，也叫做读/写存储器，既能方便地读出所存数据，又能随时写入新的数据。按照存储机理的不同，RAM又可分为静态 RAM 和动态 RAM。存储器的容量 = 字长（n）× 字数（m）。

9.1.1　只读存储器

只读存储器（ROM）因工作时其内容只能读出而得名，常用于存储数字系统及计算机中不需改写的数据。例如，数据转换表及计算机操作系统程序等。ROM 存储的数据不会因断电而消失，即具有非易失性。

1. ROM 的结构

ROM 的电路结构包含存储矩阵、地址译码器和输出缓冲器三个组成部分，如图 9-1 所示。存储矩阵由许多存储单元排列而成。存储单元可以用二极管构成，也可以用双极结型晶体管或 MOS 场效应晶体管构成。每个单元能存放一位二进制代码（0 或 1）。每一个或一组存储单元有一个对应的地址代码。

地址译码器的作用是将输入的地址代码译成相应的控制信号，利用这个控制信号从存储矩阵中将指定的单元选出，并把其中的数据送到输出缓冲器。

输出缓冲器的作用有两个：一是提高存储器的带负载能力；二是实现对输出状态的三态控制，以便与系统的总线连接。

2. ROM 的工作原理

具有 2 位地址输入码和 4 位数据输出的 ROM 电路如图 9-2 所示，它的存储单元由二极管构成，它的地址译码器由 4 个二极管与门组成。2 位地址代码 A_1A_0 能给出 4 个不同的地址，地址译码器将这 4 个地址代码分别译成 $W_0 \sim W_3$ 根线上的高电平信号。存储矩阵实际上是由 4 个二极管或门组成的编码器，当 $W_0 \sim W_3$ 每根线上给出高电平信号时，都会在 $D_0 \sim D_3$ 这 4 根线上输出一个 4 位二进制代码。通常将每个输出代码称为一个"字"，$W_0 \sim$

W_3 称为字线，将 $D_0 \sim D_3$ 称为位线（或数据线），而 A_1、A_0 称为地址线。输出端的缓冲器用来提高带负载能力，并将输出的高、低电平变换为标准逻辑电平。同时，通过给定 $\overline{\text{EN}}$ 信号实现对输出的三态控制。

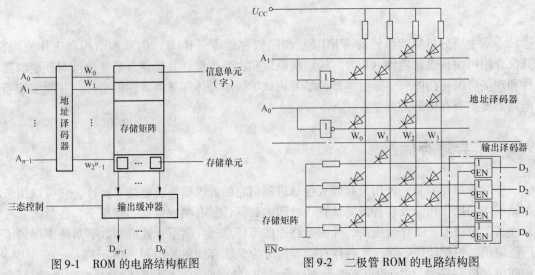

图 9-1　ROM 的电路结构框图　　　　图 9-2　二极管 ROM 的电路结构图

在读取数据时，只要输入指定的地址码并且令 $\overline{\text{EN}} = 0$，则指定地址内各存储单元所存的数据便会出现在输出数据线上。全部 4 个地址内的存储内容如表 9-1 所示。

表 9-1　ROM 输出信号真值表

A_1	A_0	D_3	D_2	D_1	D_0
0	0	1	1	1	1
0	1	1	0	1	0
1	0	0	0	0	0
1	1	0	1	1	0

3. ROM 的应用举例

从 ROM 的逻辑结构示意图可知，只读存储器的基本部分是与门阵列和或门阵列，与门阵列实现对输入变量的译码，产生变量的全部最小项，或门阵列完成有关最小项的或运算，因此从理论上讲，利用 ROM 可以实现任何组合逻辑函数。

【例 9-1】　试用 ROM 实现下列函数：

$Y_1 = A\,\overline{B}C + \overline{A}BC + A\overline{B}\,\overline{C} + ABC$ ；

$Y_2 = BC + CA$ ；

$Y_3 = \overline{A}\,\overline{B}\,\overline{C}\,\overline{D} + \overline{A}\,\overline{B}CD + \overline{A}BC\overline{D} + A\overline{B}\,CD + ABC\,\overline{D} + ABCD$ ；

$Y_4 = ABC + ABD + ACD + BCD$ 。

解：（1）写出各函数的标准"与或"表达式。按 A、B、C、D 顺序排列变量，将 Y_1、Y_2 扩展成为四变量逻辑函数。

$$Y_1 = \sum m(2,3,4,5,8,9,14,15)$$

$$Y_2 = \sum m(6,7,10,11,14,15)$$

$$Y_3 = \sum m(0,3,6,9,12,15)$$

$$Y_4 = \sum m(7,11,13,14,15)$$

（2）选用 16×4 位 ROM，画出存储矩阵连线图，如图 9-3 所示。

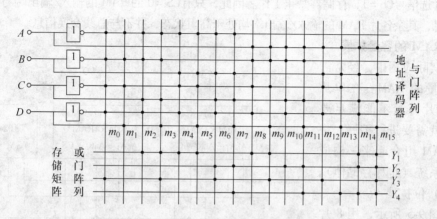

图 9-3　例 9-1 ROM 存储矩阵连线图

9.1.2　随机存储器

1. RAM 的结构

　　RAM 的电路结构与 ROM 相似，基本结构如图 9-4 所示。但由于 RAM 不仅能读出，而且能写入，除了与 ROM 一样需有地址译码器外，RAM 还需要读/写控制电路来控制读/写过程。信息通过输入/输出线进行交换。此外，RAM 存储器的存储单元必须具备能将信息写入、存储和独处的功能。所以存储单元通常是由具有记忆功能的电路和相应的控制门电路组成。故 RAM 存储器由存储

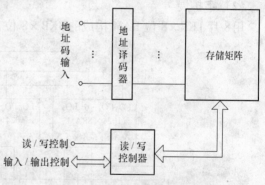

图 9-4　RAM 的结构示意框图

矩阵、地址译码器、读/写控制器、输入/输出控制、片选控制等几部分组成。

2. RAM 的工作原理

　　RAM 的工作原理可以用图 9-4 说明。RAM 的存储矩阵由许多存储单元组成，每个存储单元存放一位二进制数码，即"1"或"0"。RAM 存储单元的数据不是预先固定的，而是取决于外部输入的信息，这是与 ROM 存储单元的不同之处。若要一直保存这些信息，RAM 存储单元必须由具有记忆功能的电路（如双稳态触发器）构成。

　　地址译码器是一种 N 取一译码器，一个地址译码对应一条选择线。当某条选择线被选中时，与该条选择线相联系的存储单元与数据线相通，以实现读出或者写入数据。

　　当存储矩阵中某一存储单元被选中时，可采用高电平或者低电平作为读/写的控制信号。当读/写控制端 $R/\overline{W} = 1$ 时，执行读操作，RAM 将存储矩阵中的内容送至数据输入/输出（$D_0 \sim D_3$）端；当 $R/\overline{W} = 0$ 时，执行写操作，RAM 将 $D_0 \sim D_3$ 端上的输入数据写入存储矩阵

中。为了避免读/写在同一时间内同时被送入 RAM 芯片，可把分开的输入线和输出线先合用一条双数据线，利用读/写控制信号和读/写控制电路，通过 I/O 线读出或者写入数据。

由于 RAM 的存储量有限，实际工作中通常采用多片 RAM 组成一个大容量的存储器。但在访问存储器时，每次只能与其中一片或多片 RAM 进行信息交换，这种信息交换由片选线控制。使用时片选信号 $\overline{\text{CS}}=1$，存储器禁止工作。因此，只有 $\overline{\text{CS}}=0$ 的 RAM 的输入/输出端与外部总线交换信息，其余各片 RAM 的输入/输出端均处于高阻状态，并不与总线交换信息。

3. RAM 的容量扩展

在实际应用中，经常需要大容量的 RAM。在单片 RAM 芯片容量不能满足要求时，就需要进行扩展，将多片 RAM 组合起来，构成存储器系统（也称存储体）。

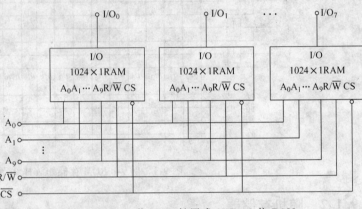

（1）位扩展

如图 9-5 所示，用 8 片 1024（1KB）×1 位 RAM 构成的 1024×8 位 RAM 系统。

图 9-5　1KB×1 位 RAM 扩展成 1KB×8 位 RAM

（2）字扩展

用 8 片 1KB×8 位 RAM 构成的 8KB×8 位 RAM 如图 9-6 所示，图中输入/输出线、读/

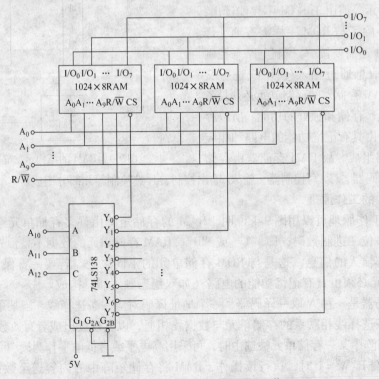

图 9-6　1KB×8 位 RAM 扩展成 8KB×8 位 RAM

写线和地址线 A_0 ~ A_9 是并联起来的，高位地址码 A_{10}、A_{11} 和 A_{12} 经 74LS138 译码器 8 个输出端分别控制 8 片 1KB ×8 位 RAM 的片选端，以实现字扩展。

如果需要，我们还可以采用位与字同时扩展的方法扩大 RAM 的容量。

9.2 可编程逻辑器件

可编程逻辑器件（Programmable Logic Devices，PLD），是电子设计自动化（EDA）得以实现的硬件基础，通过编程，可灵活方便地构建和修改数字电子系统。

PLD 是集成电路技术发展的产物。很早以前，电子工程师们就曾设想设计一种逻辑可再编程的器件，但由于集成电路规模的限制，难以实现。20 世纪 70 年代，集成电路技术迅猛发展，随着集成电路规模的扩大，PLD 才得以诞生和迅速发展。

中、小规模组合逻辑集成器件性能好、结构简单，因而成为组成数字系统的基本部件。但是对于一个大型复杂的数字系统，过多的器件可能导致功耗高、占用空间大和系统可靠性差等问题。利用 PLD 进行数字系统的设计，可以较好地解决以上问题。PLD 是一种可以由用户定义和设置逻辑功能的器件，该类器件具有逻辑功能实现灵活、集成度高、处理速度快和可靠性高等特点。

1. PLD 的结构

PLD 的一般结构框图如图 9-7a 所示。与阵列和或阵列是它的基本组成部分，通过对与、或阵列的编程实现所需的逻辑功能。输入电路由输入缓冲器组成，通过它可以得到驱动能力强，并且互补的输入信号变量送到与阵列。有些 PLD 的输入电路包含锁存器或寄存器等时序电路。输出电路主要分为组合和时序两种方式，组合方式的或阵列经过三态门输出，时序方式的或阵列经过寄存器和三态门输出。有些电路可以根据需要将输出反馈到与阵列的输入，以增加器件的灵活性。图 9-7b 所示为 PLD 基本电路结构，为简明起见，将输出三态门省略。

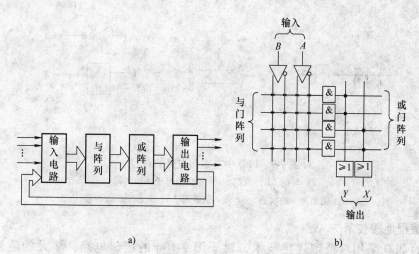

a)　　　　　　　　　　　　　b)

图 9-7　PLD 结构

a）一般结构框图　b）基本电路结构

2. PLD 的表示方法

为了便于绘制与、或阵列的结构图，采用一种简化的表示方法，该方法的各种符号及含义如下。

（1）连接方式

在图 9-7b 所示的基本 PLD 结构中，门阵列的每个交叉点称为"单元"，单元的连接方式共有三种情况，如图 9-8 所示。

1）硬线连接。硬线连接是固定连接，不可以编程改变。

2）可编程"接通"单元。它依靠用户编程来实现"接通"连接。

3）可编程"断开"单元。编程实现断开状态，这种单元又称为被编程擦除单元。

右侧符号图说明：
- ⊢— 硬线连接单元
- ⊹— 被编程连接单元
- ⊥— 被编程擦除单元

图 9-8　PLD 连接符号

（2）基本门电路的表示方式

PLD 中基本门电路符号如图 9-9 所示。图 9-9a、b 分别为与门 $L_1 = ABC$ 和或门 $L_2 = A + B + C$。由于 $L_3 = A\overline{A}B\overline{B} = 0$，图 9-9c 给出了与门输出恒等于 0 的简化画法。图 9-9d 中与门的所有输入项均不接通，保持"悬浮"的 1 状态，即 $L_4 = 1$。图 9-9e 为具有互补输出的输入缓冲器。图 9-9f 为三态输出缓冲器。

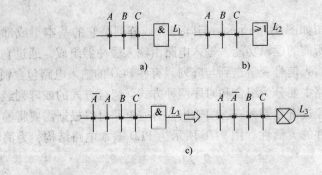

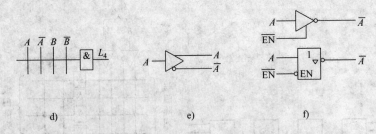

图 9-9　PLD 中基本门电路的符号

a）与门　b）或门　c）输出恒等于 0 的与门
d）输出为 1 的状态　e）输入缓冲器　f）三态输出缓冲器

（3）编程连接技术

早期的 PLD 采用双极型连接技术，对于图 9-10a 的逻辑电路，单元的连接是由一个二极管与金属熔丝串联在一起，如图 9-10b 所示。编程时，用比工作电流大许多的电流，将不需要的熔丝烧断。由于熔丝烧断后不能恢复，这种方法只能进行一次编程。在门阵列中表示"单元"连接状况的阵列图，称为熔丝图，并且这个名称被沿用下来。

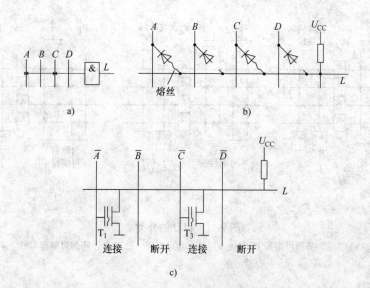

图 9-10　与门电路

a) PLD 表示与门　b) 熔丝工艺的与门　c) CMOS 工艺与门

在 CMOS 的 PLD 中，常采用可擦除的编程方法，即可以对器件进行多次编程。可擦除 CMOS 技术用浮栅 MOS 场效应晶体管代替"熔丝"，如图 9-10c 所示。图 9-10 中，MOS 场效应晶体管为浮栅 MOS 符号，它可以是叠栅注入 MOS、浮栅隧道氧化层 MOS 或快闪叠栅 MOS 场效应晶体管中的任意一种。未经编程的浮栅 MOS 场效应晶体管，与普通 N 沟道增强型 MOS 场效应晶体管一样，当栅极加正常的逻辑高电平时，管子处于导通状态，否则截止。而经过编程处理的浮栅 MOS 场效应晶体管，始终处于截止状态，相当于"熔丝"断开一样。

根据图 9-10a 所示电路的逻辑要求，经过编程将图 9-10c 中的 T_2、T_4 断开。由于输入信号接在 MOS 场效应晶体管的栅极，所以输入信号低电平有效，即 $A=0$，$\overline{A}=1$ 时，T_1 导通，无论输入信号 C 为何值，$L=0$。当 A、C 均为 1 时，T_1、T_3 截止，$L=1$。所以该电路实现"与"逻辑 $L=AC$。另外在图 9-10c 中，上拉电阻实际是由 P 沟道 MOS 场效应晶体管构成的。

3. PLD 的分类

PLD 的分类方法有多种，按照 PLD 门电路的集成度，可以分为低密度和高密度器件，1000 门以下为低密度，如 PROM、PLA、PAL 和 GAL 等；1000 门以上的为高密度，如 CPLD、FPGA 等。

按照 PLD 的结构体系，可分为简单 PLD（例如 PAL、GAL）、复杂可编程逻辑器件（CPLD）和现场可编程门阵列（FPGA）。

按照 PLD 中的与、或阵列是否可编程分为三种，分别如图 9-11 所示，PROM 的"与"阵列固定，"或"阵列可编程；PLA 的"与"阵列、"或"阵列均可编程；PAL 和 GAL 等的"与"阵列可编程，"或"阵列固定。

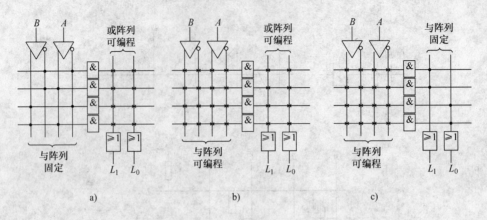

图 9-11　PLD 的分类

a)"或"阵列可编程 PROM　b) PLA 均可编程　c)"与"阵列可编程 GAL

9.3　CPLD /FPGA 简介

20 世纪 80 年代末，Lattice 公司提出了在系统可编程（In-System Programmability，ISP）的概念，并推出了一系列具有 ISP 功能的 CPLD，将 PLD 的发展推向了一个新的发展时期。

PLD 现在有 FPGA 和 CPLD 两种主要结构，进入 20 世纪 90 年代后，两种结构都得到了飞速发展，尤其是 FPGA 器件现在已超过 CPLD，走入成熟期，因其规模大，拓展了 PLD 的应用领域。目前，器件的可编程逻辑门数已达上千万门以上，可以内嵌许多种复杂的功能模块，如 CPU 核、DSP 核、PLL（锁相环）等，可以实现单片可编程系统（System on Programmable Chip，SoPC）。

1. 现场可编程门阵列

现场可编程门阵列（Field Programmable Gate Array，FPGA）也称可编程门阵列（Field Programmable Gate Array，PGA），是近几十年加入到用户可编程技术行列中的器件。它是超大规模集成电路（VLSI）的技术发展的产物，弥补了早期可编程逻辑器件利用率随器件规模的扩大而下降的不足。FPGA 器件集成度高，引脚数多，使用灵活。

PLD 与 FPGA 之间的主要差别是 PLD 通过修改应该具有固定内部连线电路的逻辑功能来进行编程，而 FPGA 可以通过修改连接可编程逻辑块（CLB）的一根或多根内部连线的布线来编程。对于快速周转的样机，这些特性使得 FPGA 成为首选器件，而且 FPGA 比 PLD 更适合于实现多级的逻辑功能。

2. 复杂可编程逻辑器件

复杂可编程逻辑器件（Complex Programmable Logic Device，CPLD）是和 FPGA 同时期出现的可编程器件。从概念上讲，CPLD 是由位于中心的互联矩阵把多个类似 PLA 的功能块（Function Block，FB）连接在一起，且具有很长的固定布线资源的 PLD，基本结构如图 9-12 所示。

3. CPLD /FPGA 器件系列产品简介

CPLD/FPGA 的生产厂家较多，其名称又不规范一致，因此，在使用前必须加以详细

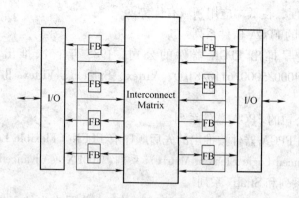

图 9-12　CPLD 的基本结构

了解。本节主要介绍几个主要厂家的几个典型产品，包括系列、品种、性能指标。

（1）Xilinx 公司的 CPLD 器件系列

Xilinx 公司以其提出现场可编程的概念和 1985 年生产出世界上首片 FPGA 而著名，但其 CPLD 产品也很不错。

Xilinx 公司的 CPLD 器件主要有 XC7110 系列、XC7300 系列、XC9500 系列。

下面主要介绍常用的 XC9500 系列。

XC9500 系列有 XC9500/9500XV/9500XL 等品种，主要是芯核电压不同，分别为 5V/2.5V/3.3V。

XC9500 系列采用快闪（Fast Flash）存储技术，能够重复编程万次以上，比 ultra-MOS 工艺速度更快，功耗更低，引脚到引脚之间的延时最小 4ns，宏单元数可达 288 个（6400 门），系统时钟 110MHz，支持 PCI 总线规范，支持 ISP 和 JTAG 边界扫描测试功能。

该系列器件的最大特点是引脚作为输入可以接受 3.3V/2.5V/1.8V/1.5V 等多种电压标准，作为输出可配置成 3.3V/2.5V/1.8V 等多种电压标准，工作电压低，适应范围广，功耗低，编程内容可保持 11 年。

（2）ALTERA 公司的 CPLD 器件系列

ALTERA 公司是著名的 PLD 生产厂家，它既不是 FPGA 的首创者，也不是 CPLD 的开拓者，但在这两个领域都有非常强的实力，多年来一直占据行业领先地位。其 CPLD 器件主要有 FLASHlogic 系列、Classic 系列和 MAX（Multiple Array Matrix）、MAX Ⅱ 系列。

MAX 系列包括 MAX3000/5000/7000/9000 等品种，集成度在几百门至数万门之间，采用 EPROM 和 E²PROM 工艺，所有 MAX7000/9000 系列器件都支持 ISP 和 JTAG 边界扫描测试功能。

MAX7000 宏单元数可达 256 个（11100 门），价格便宜，使用方便。E、S 系列工作电压为 5V，A、AE 系列工作电压为 3.3V 混合电压，B 系列为 2.5V 混合电压。

MAX9000 系列是 MAX7000 的有效宏单元和 FLEX8000 的高性能、可预测快速通道互连相结合的产物，具有 6000 ~ 11100 个可用门（11100 ~ 24000 个有效门）。

MAX 系列的最大特点是采用 E²PROM 工艺，编程电压与逻辑电压一致，编程界面与

FPGA 统一，简单方便，在低端应用领域有优势。

（3）Xilinx 公司的 FPGA 器件系列

Xilinx 公司是最早推出 FPGA 器件的公司，1985 年首次推出 FPGA 器件，现有 XC1100/3000/3100/4000/5000/6110/8100、Virtex、Spartan、Virtex Ⅱ Pro 等系列 FPGA 产品。

（4）ALTERA 公司的 FPGA 器件系列

ALTERA 公司的 FPGA 器件按推出的先后顺序有 FLEX（Flexible Logic Element Matrix）系列、ALEX（Advanced Logic Element Matrix）系列、ACEX（Advanced Communication Logic Element Matrix）系列和 Stratix 系列。

Stratix 器件系列 FPGA 是 ALTERA 公司可与 Xilinx 公司推出的 Virtex Ⅱ Pro 系列相媲美的 FPGA 产品。

除了以上三家公司的 FPGA/CPLD 产品外，还有 ACTEL 公司、ATMEL 公司、AMD 公司、AT&T 公司、TI 公司、INTEL 公司、Motorola 公司、Cypress 公司、Quicklogic 公司等都提供有各自带有不同特点的产品供选用，它们有的价格低，有的与主流厂家产品兼容，可上网查阅或查阅这些公司的数据手册（Data Book），在此不再介绍。

本 章 小 结

1. 半导体存储器是现代数字系统特别是计算机系统中的重要组成部件，它可分为 RAM 和 ROM 两大类，绝大多数属于 MOS 工艺制成的大规模数字集成电路。

2. RAM 是一种时序逻辑电路，具有记忆功能。其他存储的数据随电源断电而消失，因此是一种易失性的读/写存储器。ROM 是一种非易失性的存储器，它存储的是固定数据，一般只能被读出。根据数据写入方式的不同，ROM 又可分成固定 ROM 和可编程 ROM。后者又可细分为 PROM、EPROM、E^2PROM 和快闪存储器等，特别是 E^2ROM 和快闪存储器可以进行电擦写，已兼有了 RAM 的特性。

3. 可编程逻辑器件（PLD）是指采用阵列逻辑技术生产的可编程器件，主要包括 PROM、PLA、PAL、和 GAL 四种基本类型。它们有一个相同的基本结构，即由与门阵列和或门阵列组成。PROM、PLA、PAL 是一次编程器件，GAL 时可以重复编程器件。

4. 大规模可编程逻辑器件是现代数字系统设计的重要基础，在一定范围内可取代中、小规模通用集成电路，是构成新一代数字系统尤其是较复杂数字系统的理想器件。

思考题与习题

9-1 ROM 和 RAM 的主要区别是什么？它们各适合用于哪些场合？

9-2 试用两片 2764 扩展成 16KB×16 位 EPROM。

9-3 用 ROM 产生下列一组逻辑函数。

$Y_1 = \overline{AB}C + \overline{A}\overline{B}C$；　　　　　$Y_2 = \overline{A}B\overline{C}\overline{D} + \overline{B}CD + \overline{B}ACD$；

$Y_3 = AB\overline{C}\overline{D} + \overline{A}BC\,\overline{D} + \overline{B}C$；　　$Y_4 = \overline{A}\,\overline{B}CD + ABC\overline{D} + BC$。

9-4 试用 8 片 2764 扩展成 64KB×8 位 EPROM。

9-5 PLD 由哪几部分组成？

9-6 PLD 编程连接技术分哪几类？

Multisim 例题及习题

1. Multisim 例题

【Mult 9-1】 以 8052 单片机为核心，应用 74273 实现流水灯的仿真。

解： 构建出如图 9-13 所示的电路图。在电路图中采用总线接法。编写源程序如下：

```
$MOD52; This includes 8052 definitions for the metalink assembler
ORG 0000H
LJMP MAIN
ORG 0660H
MAIN:
MOV A, #01H; 给累加器 A 赋值
LOOP:
MOV P1, A; 累加器 A 值送至 P1 口
RR A; 右移累加器 A
LCALL DELAY; 延时
LJMP LOOP; 循环
DELAY:
MOV R6, #01H
LP:DJNZ R6, LP
RET
END
```

以上程序用 MCU 模块在汇编窗口中进行编译，如图 9-14 所示。把编译通过的源程序加载到硬件电路，单击模拟开关，可以观察到发光二极管依次被点亮。

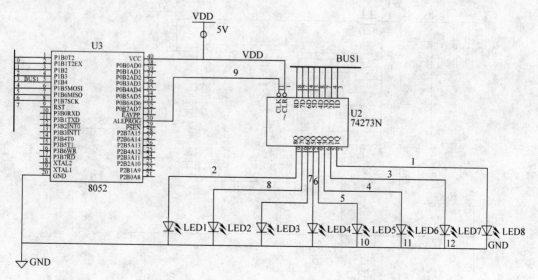

图 9-13 用 8052 单片机构建的流水灯硬件图

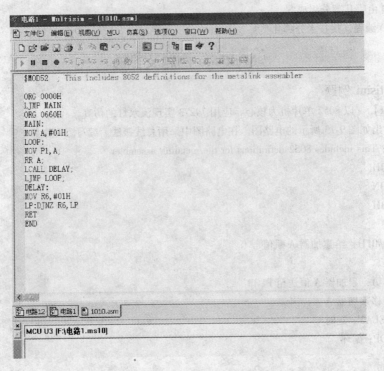

图 9-14　用 MCU 模块在汇编窗口中进行程序编译

2. Multisim 习题

【Mult 9-1】　以 8051 单片机为核心，应用 IDAC8 实现三角波发生器，如图 9-15 所示。通过向 P1 口写上相应的输出值，输出经过一个 8 位的数模转换器，把相应的数字信号转换成模拟信号。根据题中硬件图，编写源程序并进行编译仿真。

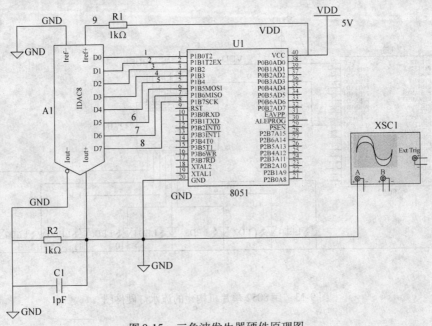

图 9-15　三角波发生器硬件原理图

附录　Multisim 电路仿真

Multisim 是一个专门用于电路设计与仿真的 EDA 工具软件,它是加拿大 IIT 公司(Interactive Image Technologies Ltd.)推出的继 EWB(Electronics Workbench)6.0 以后的版本。由于软件采用交互式界面,比较直观、操作方便,具有丰富的元器件库和品种繁多的虚拟仪器,以及强大的分析功能等特点,因而得到了广泛的应用。

目前,IIT 公司的 EWB 包含电路输入与仿真模块(Multisim)、PCB 设计模块(Ultiboard)、布线引擎(Ultiroute)及通信电路分析与设计模块(Commsim)这 4 个部分,能完成从电路的仿真设计到电路板图生成的全过程,但它们彼此相互独立,可以分别使用。这 4 个模块中最具特色的首推仿真模块——Multisim。

Multisim、Ultiboard、Ultiroute 及 Commsim 这 4 个部分有专业版(Professional)、增强专业版(Power Professional)、个人版(Personal)、教育版(Education)、学生版(Student)和演示版(Demo)等多个版本,各版本的功能有明显的差异。由于目前我国用户使用的 Multisim 软件以教育版为主,本章仅对 Multisim 7 教育版进行全面介绍。

1. Multisim 7 系列软件的特点

Multisim 7 是用于电路设计、电路功能测试的虚拟仿真软件,它用软件的方法虚拟电子与电工元器件及仪器和仪表,实现了"软件即元件"和"软件即仪器"。

Multisim 7 沿袭了 EWB 界面的特点,提供了一个灵活、直观的工作界面来创建和定位电路。

Multisim 7 的元器件库拥有 13000 个元器件供实验选用,而且数据库中的每一个器件都有具体的符号、仿真模型和封装,用于电路图的建立、仿真和印制电路板的制作。Multisim 7 还含有大量的交互元件、指示元件、额定元件和三维立体元件。除了软件自带的主元件库外,同时也可以新建或扩充已有的元件库,方便在工程设计中使用。

Multisim 7 的虚拟测试仪器种类齐全,有一般实验用的通用仪器,如数字万用表、示波器等;还有一般实验室少有或没有的仪器,如波特图仪、逻辑分析仪、失真分析仪、频谱分析仪和网络分析仪等 18 种虚拟仪器。特别是安捷伦的 54622D 型示波器、34401A 型数字万用表和 33120A 型信号发生器,这些仪器仪表不仅外形和使用方法与实际仪器相同,而且测试的数值和波形更为精确可靠。

Multisim 7 具有强大的电路分析功能,可以完成电路的直流工作点分析、交流分析、敏感度分析、3dB 点分析、批处理分析、直流扫描分析、失真分析、傅里叶分析等 19 种电路分析方法,为用户设计分析电路提供了极大的方便。

Multisim 7 元件放置迅速,并且元器件的连接也非常方便简捷。当移动和旋转元器件时,Multisim 7 仍可以保持它们的连接,连线可以任意拖动和微调。同时 Multisim 7 为模拟、数字以及模拟/数字混合电路提供了快速并且精确的仿真。

Multisim 7 提供了强大的作图功能,可将仿真分析结果进行显示、调节、储存、打印和输出。使用作图器还可以对仿真结果进行测量、设置标记、重建坐标系以及添加网格。

所有显示的图形都可以被 Excel、Mathsoft Mathcad 以及 LABVIEW 等软件调用。

利用 Multisim 7 的后处理器，可以对仿真结果和波形进行传统的数学和工程运算。同时 Multisim 7 提供了专门用于射频电路仿真的元件模型库和仪表，以此搭建射频电路并进行实验，提高了射频电路仿真的准确性。

利用 MultiHDL 模块（需另外单独安装），Multisim 7 还可以进行硬件描述语言（Hardware Description Language，HDL）仿真。在 MultiHDL 环境下，可以编写与 IEEE 标准兼容的 VHDL 或 Verilog HDL 程序。

Multisim 7 有丰富的帮助功能，其中帮助系统不仅包括软件本身的操作指南，更重要的是包含有元件的功能说明。另外，Multisim 7 还提供了与印制电路板设计软件 Protel 及电路仿真软件 PSpice 之间的文件接口，可将 Multisim 建立的电路原理图转换为网络表文件，提供给 Ultiboard 模块或其他 EDA 软件进行印制电路板的自动布局和自动布线，也能通过 Windows 的剪贴板把电路图送往文字处理系统进行编辑排版，同时还支持 VHDL 和 Verilog HDL 语言的电路仿真与设计。

2. Multisim 7 的主界面

启动 Multisim 7 软件，可以看到如附图 1-1 所示的 Multisim 7 的主界面。主界面的上部分别是标题栏、菜单栏、标准工具栏。中央区域最大的窗口是电路工作区，用于建立电路和进行电路仿真分析。电路工作窗口两侧是元件工具栏和仪表工具栏，用鼠标可以方便地从元件和仪表库中提取实验所需的各种元件及仪表。按下电路工作窗口上方的仿真开关"启动/停止"按钮或"暂停/恢复"按钮可以方便地控制实验的进程。主窗口下方分别是状态栏和元件属性视窗，状态栏用于显示当前的状态信息，元件属性视窗则提供当前电路窗口所有元件特性的全方位描述，如元件的封装、序列号、属性等。

3. Multisim 7 元件库

Multisim 7 的元件存储在三种不同的数据库中，主要包括 Multisim Master、Corporate Library 和 User 库。

- Multisim Master 库：存放 Multisim 7 提供的所有元件，不能被修改和编辑。
- Corporate Library 库：存放被企业或个人修改、创建和选择的元件，能被选择了该库的企业或个人使用和编辑。
- User 库：存放被个人修改、创建和导入的元件，仅能由使用者个人使用和编辑。

在 Multisim Master 库中，各种元件的模型按不同的种类分别存放在若干个分类库中。这些元件包含现实元件和虚拟元件。现实元件是根据实际存在的元件参数设计的，与实际元件相对应，有封装信息，而且仿真结果可靠。虚拟元件的参数根据用户需要自行确定，没有引脚封装信息，在制作 PCB 时需用有封装的现实元件替代。大多数情况下选取虚拟元件的速度比选取现实元件快得多，而且可以很方便地改变其参数，因此经常用到虚拟元件。

Multisim 7 的元件按元件模型分门别类地放到 13 个元件库中，工具栏如附图 1-2 所示。每个元件库放置同一类型的元件，用鼠标单击元件工具栏的某一个图标即可打开该元件库。

1）信号及电源库（Sources）包含电源（POWER-SOURCES）、电压信号源（SIGNAL-VOLTAG...）、电流信号源（SIGNAL-CURREN...）、控制功能模块（CONTROL-

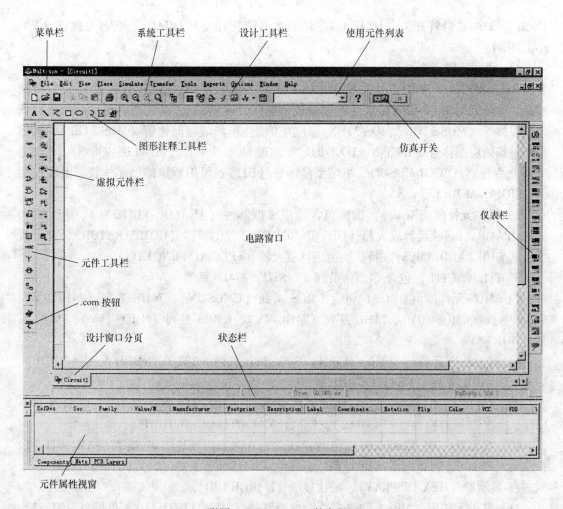

附图 1-1　Multisim 7 的主界面

附图 1-2　Multisim 7 元件工具栏

FUNCT...）、受控电压源（CONTROLLED-VO...）、受控电流源（CONTROLLED-CU...）。

2）基本元件库（Basic）包含基本虚拟器件（BASIC-VIRTUAL）、定额虚拟器件（RATED-VIRTUAL）、3D 虚拟器件（3D-VIRTUAL）、电阻（RESISTOR）、排阻（RESISTOR PACK）、电位器（POTENTIOMETER）、电容（CAPACITOR）、电解电容器（CAP-ELECTROLIT）、可变电容（VARIABLE-CAP...）、电感（INDUCTOR）、可变电感（VAR-IABLE-IN...）、开关（SWITCH）、变压器（TRANSFORMER）、非线性变压器（NON-LIN-EAR-T...）、复数（或 Z）负载（Z-LOAD）、继电器（RELAY）、连接器（CONNEC-TORS）、插座/管座（SOCKETS）。

3）二极管库（Diode）包含虚拟二极管（DIODES-VIRTUAL）、二极管（DIODE）、齐纳二极管（ZENER）、发光二极管（LED）、全波桥式整流器（FWB）、晶闸管整流桥

（SCR）、双向二极管开关（DTAC）、三端开关晶闸管开关（TRIAC）、变容二极管（VA-
RACTOR）。

4）晶体管库（Transistors）包含虚拟晶体管（TRANSISTORS-V...）、双极结型晶体
管（BJT-NPN、BJT-PNP）、达林顿管（DARLINGTON-NPN、DARLINGTON-PNP）、双极结
型晶体管阵列（BJT-ARRAY）、绝缘栅双极型晶体管（IGBT）、N 沟道耗尽型、增强型场
效应晶体管（MOS-3TDN、MOS-3TEN）、P 沟道增强型场效应晶体管（MOS-3TEP）、耗尽
型结型场效应晶体管（JFET-N、JFET-P）、N 沟道 MOS 功率管（POWER-MOS-N）、P 沟道
MOS 功率管（POWER-MOS-P）、单结型晶体管（UJT）：可编程单结型晶体管、温度模型
（THERMAL-MODELS）。

5）模拟元件库（Analog）图标包含模拟虚拟器件（ANALOG-VIRTUAL）、运算放大
器（OPAMP）、诺顿运算放大器（OPAMP-NORTON）、比较器（COMPARATOR）、宽带放
大器（WIDEBAND-AMPS）、特殊功能运算放大器（SPECIAL-FUNCTION）。

6）TTL 库（TTL）包含 74STD 系列（74STD）、74LS 系列（74LS）。

7）CMOS 元件库（CMOS）包含 CMOS 系列（CMOS-5V）、74HC 系列（74HC-2V）、
CMOS 系列（CMOS-10V）、74HC 系列（74HC-4V）、CMOS 系列（CMOS-15V）、74HC 系
列（74HC-6V）。

8）其他数字元件库（Misc Digital）包含 TTL 系列（TTL）、VHDL 系列（VHDL）、
VERTLOG-HDL 系列（VERTLOG-HDL）。

9）混合元件库（Mixed）包含虚拟混合器件（MIXED-VIRTUAL）、定时器（TIM-
ER）、模数-数模转换器（ADC-DAC）、模拟开关（ANALOG-SWITCH）。

10）显示元件库（Indicator）包含电压表（VOLTMETER）、电流表（AMMETER）、
探测器（PROBE）、蜂鸣器（BUZZER）、灯泡（LAMP）、虚拟灯（VIRTUAL-LAMP）、十
六进制-显示器（HEX-DISPLAY）、条柱显示（BARGRAPH）。

11）其他元件库（Misc）包含多功能虚拟器件（MISC-VIRTUAL）、传感器（TRANS-
DUCERS）、晶体（CRYSTAL）、真空管（VACUUM-TUBE）、熔丝（FUSE）、稳压管
（VOLTAGE-REGULATOR）、降压转换器（BUCK-CONVERTER）、升压转换器（BOOST-
C...）、升降压转换器（BUCK-BOOST-C...）、有损耗传输线（LOSSY-TR...-LINE）、
无损耗传输线 1（LOSSLESS-LINE-TYPE1）、无损耗电路 2、网络（NET）、多功能元件
（MISC）。

12）RF 射频元件库（RF）包含射频电容（RF-CAPACITOR）、射频电感（RF-INDUC-
TOR）、射频双极结型 NPN 管（RF-BJT-NPN）、射频双极结型 PNP 管（RF-BJT-PNP）、射
频 N 沟道耗尽型 MOS 场效应晶体管（RF-MOS-3TDN）、隧道二极管（TUNNET-DIODE）、
带（状）线（ATRIP-LINE）。

13）机电类元件库（Electromechanical）包含检测开关（SENSING-SWITCHES）、瞬
时开关（MOMENTARY-SWITCHES）、辅助开关（SUPPLEMENTARY-CONTACTS）、同步
触点（TIMED-CONTACTS）、线圈-继电器（COILS-RELAYS）、线性变压器（LINE-
TRANSFORMER）、保护装置（PROTECTION-DEVIVES）、输出装置（OUTPUT-DEVIC-
ES）。

Multisim 的虚拟元件工具栏由 10 个按钮组成，如附图 1-3 所示。从左到右依次是电源

元件工具栏（Power Source Components Bar）、信号源元件工具栏（Signal Source Components Bar）、基本元件工具栏（Basic Components Bar）、二极管元件工具栏（Diodes Components Bar）、晶体管元件工具栏（Transistors Components Bar）、模拟元件工具栏（Analog Components Bar）、其他元件工具栏（Miscellaneous Components Bar）、额定元件工具栏（Rated Components Bar）、3D 元件工具栏（3D Components Bar）和测量元件工具栏（Measurement Components Bar）。

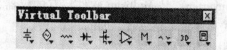

附图 1-3　虚拟元件工具

4. Multisim 7 常用仿真仪器

Multisim 7 提供了 17 种虚拟仪器，可以用来测量仿真电路的性能参数，这些仪器的设置、使用和数据读取方法和现实中的仪表一样，外观也和实验室见到的仪器一样。虚拟仪器工具栏如附图 1-4 所示。从左到右依次是数字万用表、函数信号发生器、瓦特表、双通道示波器、四通道示波器、波特图仪、频率计、字信号发生器、逻辑分析仪、逻辑转换仪、伏安特性分析仪、失真分析仪、频谱分析仪、网络分析仪、安捷伦函数发生器、安捷伦万用表和安捷伦示波器等。此外，还包括指示元件库里常用的电压表和电流表。这些仪器可用于模拟电路、数字电路和高频电路的测试和分析。

附图 1-4　虚拟仪器工具

（1）常用仿真仪器

数字万用表（Multimeter）可以用来测量交直流电压、交直流电流、电路器的电阻及电路两点之间的分贝损耗。

电压表和电流表都放在显示元件库中，可用于测量交直流电压和交直流电流。

函数信号发生器（Function Generator）是可提供正弦波、三角波、方波三种不同波形的电压信号源。

瓦特表（Wattmeter）用来测量电路的交、直流功率和功率因数。

双通道示波器（Oscilloscope）不仅可以显示信号的波形，还可以通过波形来显示信号波形的频率、幅值和周期等参数。

四通道示波器（Four-channel Oscilloscope）是 Multisim 7 的新增仪器，可同时测量4个通道的信号，其连接、设置和双通道示波器几乎完全一样。

伯德图仪（Bode Plotter）用来测量和显示幅频特性与相频特性，类似于扫频仪。

（2）模拟电路中的常用仿真仪器

伏安特性分析仪（IV Analyzer）是 Multisim 7 的新增仪器，主要用于测量二极管、晶体管和 MOS 场效应晶体管的伏安特性。

失真分析仪（Distortion Analyzer）用来测量电路的总谐波失真和信噪比。

（3）数字电路中的常用仿真仪器

频率计数器（Frequency Counter）用来测量数字信号的频率。

字信号发生器（Word Generator）用于对数字逻辑电路进行测试，是一个能产生 32 路同步逻辑信号的多路逻辑信号源。

逻辑分析仪（Logic Analyzer）用于对数字逻辑信号进行分析，可以同步记录和显示 16 路逻辑信号。

逻辑转换仪（Logic Converter）是 Multisim 软件特有的仪器，实验室里并不存在，主要用于真值表、逻辑表达式和逻辑电路三者之间的相互转换。

（4）高频电路中的常用仿真仪器

频谱分析仪（Spectrum Analyzer）用来分析信号的频域特性，是一种测试高频电路的仪器。

网络分析仪（Network Analyzer）是仿效现实仪器 HP8751A 和 HP8753E 基本功能和操作的一种虚拟仪器。现实中的网络分析仪是一种测试二端口高频电路 S 参数的仪器，而 Multisim 的网络分析仪除了 S 参数外，还可测出 H 参数、Y 参数及 Z 参数等。

（5）安捷伦虚拟仪器

安捷伦函数发生器（Agilent Function Generator）主要是根据 Agilent 33120A 型号的现实仪器设计的虚拟仪器，除了能产生正弦、方波、三角波、锯齿波、噪声源和直流电压 6 种标准波形，还能产生调制波形、指数波形、斜坡波形等，并能由用户定义 8 ~ 256 点的任意波形，是一种宽频带、多用途、高性能的函数发生器。

安捷伦数字万用表（Agilent Multimeter）是根据 Agilent 34401A 型号的现实仪器设计的虚拟仪器，除能实现普通的万用表功能外，还能实现频率测量、最小最大值测量等功能。

安捷伦示波器（Agilent Oscilloscope）主要是根据 Agilent 54622D 型号的现实仪器设计的虚拟仪器，不仅具有普通示波器功能，还包括 16 个通道的数字信号输入，对波形进行乘法、微分积分运算、FFT 等数学运算功能。

5. Multisim 7 的基本分析方法

Multisim 7 提供了 19 种电路分析方法，以下分类进行简单介绍。

（1）基本仿真分析方法

直流工作点分析（DC Operating Point Analysis）主要用来计算电路的静态工作点，是进行电路其他分析的基础。在对电路进行直流工作点分析时，电路中的交流信号源清"0"，电感视为短路，电容视为开路，数字元件视为高阻接地。

交流分析（AC Analysis）是对电路进行交流频率响应分析，目的是分析电路的小信号频率响应，包括幅频和相频特性。交流分析是以正弦波为输入信号，不管电路的输入端为何种信号输入，都将自动以正弦波替换，而其信号频率也将以设定的范围替换。

瞬态分析（Transient Analysis）是一种非线性时域分析，可以在激励信号（或没有任何激励响应）的作用下，计算电路的时域响应，相当于连续性的静态工作点分析。

傅里叶分析（Fourier Analysis）是一种频域分析方法，即将周期性的非正弦信号转换成由正弦及余弦信号的叠加。在进行傅里叶分析时，必须首先选中被分析的节点，其次是把电路中交流激励信号源的频率设置为基频。如果电路中存在几个交流源，可将基频设置在这些频率值的最小公因数上。

（2）电路性能分析方法

噪声分析（Noise Analysis）用于检测电路输出信号的噪声功率幅度，分析和计算电路中各种无源元件或有源元件所产生噪声的效果，是分析噪声对电路性能的影响。

噪声系数分析（Noise Figure Analysis）是通过一个数字量（噪声系数）来完整描述一个元件或电路的噪声大小，一般单位是 dB，即 $10\lg F$（dB）。

失真分析（Distortion Analysis）是分析电路的非线性失真以及相位偏移。

灵敏度分析（Sensitivity Analysis）是研究电路中某个元件的参数发生变化时，对电路节点电压、支路电流等参数的影响程度。灵敏度分析包括直流灵敏度分析和交流灵敏度分析。直流灵敏度分析的仿真结果以数值的形式显示，交流灵敏度分析仿真的结果以曲线的形式显示。

零极点分析（Pole-Zero Analysis）主要是求解交流小信号电路传递函数中的零点和极点的个数和数值。

（3）扫描分析方法

直流扫描分析（DC Sweep Analysis）是分析电路中某一节点上的直流工作点，随电路中一个或两个直流电源的数值变化情况。

参数扫描分析（Parameter Sweep Analysis）可以较快查证电路中某个元件的参数，在一定范围变化时对电路的影响。

温度扫描分析（Temperature Sweep Analysis）用以分析在电路不同温度条件下的电路特性。

（4）统计分析方法

最坏情况分析（Worst Case Analyses）可以观察到在元件参数变化时，电路特性变化的最坏可能性。

蒙特卡罗分析（Monte Carl Analysis）给定电路中的元件参数按选定的误差分布类型，在一定数值范围内变化时对电路特性的影响。

（5）其他分析方法

布线宽度分析（Trace Width Analysis）是在制作 PCB 时，对导线有效地传输电流所允许最小线宽的分析。

批处理分析（Batched Analysis）是将同一电路的不同分析或不同电路的同一分析放在一起依次执行。

用户自定义分析（User Defined Analysis）可以由用户扩充仿真分析功能，是 Multisim 提供给用户扩充仿真分析功能的一个途径。

射频分析（Radio Frequency）分析 RF 电路的电压增益、功率增益和输入/输出阻抗等参数。

6. Multisim 7 仿真分析

Multisim 7 对电路进行仿真分析的过程主要分两步：① 建立电路原理图；②进行仿真分析。本章结合单管放大电路例子进行简要说明。

（1）建立电路原理图

运行 Multisim 7 软件，打开一个空白的电路文件，也可以单击界面中的 ⌐ 按钮或执行

"File"→"New"命令，新建一个空白的电路文件。对附图 1-5 所示的电路进行仿真。

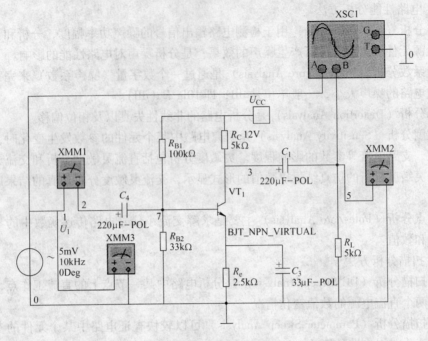

附图 1-5　单管放大电路

选择"Option"→"Preferences..."命令，在弹出的对话框中设置图纸的大小及摆放方向、电路颜色、元件符号标准、栅格等。本例选择 A4 标准图纸，Landscape（横向）放置，元件符号标准选择 DIN（欧式标准）。

1）取用元件。选取元件时，首先要知道该元件属于哪个元件库，然后将光标指向该元件分类库，在弹出的对话框中找到所要的元件，单击即可将元件调出。例如，要取用一个电阻，用鼠标单击元件工具栏的 Basic（基本）元件库按钮，系统弹出如附图 1-6 所示的"Select a Component"对话框，单击左侧 Family 滚动窗口中的 RESISTOR，在右侧元件列表中找到需要的电阻，单击"OK"按钮或双击该按钮，即可在电路窗口上出现电阻图标。

若要取用一个虚拟电阻，在主界面中底色为蓝绿色的虚拟工具栏（Virtual Toolbar）中，单击▨按钮，弹出虚拟电源栏，从中取出电阻即可。

2）设置元件参数。现实元件在取用时，参数已经确定，不能进行修改，而虚拟元件取出的是默认值，为了得到所需参数，需对其参数进行设置。以虚拟电阻（Virtual Resistor）为例，从虚拟电阻箱中取出的是默认值为 $1k\Omega$ 电阻，为了得到所需参数的电阻，双击该电阻图标，打开其属性对话框如附图 1-7 所示。通过"Value"选项卡设置电阻的大小；通过"Label"选项卡设置标号（现实元件也可通过此种方法修改标号）。

3）元件操作。元件放置到电路窗口后，需要将各个元件放置在适当的位置，形成合理的布局。

移动元件：将鼠标指向元件，按住鼠标左键不放，可将元件移动到合适的位置。

旋转元件：将鼠标指向元件，单击鼠标右键弹出快捷菜单，选取"Filp Horizontal"→"Filp Vertical"命令可（水平或垂直）翻转，90 Clockwise/90 CounterCW（顺时针旋转 90°

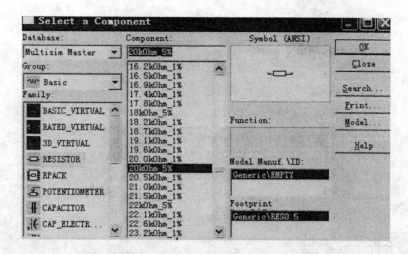

附图 1-6　　"Select a Component" 对话框

或逆时针旋转 90°)。

4) 连接电路。电路图中各个元件放置完毕后，需要把元件连接成电路图。为了将两个元件连接起来，可将鼠标移动到其中一个引脚，单击该引脚，移动鼠标就会自动拖动一条电路，移动鼠标到需要连线的另一个引脚，并单击该引脚，软件就会自动将两个引脚连接起来。单击鼠标右键或按〈Esc〉键，终止此次连接。

附图 1-7　　取用虚拟电阻

5) 连接虚拟仪器。电路图连接好后就可以将仪器仪表接入，以供实验分析使用。Multisim 7 提供了一系列虚拟仪器仪表，这些仪器仪表的使用和读数与真实的仪器仪表相同。

(2) 静态和动态仿真分析

Multisim 7 可以根据电路分析的要求，采用不同的方法对电路进行仿真分析。

1) 静态分析。在 Multisim 7 中可以采用以下两种方法测量放大电路的静态工作点。

● 利用虚拟仪器。

在仿真电路中接入虚拟数字万用表，并设置为直流电压表或直流电流表，分别连入电路（电压表并联在晶体管的集射极之间，电流表串联在基极和集电极中）。电路仿真后，即可在虚拟仪表上实时显示电路的静态电压或静态电流。

● 利用 Multisim 7 的直流工作点分析功能。

在进行分析之前，需要显示电路的节点。选择 "Option" → "Preferences" 命令，弹出 "Preferences" 对话框，在 "Circuit" 选项卡中，选中 "Show" 下拉列表框中的 "Show node names" 选项，单击 "OK" 按钮，电路图中的节点就全部显示出来了。

单击设计工具栏的分析 ⚡ 按钮或执行 "Simulate" → "Analyses" 命令，即可出现分析菜单，在其中选择 "DC Operating Point Analysis" 选项，弹出分析参数设定窗口。

在左边的窗口中选中需要分析的参数，然后按〈Add〉键，即可加到右边的窗口中。设置好后，单击 "Simulate" 按钮，即可得到如附图 1-8 所示的直流工作点分析结果，即 $U_{BEQ} = 0.76833V$, $U_{CEQ} = 6.00545V$。

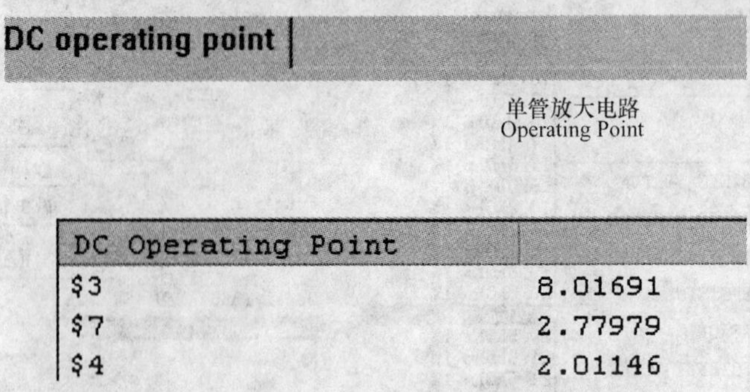

DC operating point

单管放大电路
Operating Point

DC Operating Point	
$3	8.01691
$7	2.77979
$4	2.01146

附图 1-8　静态工作点分析

2）动态分析

● 利用虚拟仪器。

要对电路进行仿真，单击设计工具栏中的 ✍ （Run/Stop Simulate）按钮，或主界面右上角的 仿真开关。电路仿真后，双击示波器图标，调节时间标尺及显示幅度，就可以显示测试的波形，电路的输入/输出波形如附图 1-9 所示。

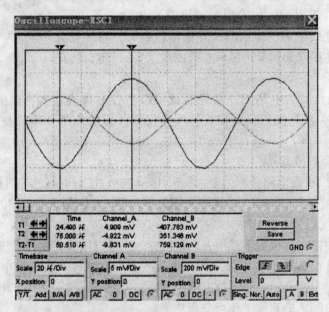

附图 1-9　放大电路输入/输出波形

由图可见，输出波形没有明显的非线性失真，且输出波形与输入波形反相。由示波器 T_1 和 T_2 的读数区可以得到输入电压和输出电压的幅值，从而求取电路的电压放大倍数

$$A_u = \frac{-407.783 - 351.346}{4.909 - (-4.922)} = \frac{-759.129}{9.831} \approx -77.2$$

测量输入/输出电阻时，可以将虚拟万用表设置成交流电压表或交流电流表，分别接入放大电路的输入端、输出端或串联在输入回路中，如附图 1-9 所示。测出输入电压、输出电压和输入电流的交流有效值，然后再求输入电阻和输出电阻。

由虚拟仪表 XMM1 和 XMM3 分别测得当输入电压为 $U_i = 3.535\text{mV}$，输入电流 $I_i = 1.227\mu\text{A}$，由 XMM2 测得输出电压为 $U_o = 271.28\text{mV}$，则放大电路的输入电阻为 $R_i = \dfrac{U_i}{I_i} = \dfrac{3.535}{1.227}\text{k}\Omega = 2.88\text{k}\Omega$。

保持输入电压不变，将负载电阻 R_L 断开，测得此时的输出电压 $U'_o = 542.559\text{mV}$，则输出电阻为

$$R_o = \left(\frac{U'_o}{U_o} - 1\right)R_L = \left(\frac{542.559}{271.28} - 1\right) \times 5\text{k}\Omega = 5\text{k}\Omega$$

- 利用 Multisim 7 的瞬态分析功能。

选择 "Transient Analysis" 命令，弹出瞬态分析的参数设定窗口。设置分析的起始时间为 0s，终止时间为 0.001s，选中 "Generate time steps automatically" 选项。同时，在 "Output variables" 选项卡中，设置 5 节点为输出节点，最后单击 "Simulate" 按钮进行分析，得到电路的瞬态分析结果。由于瞬态分析的结果是节点的电压波形，故用示波器观察到的结果，和瞬态分析结果完全一样。

参 考 文 献

[1] 艾永乐. 电子技术基础（模拟部分）[M]. 北京：中国电力出版社，2008.

[2] 艾永乐. 电子技术基础（数字部分）[M]. 北京：中国电力出版社，2008.

[3] 华成英，童诗白. 模拟电子技术基础 [M]. 4版. 北京：高等教育出版社，2006.

[4] 阎石. 数字电子技术基础 [M]. 4版. 北京：高等教育出版社，1998.

[5] 寇戈，蒋立平. 模拟电路与数字电路 [M]. 北京：电子工业出版社，2004.

[6] 青木英彦. 模拟电路设计与制作 [M]. 北京：科学出版社，2005.

[7] 华成英. 模拟电子技术基本教程 [M]. 北京：清华大学出版社，2006.

[8] 傅中君. 现代实用电子技术手册 [M]. 广州：广东科技出版社，1990.

[9] 王文辉，刘淑英. 电路与电子学 [M]. 北京：电子工业出版社，1997.

[10] 常佳英，王丹利，任桂兰. 模拟电子技术 [M]. 北京：中国铁道出版社，2005.

[11] 伺火娇. 电工电子技术：下册 [M]. 北京：中国农业出版社，2005.

[12] 王廷才，赵德申. 电子技术实训 [M]. 北京：高等教育出版社，2003.

[13] 李敬伟，段维莲. 电子工艺训练教程 [M]. 北京：电子工业出版社，2005.

[14] 邱成佛. 电子组装技术 [M]. 南京：东南大学出版社，1998.

[15] 吴汉森. 电子设备结构与工艺 [M]. 北京：北京理工大学出版社，1995.

[16] 孙骆生. 电工学基本教程：下册 [M]. 北京：高等教育出版社，1999.

[17] 庸介，等. 电工学 [M]. 北京：高等教育出版社，1999.

[18] 刘全忠. 电子技术 [M]. 北京：高等教育出版社，1999.

[19] 叶挺秀，张伯尧. 电工电子学 [M]. 北京：高等教育出版社，1999.

[20] 王鸿明. 电工技术与电子技术：下册 [M] 2版. 北京：清华大学出版社，1999.

[21] 符磊，王久华. 电工技术与电子技术基础 [M]. 北京：清华大学出版社，1997.

[22] 周润文，刘乃新. 电子技术 [M]. 广州：华南理工大学出版社，1999.

[23] 杨福生. 电子技术 [M]. 北京：高等教育出版社，1989.

[24] 刘勇，等. 数字电路 [M]. 北京：电子工业出版社，2000.

[25] 赵曙光，等. 可编程逻辑器件原理、开发与应用 [M]. 西安：西安电子科技大学出版社，2000.

[26] 曾伟. 可编程逻辑器件原理、方法与开发应用指南 [M]. 长沙：国防科技大学出版社，2008.

[27] 艾永乐. 电工学（电子技术）：下册 [M]. 徐州：中国矿业大学出版社，2000.